建筑设计与工程质量管理

李 伟 杨爱群 罗 翔 著

中国商业出版社

图书在版编目（CIP）数据

建筑设计与工程质量管理 / 李伟，杨爱群，罗翔著
. -- 北京 : 中国商业出版社，2023.12
ISBN 978-7-5208-2828-4

Ⅰ. ①建… Ⅱ. ①李… ②杨… ③罗… Ⅲ. ①建筑设计②建筑工程—工程质量—质量管理 Ⅳ. ① TU2
② TU712.3

中国国家版本馆 CIP 数据核字 (2023) 第 246976 号

责任编辑：许启民
策划编辑：武维胜

中国商业出版社出版发行
（www.zgsycb.com　100053　北京广安门内报国寺 1 号）
总编室：010-63180647　编辑室：010-83128926
发行部：010-83120835/8286
新华书店经销
天津和萱印刷有限公司印刷
*
710 毫米 ×1000 毫米　16 开　13.5 印张　250 千字
2023 年 12 月第 1 版　2023 年 12 月第 1 次印刷
定价：72.00 元
****
（如有印装质量问题可更换）

前　言

建筑设计与工程质量管理是现代建筑领域中至关重要的两个方面。建筑设计涉及创造性的构思和规划，以满足客户需求、功能要求和美学期望；工程质量管理则是确保建筑项目按照规定标准和质量要求完成的过程。建筑设计是项目的起点，要求建筑师、设计师和工程师协同工作，创造出符合预算、功能和安全标准的设计方案。一旦建筑设计完成，就需要进行工程质量管理，以确保项目按照计划进行，并达到预期的标准。好的建筑设计可以降低建筑物的能耗和对环境的影响；有效的工程质量管理可以确保建筑物在使用过程中安全、可靠，减少不必要的维护和修复。

本书围绕建筑设计与工程质量管理，首先，对建筑与建筑设计的认知、建筑设计的内容与过程、建筑设计的要求与依据、建筑设计原则与空间组合进行分析；其次，探讨建筑设计构思分析与培养、建筑设计的具体内容构造、现代建筑特征表现与设计延展；最后，围绕建筑工程质量安全管理进行研究，内容包括房屋建筑质量问题与控制、建筑工程质量验收与保修、建筑工程的质量安全管理。

本书内容全面，结构合理，注重专业性和多层次性。在内容选取方面不仅涉及建筑领域的专业知识和技术，而且还涉及管理、法规合规性、环境可持续性等多个层面，同时还关注了持续发展和创新。本书重视理论与实践相结合，希望帮助读者深入了解建筑设计与工程质量管理和应用这个复杂而重要的领域。

在写作本书的过程中，笔者得到了许多专家学者的帮助和指导，在此表示诚挚的谢意。由于笔者水平有限，加之时间仓促，书中所涉及的内容难免有疏漏之处，希望各位读者多提宝贵意见，以便进一步修改，使之更加完善。

作者

2023 年 9 月

目　　录

第一篇　建筑设计原理与延展

第二篇　建筑工程质量安全管理

第一篇　建筑设计原理与延展

第一章　建筑设计的理论依据

建筑设计的理论依据是指建筑设计所依据的原则、观念和理念，这些理论依据能帮助和指导建筑师及设计团队在设计过程中作出决策，并确保最终建筑物满足特定的需求和标准。本章重点探讨建筑与建筑设计的认知、建筑设计的内容与过程、建筑设计的要求与依据、建筑设计的原则与空间组合。

第一节　建筑与建筑设计的认知

建筑既表示建筑工程的建造活动，同时又表示这种活动的成果——建筑物。建筑是建筑物与构筑物的统称，建筑物是指供人们在其中生产、生活或从事其他活动的房屋或场所，如住宅、医院、学校、体育馆和影剧院等；构筑物则是指人们不能直接在其内部生产、生活的建筑，如水塔、烟囱、桥梁和堤坝等。无论是建筑物还是构筑物，都是为了满足一定功能，运用一定材料和技术手段，依据科学规律和美学原则建造的相对稳定的人造空间。室内设计是根据建筑内部空间的既定条件和功能需求，对空间和界面进行编排、组织和再造，使之既能反映历史文脉、建筑风格和环境气氛等，又有安全、卫生、舒适、实用的内部环境。室内设计是建筑设计的组成部分，是建筑设计的继续、深化和发展。

一、建筑

（一）建筑的目的实现

在远古时代，人类依附于自然采集的经济生活，无固定的住所，为了避风雨、御寒暑、防兽害，栖身于洞穴或山林。随着人类文明的不断进步与发展，人类在与自然做斗争的过程中，逐渐形成了劳动的分工，狩猎、农业、手工业相继分离，生产和生活活动相对比较稳定，因此，出现了固定的居民点。与此同时，人们根据自己长期的生活经验，开始用简单的工具和土石草木等天然材料营造地面建筑，作为生产和生活的活动场所。这样，就形成了原始建筑和人类最早的建筑活动。

随着社会的发展、生产技术的进步，新的生产和生活方式不断被改变，人类的生活内容日益丰富，人们不仅从事日常的生产劳动和生活居住活动，还从事政治经济、商品贸易、文化娱乐等社会公共活动，而这些活动都要求有相应的建筑作为活动的场所。因此，各类建筑如厂房、商店、银行、办公楼、学校、车站、码头等相继出现。建筑业的发展，不仅满足了人们生产和生活的需要，而且强有力地推动了社会的进步。在科技高度发达的当今社会，建筑不仅使人们的生活环境日益改善，而且为社会、政治、经济、文化的发展提供了物质基础。因此，建筑在社会的发展中起着越来越重要的作用。

建筑的产生和发展是为了适应社会的需要，建筑的目的是为人们提供一个良好的生产和生活的场所。人们进行任何一种活动，都需要有一定的空间，没有空间，人类的活动就无法进行，或者只能在不完善的境况下进行。例如，没有住宅，人们就不能休养生息；没有教室，人们就无法有效地进行教学活动；没有厂房，就难以完成高水平的工业生产……因此，建筑要实现自己的目的，其先决条件是必须具有“空间”。这里所提到的“空间”，有别于一般的自然空间。首先，在空间形态上，必须满足人们进行活动时对空间环境提出的使用要求和审美要求；其次，在空间围隔技术上，必须达到坚固、实用、安全、舒适的要求，这种按照人们的需要，经过精心组织的人为空间，通常称为“建筑空间”。

因此，人类营造建筑，其主要任务是获取具有使用价值和审美价值的建筑空间，而建筑实体的各种建筑构件，如墙壁、屋顶、楼板、门窗等，只是构成空间的手段。由于人类生活活动的内容和规模不断更新和扩大，其活动范围不仅局限于建筑内部，而且延伸到建筑的外部。建筑之间的庭院、广场、街道、公园、绿地等，都是人们不可缺少的活动空间，都必须按照人的使用要求和审美要求加以组织，为人们创造一个优美的生活空间环境。从这一层意义而言，“建筑”应该有更为广泛的含义，既包括单体建筑，又包括群体建筑、庭院、广场、街道，以至整个城市和乡村，这些应该属于“建筑”的范畴。

（二）建筑的构成要素

建筑既表示建造房屋和从事其他土木工程的活动，又表示这种活动的成果——建筑物，也是某个时期、某种风格建筑物及其所体现的技术和艺术的总称，如隋唐五代建筑、明清建筑、现代建筑等。从建筑发展的历史来看，由于时代、地域、民族的不同，建筑的形式和风格总是异彩纷呈。然而，从构成建筑的基本内容来看，无论是简陋的原始建筑，还是现代化的摩天大楼，都离不开建筑功能、建筑的物质技术条件、建筑形象这三个基本要素。

第一，建筑功能。建筑功能就是人们对建筑提出的具体使用要求。一幢建筑是否适用，就是指它能否满足一定的建筑功能要求。对于各种不同类型的建筑，建筑功能既有个性又有共性。建筑功能的个性，表现为建筑的不同性格特征；而建筑功能的共性，就是各类建筑需要共同满足的基本功能要求（如人体生理条件、人体活动尺度等对建筑的要求）。对待建筑功能，需要有发展的观念。随着社会生产和生活的发展，人们必然会对建筑提出新的功能要求，从而促进新型建筑的产生。因此，建筑功能也是推动建筑发展的一个主导因素。

第二，建筑的物质技术条件。建筑物质技术条件包括材料、结构、设备和施工技术等方面的内容，它是构成建筑空间、保证空间环境质量、实现建筑功能要求的基本手段。科学技术的进步，各种新材料、新设备、新结构和新工艺的相继出现，为新的建筑功能的实现和新的建筑空间形式的创造提供了技术上的可能。近代大跨度建筑和超高层建筑的发展就是建筑物质技术条件推动建筑发展的有力例证。

第三，建筑形象。建筑形象是根据建筑功能的要求，通过体量的组合和物质技术条件的运用而形成的建筑内外观感。空间组合、立面构图、细部装饰、材料色彩和质感的运用等，都是构成建筑形象的要素。在建筑设计中创造具有一定艺术效果的建筑形象，不仅在视觉上给人以美的享受，而且在精神上具有强烈的感染力，并使人产生愉悦的心情。因此，建筑形象既反映了建筑的内容，又体现了人们的生活和时代对建筑提出的要求。

在建筑三要素中，功能是建筑的主要目的，物质技术条件是实现建筑目的的手段，而建筑形象则是功能、技术、艺术的综合表现。建筑三要素之间的关系表现为：功能居于主导地位，对建筑技术和形象起决定作用；物质技术条件对建筑功能和形象具有一定的促进作用和制约作用；建筑形象虽然是建筑技术条件和功能的反映，但也具有一定的灵活性，在同样的条件下，往往可以创造出不同的建筑形象，取得迥然不同的艺术效果。

与建筑三要素相关的是建筑中适用、经济、美观之间的关系问题。适用是首位的，既不能片面地强调经济而忽视适用，也不能强调适用而不顾经济上的可能。所谓经济不仅是指建筑造价，还要考虑经常性的维护费用和一定时期内投资回收的综合经济效益。美观也是衡量建筑质量的标准之一，不仅表现在单体建筑中，还应该体现在整体环境的审美效果中。正确处理这三者之间的关系，就要在建筑设计中既反对盲目追求高标准，又反对片面降低质量、建筑形象千篇一律、缺乏创新的倾向。

（三）建筑的性质特点

从建筑的形成和发展过程中，可以看出建筑有如下的性质和特点。

第一，建筑要受自然条件的制约。建筑是人类与自然斗争的产物，它的形成和发展无不受到自然条件的制约，在建筑布局、形式、结构、材料等方面都受到重大影响。在技术尚不发达的时代，人们就懂得利用当地条件，因地制宜地创造出合理的建筑形式，如寒冷地区建筑厚重、封闭；炎热地区建筑轻巧、通透；在温暖多雨地区，常使建筑底层架空（干阑式建筑）；在黄土高原多筑生土窑洞；山区建筑则采用块石结构；等等。从而使建筑能适应当地人们的需要，其建筑风貌呈现出强烈的地方特色。在科技发达的近代，虽然可以采用机械设备和人工材料来克服自然条件对建筑的种种限制，但是协调人—建筑—自然之间的关系，尽量利用自然条件的有利方面，避开不利方面，仍然是建筑创作的重要原则。

第二，建筑的发展离不开社会。建筑，作为一项物质产品，和社会有着密切的关系，这主要体现在两个方面：① 建筑的目的是为人类提供良好的生活空间环境。建筑的服务对象是社会中的人，换言之，建筑要满足人们提出的物质的和精神的双重功能要求。因此，人们的经济基础、思想意识、文化传统、风俗习惯、审美观念等无不影响着建筑。② 人类进行建筑活动的基础是物质技术条件。各个时代的建筑形式、建筑风格之所以大相径庭，就是因为当时的科学技术水平、经济水平、物质条件等社会因素造成的。因此，建筑的发展绝对离不开社会，建筑是社会物质文明和精神文明的集中体现。

第三，建筑是技术与艺术的综合。建筑是一种特殊的物质产品，它不但体量庞大、耗资巨大，而且一经建成，就立地生根，成为人们劳动、生活的经常活动场所。人们对于自己生活的环境总是希望能得到美的享受和艺术的感染力。因此，建筑的审美价值就成为其本质属性之一。建筑若要具有一定的审美价值，其创作就须遵循美学法则，进行一定的艺术加工。但建筑又不同于其他艺术，建筑艺术不能脱离空间的实用性，也不能超越技术上的可行性和经济上的合理性，建筑艺术性总是寓于建筑技术性之中。建筑所具有的这种双重属性——技术与艺术的综合，是建筑区别于其他工程技术的一个重要特征。

二、建筑设计

建筑设计是一个涵盖多个领域的复杂过程，涉及创造建筑物的外观、功能、结构和空间布局等方面的决策。建筑设计的过程通常始于概念阶段，设计师与客户讨论项目的需求和目标，考虑预算、地点、用途和风格等因素，在这个阶段，设计师会初步制定设计概念和草图。一旦确定了基本的概念和规划，设计师将进一步发展设计，包括考虑建筑的结构、材料、立面设计、内部空间布局和功能布局等方面。设计师会制作详细的建筑图纸和规格，这些图纸包括平面图、立面图、剖面图、结构图等。在提交设计计划之前，通常需要经过相关政府机构的审查和批准，以确保设计符合建筑法规和标准。只要获得批准，建筑项目就进入施工阶段。建筑师和设计团队通常会在施工过程中提供监督和指导，以确保设计的实施质量。建筑物建成后，设计师和客户会进行最终的验收和评估。

建筑设计是一个创意和技术相结合的过程，需要设计师具备深厚的建筑知识、审美观和技术技能。此外，设计师还需要与客户、建筑师、工程师和承包商等各种利益相关者进行密切合作，以确保项目的成功实施。在科技日益发达的今天，建筑所包含的内容日益复杂，与建筑相关的学科也越来越多。一项建筑工程的设计工作常常涉及建筑、结构、给水、排水、暖气、通风、电气、煤气、消防、自动控制等学科。因此，一项建筑工程设计需要多工种分工协作才能完成。目前，我国的建筑工程设计通常由建筑设计、结构设计、设备设计三个专业工种组成。

建筑设计作为整个建筑工程设计的组成之一，它的任务是：① 合理安排建筑内部各种使用功能和使用空间；② 协调建筑与周围环境、各种外部条件的关系；③ 解决建筑内、外空间的造型问题；④ 采取合理的技术措施，选择适用的建筑材料；⑤ 综合协调与各种设备相关的技术问题。建筑设计要全面考虑环境、功能、技术、艺术方面的问题，建筑设计是建筑工程的战略决策，是其他工种设计的基础。要做好建筑设计，除了遵循建筑工程本身的规律外，还必须认真贯彻国家的方针、政策。只有这样，才能使所设计的建筑物达到适用、经济、坚固、美观的最终目的。

第二节　建筑设计的内容与过程

一、建筑设计的内容

建筑设计包括建筑空间环境的组合设计和建筑构造设计两部分内容[①]，具体从以下两个方面探讨。

（一）建筑空间环境的组合设计

建筑空间环境的组合设计，主要是通过对建筑空间的限定、塑造和组合，解决建筑的功能、技术、经济和美观等问题，具体通过以下几个方面来完成。

第一，建筑总平面设计。主要是根据建筑物的性质和规模，结合自然条件和环境特点（包括地形、道路、绿化、朝向、原有建筑设计和设计管网等），来确定建筑

① 陈煊，肖相月，游佩玉．建筑设计原理 [M]. 成都：电子科技大学出版社，2019：5.

物或建筑群的位置和布局，规划基地范围内的绿化、道路和出入口，以及布置其他总体设施，使建筑总体满足使用要求和艺术要求。

第二，建筑平面设计。主要是根据建筑物的使用功能要求，结合自然条件、经济条件、技术条件（包括材料、结构、设备、施工）等，来确定房间的大小和形状，确定房间与房间之间，以及室内与室外之间的分隔与联系方式的平面布局，使建筑物的平面组合满足实用、经济、美观、流线清晰和结构合理的要求。

第三，建筑剖面设计。主要是根据功能和使用方面对立体空间的要求，结合建筑结构和构造特点，来确定房间各部分高度和空间比例；考虑垂直方向空间的组合和利用；选择适当的剖面形式；进行垂直交通和采光、通风等方面的设计，使建筑物立体空间关系符合功能、艺术和技术、经济的要求。

第四，建筑立面设计。主要是根据建筑物的功能和性质，结合材料、结构、周围环境特点及艺术表现的要求，综合地考虑建筑物内部的空间形象、外部的体形组合、立面构图及材料的质感、色彩的处理等诸多因素，使建筑物的形式与功能统一，创造良好的建筑造型，以满足人们的审美要求。

（二）建筑构造设计

建筑构造设计主要是根据房屋建筑的各组成构件，确定材料和构造方式，以解决建筑的功能、技术、经济和美观等问题。建筑构造的具体设计内容主要包括对基础、墙体、楼地面、楼梯、屋顶、门窗等构件进行详细的构造设计。值得注意的是，建筑空间环境组合设计中，总平面设计以及平、立、剖各部分设计是一个综合考虑的过程，并不是相互孤立的设计步骤；而建筑空间环境的组合设计与构造设计，虽然两者具体的设计内容有所不同，但其目的和要求却一致，即都是为了建造一个实用、经济、坚固、美观的建筑物，因此设计时也应综合考虑。

二、建筑设计的过程

建筑设计过程也就是学习和贯彻建筑设计方针政策，不断进行调查研究，合理解决建筑物的功能、技术、经济和美观问题的过程，具体包括以下四个方面。

（一）设计前的准备工作

第一，熟悉设计任务书。具体着手设计前，先需要熟悉设计任务书，以明确建设项目的设计要求。设计任务书的内容有：① 建设项目总的要求和建造目的的说明。② 建筑物的具体使用要求、建筑面积及各类用途房间之间的面积分配。③ 建设项目的总投资和单方造价，并说明土建费用、房屋设备费用及道路等室外设施费用情况。

④ 建设基地范围、大小，周围原有建筑、道路、地段环境的描述，并附有地形测量图；供电、供水和采暖、空调等设备方面的要求，并附有水源、电源接用许可文件。⑤ 设计期限和项目的建设进程要求。设计人员应对照有关定额指标，校核任务书中单方造价、房间使用面积等内容。在设计过程中必须严格掌握建筑标准、用地范围、面积指标等有关限额。如果需要对任务书的内容做出补充或修改，须征得建设单位的同意；涉及用地、造价、使用面积的，还须经城建部门或主管部门批准。

第二，收集必要的设计原始数据。通常建设单位提出的设计任务，主要是从使用要求、建设规模、造价和建设进度方面考虑。房屋的设计和建造还需要收集下列有关原始数据和设计资料：① 气象资料。所在地区的温度、湿度、日照、雨雪、风向和风速，以及冻土深度等。② 基地地形及地质水文资料。基地地形标高，土壤种类及承载力，地下水位及地震烈度等。③ 水电等设备管线资料。基地地下水的给水、排水、电缆等管线布置及基地上的架空线等供电线路情况。④ 与设计项目有关的定额指标。如住宅的每户面积或每人面积定额，学校教室的面积定额及建筑用地、用材等指标。

第三，设计前的调查研究。设计前调查研究的主要内容有：① 建筑物的使用要求。深入访问使用单位中有实践经验的人员，认真调查同类已建房屋的实际使用情况，通过分析和总结，对所设计房屋的使用要求做到“胸中有数”。② 建筑材料供应和结构施工等技术条件。了解设计房屋所在地区建筑材料供应的品种、规格、价格等情况，预制混凝土制品及门窗的种类和规格，新型建筑材料的性能、价格及采用的可能性。结合房屋使用要求和建筑空间组合的特点，了解并分析不同结构方案的选型、当地施工技术和起重、运输等设备条件。③ 基地踏勘。根据城建部门所划定的设计房屋基地的图纸进行现场踏勘，深入了解基地和周围环境的现状及历史沿革，核对已有资料与基地现状是否符合，如有出入给予补充或修正。从基地的地形、方位、面积和形状等条件，以及基地周围原有建筑、道路、绿化等多方面的因素，考虑拟建建筑物的位置和总平面布局的可能性。④ 当地传统建筑经验和生活习惯。传统建筑中有许多结合当地地理、气候条件的设计布局和创作经验，根据拟建建筑物的具体情况，可以“取其精华”，吸收借鉴。

第四，学习有关方针政策及同类型设计的文字、图纸资料。在设计准备过程以及各个阶段中，设计人员都需要认真学习并贯彻有关建设方针和政策，同时也需要学习并分析有关设计项目的国内外图纸、文字资料等设计经验。

（二）初步设计阶段

初步设计是建筑设计的第一阶段，它的主要任务是提出设计方案，即在已定的基地范围内，按照设计任务书所拟的房屋使用要求，综合考虑技术经济条件和建筑艺术方面的要求，提出设计方案。初步设计的内容包括确定建筑物的组合方式，选定所用建筑材料和结构方案，确定建筑物在基地的位置，说明设计意图，分析设计方案在技术、经济上的合理性，并提出概算书。初步设计的图纸和设计文件有：① 建筑总平面图。其内容包括建筑物在基地上的位置、标高、道路、绿化及基地上设施的布置和说明等，比例尺一般采用 1∶500、1∶1000、1∶2000。② 各层平面及主要剖面、立面图。这些图纸应标出建筑的主要尺寸，房间的面积、高度及门窗位置，部分室内家具和设备的布置等，比例尺一般采用 1∶500～1∶200。③ 说明书。应对设计方案的主要意图、主要结构方案及构造特点，以及主要技术经济指标等进行说明。④ 建筑概算书。⑤ 根据设计任务的需要，可能辅以建筑透视图或建筑模型。建筑初步设计有时需要提供几个方案，送甲方及有关部门审议、比较后确定设计方案，这一方案批准下达后，便是下一阶段设计的依据文件。

（三）技术设计阶段

技术设计是建筑设计过程中不可或缺的重要阶段，通常位于初步设计和施工文件阶段之间，这一阶段的任务主要集中在技术方面，以确保建筑项目在施工过程中顺利地进行和高质量地完成。在技术设计阶段，设计人员和相关专业人员致力于进一步细化和完善初步设计，考虑各种技术要求并相互协调。在技术设计阶段，设计人员要将初步设计中的概念转化为具体的技术细节。这包括详细的平面布局、建筑结构、电气系统、水暖系统、采暖与通风系统等方面的设计。设计人员需要与结构工程师、电气工程师、机械工程师等专业人员紧密合作，以确保每个方面都经过了详细的规划和协调。设计人员需要与供应商合作，选择适合项目的建筑材料和设备。这包括选择合适的建筑材料，如砖块、混凝土、钢材等，以及确定电气设备、管道设备、暖通设备等。选择合适的材料和设备不仅关系到建筑的质量，还影响到项目的成本和可维护性。

在技术设计阶段，设计人员需要制定技术协调原则，确保各个工种之间的无缝合作。这包括制订建筑结构与设备之间的协调方案，以确保电气、水暖、采暖与通风系统等能够顺利安装并正常运行。技术协调原则还包括考虑建筑的可持续性和节能性，以满足现代建筑的环保标准。设计人员需要确保设计符合当地和国家的建筑法规和安全标准。这包括考虑到火灾安全、建筑物可访问性、紧急疏散计划等方面的设计要求。设计人员还需要与审批机构协作，确保项目的设计方案获得必要的批准和许可。

(四) 施工图设计阶段

施工图设计是建筑设计的最后阶段。这一阶段的主要任务是按照实际施工要求，在初步设计或技术设计的基础上，综合建筑、结构、设备各工种，相互交底核实，深入了解材料供应、施工技术、设备等条件，把满足工程施工的各项具体要求反映在图纸中，做到整套图纸齐全、统一，明确无误。施工图设计的内容包括：确定全部工程尺寸和用料，绘制建筑、结构、设备等全部施工图纸，编制工程说明书、结构计算书和预算书。

施工图设计的图纸及设计文件有：① 建筑总平面。比例尺一般采用 1∶500，建筑基地范围较大时也可采用 1∶1000；当采用 1∶2000 时，应详细标明基地上建筑物、道路、设施等所在位置的尺寸、标高，并附说明。② 各层建筑平面、各个立面及必要的剖面。比例尺一般采用 1∶100、1∶200。③ 建筑构造节点详图。主要为檐口、墙身和各构件的连接点，楼梯、门窗及各部分的装饰大样等，根据需要可采用 1∶1、1∶5、1∶10、1∶20 等比例。④ 各工种相应配套的施工图。如基础平面图和基础详图、楼板及屋面平面图和详图，结构施工图：给排水、电器照明及暖气或空气调节等设备施工图。⑤ 建筑、结构及设备等的说明书。⑥ 结构及设备的计算书。⑦ 工程预算书。

第三节　建筑设计的要求与依据

一、建筑设计的要求

(一) 满足建筑功能要求

满足建筑物的功能要求，为人们的生产和生活活动创造良好的环境，是建筑设计的首要任务。例如，设计学校，先要考虑满足教学活动的需要，教室设置应分班合理、采光通风良好，同时还要合理安排备课、办公、储藏和厕所等行政管理和辅助用房，并配置良好的体育场和室外活动场地等。

(二) 采用合理的技术措施

正确选用建筑材料，根据建筑空间组合的特点，选择合理的结构、施工方案，使房屋坚固耐久、建造方便。例如，近年来，我国设计建造的一些覆盖面积较大的体育馆，由于屋顶采用钢网架空间结构和整体提升的施工方法，既节省了建筑物的用钢量，也缩短了施工期限。

（三）具有良好的经济效果

建造房屋是一个复杂的物质生产过程，需要大量人力、物力和资金，在房屋的设计和建造中，要因地制宜、就地取材，尽量做到节省劳动力、节约建筑材料和资金。同时，设计和建筑房屋不仅要有周密的计划和核算，还要重视经济规律，讲究经济效果且房屋设计的使用要求和技术措施要和相应的造价、建筑标准统一起来。

（四）考虑建筑美观要求

建筑物是社会的物质和文化财富，它在满足使用要求的同时，还需要考虑人们在美观方面对建筑物的要求，以及建筑物所赋予人们精神上的感受。建筑设计要努力创造具有我国时代精神的建筑空间组合与建筑形象。历史上创造的具有时代印记和特色的各种建筑形象，往往是一个国家、一个民族文化传统宝库中的重要组成部分。

（五）符合总体规划要求

单体建筑是总体规划中的组成部分，单体建筑应符合总体规划提出的要求。建筑物的设计还要充分考虑和周围环境的关系，例如，原有建筑的状况、道路的走向、基地面积大小及绿化和拟建建筑物的关系等。新设计的单体建筑应与基地形成协调的室外空间组合和良好的室外环境。

二、建筑设计的依据

建筑设计是房屋建造过程中的一个重要环节，其工作是将有关设计任务的文字资料转变为图纸。在这个过程中，还必须贯彻国家的建筑方针和政策，并使建筑与当地的自然条件相适应。因此，建筑设计是一个渐次进行的科学决策过程，必须在一定的基础上有依据地进行。[①] 建筑设计的主要依据如下。

（一）资料性依据

建筑设计的资料性依据主要包括三个方面，即人体工程学、各种设计的规范和建筑模数制的有关规定。

---

① 贾宁，胡伟．建筑设计基础 [M].2 版．南京：东南大学出版社，2018：11.

(二) 条件性依据

建筑设计的条件性依据，主要包括以下两个方面。

一是温度、湿度、日照、雨雪、风向、风速等气候条件。气候条件对建筑物的设计有较大影响。例如，湿热地区，房屋设计要考虑隔热、通风和遮阳等问题；干冷地区，通常又希望把房屋的体型尽可能设计得紧凑一些，以减少外围护面的散热，有利于室内采暖、保温。日照和主导风向通常是确定房屋朝向和间距的主要因素，风速是高层建筑、电视塔等设计中考虑结构布置和建筑体型的重要因素，雨雪量的多少对选用屋顶形式和构造也有一定影响。在设计前，需要收集当地上述有关的气象资料，作为设计的依据。

二是地形、地质条件和地震烈度。基地地形的平缓或起伏，基地的地质构成、土壤特性和地耐力的大小，对建筑物的平面组合、结构布置和建筑体型都有明显的影响。坡度较陡的地形，常使房屋结合地形错层建造；复杂的地质条件，要求房屋的构成和基础的设置采取相应的结构构造措施。地震烈度表示地面及房屋建筑遭受地震破坏的程度，在烈度为6度以下地区，地震对建筑物的损坏影响较小。在烈度为9度以上的地区，由于地震过于强烈，从经济因素及耗用材料考虑，除特殊情况外，一般应尽可能避免在这些地区建造房屋。房屋抗震设防的重点是指地震烈度为6、7、8、9度的地区。

(三) 文件性依据

建筑设计的依据文件包括：① 主管部门有关建设任务使用要求、建筑面积、单方造价和总投资的批文，以及国家有关部、委或各省、市、地区规定的有关设计定额和指标。② 工程设计任务书。由建设单位根据使用要求，提出各种房间的用途、面积大小及其他一些要求，工程设计的具体内容、面积建筑标准等都需要和主管部门的批文相符合。③ 城建部门同意设计的批文。内容包括用地范围（常用红线划定）以及有关规划、环境等城镇建设对拟建房屋的要求。④ 委托设计工程项目表。建设单位根据有关批文向设计单位正式办理委托设计的手续。规模较大的工程还常采用投标方式，委托中标单位进行设计。

设计人员根据上述设计有关文件，通过调查研究，收集必要的原始数据和勘测设计资料，综合考虑总体规划、基地环境、功能要求、结构施工、材料设备、建筑经济及建筑艺术等方面的问题，进行设计并绘制成建筑图纸，编写主要设计意图说明书，其他工种也相应设计并绘制各类图纸，编制各工种的计算书、说明书及概算和预算书。上述整套设计图纸和文件便成为房屋施工的依据。

第四节　建筑设计的原则与空间组合

一、建筑设计的原则

“适用、经济、在可能的条件下注意美观”是建筑设计的重要原则，适用是指合乎我国经济水平和生活习惯，包括满足生产、生活或文化等各种社会活动需要的全部功能使用要求；经济是指在满足功能使用要求、保证建筑质量的前提下，降低造价，节约投资；美观是指在适用、经济条件下，使建筑形象美观悦目，满足人们的审美要求。“适用、经济、在可能的条件下注意美观”说明三者的关系既辩证统一，又主次分明，它符合建筑发展的基本规律，反映了建筑的科学性。

由于建筑本身包括功能、技术、经济、艺术等多方面因素，所以在坚持建筑设计的基本原则的同时，还必须考虑相关方面的方针政策和规范的要求。例如，在规划方面，要贯彻“工农结合，城乡接合，有利生产，方便生活”的方针；在技术方面，要贯彻“坚固适用，技术先进，经济合理”的方针等。此外，由于我国幅员辽阔，民族众多，各地的自然条件、经济水平、生活习惯等都不尽相同，所以在进行具体设计时，还必须根据具体情况，从实际出发来贯彻建筑设计的基本原则。在建筑设计中，要完全达到适用、经济、美观，往往是有矛盾的。建筑设计的任务就是要善于根据设计的基本原则，把这三者有机地统一起来。

二、建筑空间组合的设计

（一）建筑空间组合的原则与形式

1. 建筑空间组合的原则

尽管各类民用建筑的功能要求截然不同，组合方式千变万化，然而，其空间组合的原则仍然具有共同之处。[①] 建筑空间组合的原则，主要包括以下方面。

（1）功能分区合理的原则。建筑设计立意构思和建筑的使用功能对建筑空间的组合有着决定性影响，它们不仅对单个使用空间和交通联系空间提出量（大小尺寸）、形（形状）和质（采光、通风、日照等舒适程度）等方面的制约，而且还对建筑空间组合也相应提出量、形、质的制约。建筑空间组合往往先从分析使用空间之间的功能关系着手，这种方法通常称“功能分析”法。早在20世纪初建筑大师格罗庇乌斯创立包豪斯学校时，就针对现代建筑创立了“功能分析”的方法，并运用于他所设计

① 陈煊，肖相月，游佩玉．建筑设计原理 [M]. 成都：电子科技大学出版社，2019：31.

的德绍包豪斯新校舍中。至今，功能分区的设计方法已是现代建筑设计必不可少的重要方法。

目前，功能分区已是进行单体建筑空间组合时必须考虑的问题。对一幢建筑而言，其功能分区是将组成该建筑的各种空间，按不同的功能要求进行分类，并根据它们之间的密切程度加以划分，使功能既分区明确又联系方便。在分析功能关系时，可以用简图表示各类空间的关系和活动顺序。具体进行功能分区时，可以从以下方面着手分析。

第一，使用功能的分类。在针对各种不同的建筑进行设计时，先应对这种建筑的使用功能进行归类，使性质相近、特征类似的空间按类型聚集，以便于按顺序进行空间的组合。如商场可分为营业厅、仓储、行政管理、辅助用房四大类功能；旅馆可分为客房、餐饮、娱乐、商业、行政管理、辅助用房六大类功能；博物馆则分为陈列、藏品储藏、行政管理、学术研究、加工、辅助用房六大类功能。分类为下一步按次序组合空间创造了条件。另外，建筑设计可按单元归类，在一些建筑物的各个组成部分相对独立，各独立部分的使用功能基本相同，相互间功能联系甚少，形成了一种特定的单元时，应将各种单元归类，便于叠加和拼接。如住宅建筑设计，即先分出若干单元，再进行累加和拼连。

第二，空间的主与次。组成建筑物的各类空间，按其使用性质必然有主、次之分，在进行空间组合时，这种主从关系也应恰当地反映在位置、朝向、通风采光、交通联系及建筑空间构图等方面。以食堂为例，它包括餐厅、厨房、办公管理三个组成部分，其中餐厅应居于主要部位，其次是厨房，最后才是办公管理，这三者应有明确的划分，互不干扰，但又需有方便的联系。因此在组合时，餐厅应布置在主要位置上，成为建筑构图的中心，并争取最优的朝向、良好的通风采光和富有特色的视野。此外，分析空间的主次关系时，并不是次要的、辅助的部分不重要，可以随意安排。反之，只有在次要空间和辅助空间进行妥善配置的前提下，才能保证主要空间充分发挥作用。如居住建筑中，若厨房、浴厕等辅助空间设计不当，必将影响居室的合理使用。同样，如在商业建筑中，尽管营业厅的位置、形状、内部柜架布置等主要功能考虑得很周到，但若仓库的位置布置不当，亦将大大影响营业厅货源的及时补充，直接关系到销售状况。

第三，空间的“闹”与“静”。按建筑物各组成空间在“闹”与“静”方面所反映的功能特性进行分区，使其既互不干扰，又有适当的联系。如旅馆建筑中，客房应布置在比较安静隐蔽的部位，而公共活动空间，如餐厅、商店、娱乐用房等则应相对集中地安排在便于接触旅客的显著位置，并与客房有一定的隔离。在具体布局时，可从平面空间上进行划分，亦可从垂直方向进行分隔。

第四，空间联系的“内”与“外”。在民用建筑的各种使用空间中，有的对外联系的功能居于主导地位，而有的对内关系密切一些。所以，在进行功能分区时，应具体分析空间的内外关系，将对外性较强的空间尽量布置在出入口等交通枢纽的附近，对内性较强的空间则力争布置在比较隐蔽的部位，并使其靠近内部交通的区域。另外，在考虑建筑使用功能的主次、闹静、内外等方面进行分区时，既可在水平面（同层）进行分区，称为“水平分区”；也可在垂直面（异层）进行分区，称为“垂直分区”，以满足关系明确、互不干扰的分区特点。如商业建筑设计时，常将管理用房置于顶层，仓储、车库布置于地下，使营业厅的有效营业面积增大，增加商业效益。

（2）流线组织明确的原则。各类建筑由于使用性质不同，往往存在多种流线组织。从流线的组成情况看，有人流、货流之分。从流线的集散情况来看，有均匀的和比较集中的。一般建筑的流线组织方式有平面的和立体的，在小型建筑中流线较简单，常采用平面的组织方式；规模较大、功能要求较复杂的民用建筑，常需综合平面和立体方式组织人流的活动，以利于缩短流程，又使人流互不交叉。

在大、中型演出的建筑中，为达到一定的规模，常设有楼座观众厅，就必然采用平面和立体的方式进行人流路线组织。医院门诊部建筑，由于每日就诊的病人较多，就诊的时间比较集中，为减少互相感染，对各科室布置和人流组织要尽量避免往返交叉。为防止病人接触感染，门诊部中下列科室应设置单独出入口：一般门诊出入口（供内科、外科、五官科、口腔科及行政办公等使用），为门诊部的主要出入口、儿科出入口、急诊出入口等。规模稍大的门诊部可单独设产科出入口和结核科出入口。

以上仅为出入建筑物的主要活动人流的路线组织状况。实际上，建筑物中的流线活动还常包括次要人流，甚至货物等的流线。以中型铁路旅客站的流线组织为例，它应满足各种流线避免互相交叉、干扰和最大限度地缩短旅客流程距离，避免流线迂回的要求。为此，除将进站流线与出站流线分开外，还应使旅客流线与行李流线分开、职工出入口与旅客出入口分开，其中进站流线应放在首位，因站房内部流线主要是旅客的进站流线。

在百货商店建筑中，应组织好顾客、货物和职工三条流线。三者应有各自独用的出入口，其中顾客出入口应布置在接近行人的位置，货运出入口应布置在背离大街却又方便进出的部位，并不与顾客流线发生交叉。但顾客、商品、售货员三者又必须在营业厅中会聚，且在销售过程中还应考虑随时补充商品的需要。因此，商店中的流线组织又有其独特之处。

（3）空间布局紧凑的原则。在对建筑各组成空间进行合理的功能分区和流线组织的前提下，要为空间组合布局提供基本保证，在进行具体组合时还应尽可能压缩辅助面积。一般的建筑总面积包括使用面积（如教学楼中的教室、办公室等，住宅中的居室、厨房等）和辅助面积（如门厅、过道、楼梯及卫生间等）。合理压缩辅助面积，相对而言就增加了建筑的使用面积，使空间组合紧凑。而在辅助面积中，以交通面积占主要比重，所以在保证使用要求的条件下，缩短交通路线将有利于空间布局紧凑，具体可以从以下几个方面进行。

①加大建筑物进深。以城市住宅为例，纵墙承重的大开间住宅平面类型逐渐减少。由于住宅建筑的经济指标控制较严格，如何发挥每一平方米建筑面积的使用效率，这一问题就更显突出。平面组合时尽可能加大进深，有助于节约用地和平面布局紧凑。当前在一般标准的住宅中，小方厅住宅平面形式越来越受欢迎，这是因为它除了作为交通联系之用外，也能兼具用餐、接待等多种功能，以充分提高面积的使用效率。

②增加层数。在不影响功能使用的前提下，适当增加建筑物层数，也有利于空间组合紧凑。

③降低层高。降低层高不仅可以直接减少楼梯间的空间，减少上下楼的疲劳，还可以使空间利用更加充分，节约建设投资。

④利用建筑物尽端布置大空间，缩短过道长度。如在办公楼建筑中利用尽端作会议室，在教学楼建筑中利用尽端布置合班教室等，可缩短过道长度。

2. 建筑空间组合的形式

建筑空间组合包括两个方面：平面组合和竖向组合，它们之间相互影响，所以设计时应统一考虑。由单一空间构成的建筑非常少见，更多的还是由不同空间组合而成的建筑，建筑内部空间通过不同的组合方式满足各种建筑类型的不同功能要求或不同建筑形式要求。

（1）毗邻空间的组合关系分析。两个相邻空间之间的连接关系是建筑空间组合方式的基础，可以分为以下四种类型。

①包含。一个大空间内部包含一个小空间。两者比较容易融合，但是小空间不能与外界环境直接产生联系。

②相邻。一条公共边界分隔两个空间。这是最常见的类型，两者之间的空间关系可以互相交流，也可以互不关联，这取决于公共边界的表达形式。活动移门打开使室内外融为一体，闭合则室内空间自成一体。

③重叠。两个空间之间有部分区域重叠，其中重叠部分的空间可以为两个空间共享，也可以与其中一个空间合并成为其一部分，还可以自成一体，起到衔接两个空间的作用。

④连接。两个空间通过第三方过渡空间产生联系。两个空间的自身特点，如功

能、形状、位置等，可以决定过渡空间的地位与形式。

一栋典型的建筑物必定是由若干个不同特点、不同功能、不同重要性的内部空间组合而成的，而不同性质的内部空间的组合就需要不同的组合方式，进一步可以分为平面组合方式和竖向组合方式。

(2) 建筑空间平面组合的方式。

①集中式组合。集中式组合是指在一个主导性空间周围组织多个空间，其中交通空间所占比例很小的组合方式。如果主导性空间为室内空间，可称为“大厅式”；如果主导性空间为室外空间，则可称为“庭院式”。在集中式空间组合中，流线一般为主导空间服务，或将主导空间作为流线的起始点和终结点。这种空间组合常用于影剧院、交通建筑及某些文化建筑中。

②流线式组合。流线式组合方式中没有主要空间，各个空间都具有自身独立性，并按流线次序先后展开。按照各空间之间的交通联系特点，又可以分为走廊式、串联式和放射式。

走廊式组合是各使用空间独立设置，互不贯通，用走廊相连。走廊式组合特别适合于学校、医院、宿舍等建筑。走廊式组合又可分为内廊式、外廊式、连廊式三种。

串联式组合是各个使用空间按照功能要求一个接一个地互相串联，一般需要穿过一个内部使用空间到达另一个使用空间。与走廊式组合不同的是，没有明显的交通空间。这种空间组合节约了交通面积，同时，各空间之间的联系比较紧密，有明确的方向性；缺点是各个空间独立性不够、流线不够灵活。串联式组合较常用于博物馆、展览馆等文化展示建筑。

放射式组合是由一个处于中心位置的使用空间通过交通空间呈放射性状态发展到其他空间的组合方式，这种组合方式能最大限度地使内部空间与外部环境相接触，空间之间的流线比较清晰。它与集中式组合的向心型平面的区别就是，放射式组合属于外向型平面，处于中心位置的空间并不一定是主导空间，可能只是过渡缓冲空间。放射式组合较多用于展览馆、宾馆或对日照要求不高的公寓楼等。

③单元式组合。单元式组合是先将若干个关系紧密的内部使用空间组合成独立单元，然后将这些单元组合成一栋建筑的组合方式。这种组合方式中的各个单元有很强的独立性和私密性，但是单元内部空间的关系密切。单元式组合常用于幼儿园和城市公寓住宅中。其实，在一栋建筑中并不会只单一地运用一种平面空间组合方式，必定是多种组合方式的综合运用。

(3) 建筑内部空间竖向组合方式。

①单层空间组合。单层空间组合形成单层建筑，在竖向设计上，可以根据各部

分空间高度要求的不同而产生许多变化。单层空间组合具有灵活简便、施工工艺相对简单等特点，但同样由于占地多、对场地要求高等原因，一般用于人流量、货流量大，对外联系密切或用地不是特别紧张的地区的建筑。

②多层空间组合。多个空间在竖向上的组合可以分别形成低层、多层、高层建筑。此类竖向组合方式显得比较多样，主要有叠加组合、缩放组合、穿插组合等。

一是叠加组合。叠加组合主要应做到上下对应、竖向叠加，承重墙（柱）、楼梯间、卫生间等都一一对齐。这是应用最广泛的一种组合方式，如教学楼、宿舍、普通公寓楼等都是按这种方式进行组合设计的。

二是缩放组合。缩放组合主要是指上下空间进行错位设计，形成上大下小的倒梯形空间或下大上小的退台空间。此类空间组合在与外部环境的协调处理上较好，容易形成具有特色的建筑空间环境，在山地建筑设计中较为多见。

三是穿插组合。穿插组合主要是指若干空间由于功能要求不同或设计者希望达到一定的空间环境效果，在竖向组合时，其所处位置及空间高度也就有所不同，这样就形成了各空间相互穿插交错的情况。这样的竖向组合在建筑空间设计里较为常见，如剧院观众厅、图书馆中庭空间、大型购物商场等大体量空间。

当然，一幢完整的建筑，其内部空间在竖向组合上也是由多种组合方式来实现的，丰富优美的内部空间是设计师设计此类建筑的出发点之一。要完成这样一栋建筑，就应该熟练运用此类方法。

(二) 建筑空间组合的设计手法

空间组合的基本方式，也可以说是分类，相对而言比较抽象。这里讲述的是多个空间之间组合所运用到的具体的处理方法或艺术表现手法，以及建筑内部的整体空间集群将会产生的最终效果。

1. 建筑多个空间之间处理手法

(1) 分隔与围透。各个空间的不同特性、不同功能、不同环境效果等的区分归根结底都需要借助分隔来实现，一般可以分为绝对分隔和相对分隔两大类。绝对分隔就是指用墙体等实体界面分隔空间。这种分隔手法直观、简单，使室内空间较安静、私密性好。同时，实体界面也可以采取半分隔方式，如砌半墙、墙上开窗洞等，这样既界定了不同的空间，又可满足某些特定需要，避免空间之间的零交流。采用相对分隔来界定空间，又可以称为“心理暗示”，这种界定方法虽然没有绝对分隔那么直接和明确，但是通过象征性同样也能达到区分两个不同空间的目的，并且比前者更具有艺术性和趣味性。

(2) 对比与变化。两个相邻空间可以通过呈现出比较明显的差异变化来体现各自的特点，让人从一个空间进入另一个空间时产生强烈的感官刺激变化来获得某种效果。① 高低对比。若由低矮空间进入高大空间，通过对比，后者就显得更加雄伟；反之同理。② 虚实对比。由相对封闭的围合空间进入开敞通透的空间，则会使人有豁然开朗的感觉，进一步引申，可以表现为明暗的对比。③ 形状对比。两个空间的形状对比既可表现为地面轮廓的对比，也可以表现为墙面形式的对比，以此打破空间的单调感。

(3) 重复与再现。重复的艺术表现手法是与对比的艺术表现手法相对的，某种相同形式的空间重复连续出现，可以体现一种韵律感、节奏感和统一感，但运用过多，容易产生单调感和审美疲劳。重复是再现表现手法中的一种，再现还包括相同形式的空间分散于建筑的不同部位，中间以其他形式的空间相连接，起到强调那些相类似空间的作用。

(4) 引导与暗示。虽然一栋复杂的建筑中包括各种主要空间与交通空间，但是流线还需要一定的引导和暗示才能实现最初的设计走向，如外露的楼梯、台阶、坡道等很容易暗示竖向空间的存在，引导出竖向的流线，利用顶棚、地面的特殊处理引导人流前进的方向，狭长的交通空间能吸引人流前行，空间之间适时增开门窗洞口能暗示空间的存在等。

(5) 衔接与过渡。有时候两个相邻空间如果直接相接，就会显得生硬和突兀，或者使两者之间模糊不清，这时候就需要用一个过渡空间来交代清楚。过渡空间本身不具备实际的功能使用要求，所以过渡空间的设置要自然低调，不能太抢镜，也可以结合某些辅助功能如门廊、楼梯等，在不知不觉中起到衔接作用。

(6) 延伸与借景。在分隔两个空间时，可以有意识地保持一定的连通关系，这样，空间之间就能渗透产生互相借景的效果，增加空间层次感。

2. 建筑内部空间集群——序列

要想使建筑内部的空间集群体现出有秩序、有重点、统一完整的特性，就需要在一个空间序列组织中把对比、重复、引导、过渡、延伸等各种单一的处理手法综合运用起来。空间序列组织主要考虑的就是主要人流的路线，不同使用功能的建筑，其内部空间集群的人流路线是不同的。例如，展览馆的人流路线就是参观者的参观路线，这个流线就要求展厅之间的排序要流畅和清晰，各个展厅空间需要得到强调，其他过渡空间则一带而过。又如，剧院的人流路线就是观众的进出场路线，由于一个剧院中各个演出厅之间的关系不大，只需要相应的人流能便捷地到达相应演出厅，这时的空间序列组织就只需要重点考虑入口大厅到达某一演出厅的流线，演出厅之间的流线可以不用强调。一般而言，沿着主要人流相应展开的空间序列都会经历引导、起伏、压抑、高潮等过程，最主要的就是高潮部分，不然整个空间序列就会显得没有中心和松散。要想突出高潮部分，就要综合运用前述各种方法。

（三）建筑空间组合的设计重点

建筑空间组合是一项综合性工作，不仅要考虑全局，还应照顾到局部和细节，这就需要设计者耐心地加以推敲分析，以达到令人满意的效果。

1. 基地总体布局

基地总体布局的任务是确定基地范围内建筑、道路、绿化、硬地及建筑小品的位置，它对单体建筑的空间组合具有重要的制约作用。通常应考虑以下方面以及场地设计与总图布置的内容。

（1）各功能区块面积的估算。各功能区块都应根据设计任务书的要求和自身的使用要求采取套面积定额或在地形图上试排的方法，估算出占地面积的大小并确定其位置与形状，一般先安排好占地面积大、对场地条件要求严格（如日照、消防、卫生等）的功能区块。

（2）安排基地内的道路系统。道路系统包括车行系统（含消防车）和人行系统两大部分。道路系统的布置既要妥善处理与基地周边道路的关系，又要满足基地内车流、人流的组织及道路自身的技术要求。

（3）明确基地总体布局对单体建筑空间组合的基本要求。建筑空间组合设计应当充分考虑基地的大小、形状，建筑的层数、高度、朝向及建筑出入口的大体位置等，找出有利因素和不利因素，寻求最佳的组合方案。最后，在进行单体建筑空间组合的过程中，也需要再次对基地的总体布局做适当修改。

2. 基地功能分区

要满足建筑功能布局的合理性，不仅要从建筑自身的特性出发，还要做到与周边环境协调一致，与基地的功能分区相对应。

（1）划分功能区块。依照不同的功能要求，可将基地的建筑和场地划分成若干功能区块。

（2）明确各功能区块之间的相互联系。用不同线宽、线形的线条，加上箭头，表示各功能区块之间联系的紧密程度和主要联系方向。

（3）选择基地出入口位置与数量。根据功能分区、防火疏散要求、周围道路情况及城市规划的其他要求，选择出入口位置与数量。这种选择与建筑出入口的安排是紧密相关的。

（4）确定各功能区块在基地上的位置。根据各功能区块自身的使用要求，结合基地条件（形状、地形、地物等）和出入口位置，可以先大体确定各功能区块的位置。

3. 建筑功能分析

（1）建筑功能分析的内容。建筑功能分析包括各使用空间的功能要求及各使用空间的功能关系。使用空间的功能要求包括朝向、采光、通风、防震、隔声、私密性及联系等。各使用空间的功能关系包括使用顺序、主次关系、内外关系、分隔与联系的关系、闹与静的关系等。

（2）建筑功能分析的方法。现代建筑设计理论发展到今天，对于建筑功能分析的手段和方法已比较多样化，有矩阵图分析法、框图分析法等。这里重点探讨框图分析法这一最为常用的方法。框图分析法是将建筑的各使用空间先用方框或圆圈表示（面积不必按比例，但应显示其重要性和大小），再用不同的线形、线宽加上箭头表示出联系的性质、频繁程度和方向。此外，还可在框图内加上图例和色彩，以表示出闹静、内外、分隔等要求。

对于使用空间很多、功能复杂的建筑，建筑的功能分析应由粗到细逐步进行。可将一幢建筑的所有使用空间划分为几个大的功能组团（也称功能分区）。每个功能组团由若干个有密切联系、为同一功能服务的使用空间组成，并具有相对的独立性。按照上述方法，对这些功能组团进行功能分析，并布置在一定的建筑区域内，便形成了建筑的功能分区。然后，在各功能组团中进行功能分析，确定对每个使用空间的布置。这种功能分析，是一个从无序到有序，不断深化、不断调整的过程。对于更复杂的建筑，往往还要进行多级的功能分析。

（3）建筑功能分析的综合研究。建筑的功能往往很复杂，相互之间存在很多矛盾。建筑空间组合应根据不同的建筑类型和所处的具体条件，抓住主要矛盾进行综合研究，以确定每个使用空间的相对位置。

第二章　建筑设计构思分析与培养

建筑设计构思分析与培养是建筑设计领域中关键的方面，是一个综合性的过程，需要技术、创意、沟通等多方面的能力。通过不断学习和实践，设计人员可以提高设计构思和创造性思维，以创造出满足客户需求并具有独特价值的建筑作品。本章重点论述建筑设计创意构思及美学规律、建筑结构构思与空间设计技巧、建筑设计构思表达及能力培养。

第一节　建筑设计创意构思及美学规律

一、建筑设计创意构思的手法

（一）模拟创意构思的手法

模拟创意构思是借助模拟某一建筑或事物而产生的联想，进而发展自己的创意构思。新的建筑思潮和形式都是由传统和经验发展、演变而来的，从不排斥借鉴他人作品，从中得到启发和收获，模拟创意构思是传统和经验的演构，目前多数建筑创作亦如此。建筑师经常采用模拟创意进行建筑构思，例如，建筑为一栋私家别墅，主人留学英国，偏爱英法住宅，别墅设计就可以仿英法住宅建筑风格，以满足业主怀旧的愿望。

（二）隐喻创意构思的手法

隐喻创意构思是隐喻建筑或某些事物的局部特征或某些情景，揭示情景、事物的内涵，唤起人们对事物所包含的文化特征、精神实质的联想，展开建筑构思，指导建筑创作，赋予建筑人性化的特征。在设计手法上，例如，用山花上的半圆窗表达对西方传统民居建筑文化的联想；利用对绘画式古典、传统柱式格构的借鉴，再现传统建筑的立体特征，构成建筑情景，传递对传统建筑的记忆和对故乡的思念。现代银行的立面特征多采用这样的手法。

例如，建筑大师贝聿铭在设计苏州博物馆时，采用建筑饰面分隔、建筑开窗处理、建筑庭院空间艺术处理隐喻的创意构思，表达对中国江南传统建筑的思念，延续、重现、发扬传统文化。建筑师莫尔设计的新奥尔良意大利广场混杂着意大利各种风格的建筑片段，表达出意大利移民对家乡的悠悠情怀。建筑大师文丘里设计的母亲住宅，采用建筑坡屋面切割断裂、建筑入口处采用弧形视角及建筑高耸的烟囱等设计手法，进行隐喻的创意构思，进一步表达思念家乡的印记。走近建筑，人们就仿佛回到了家乡。

隐喻创意构思是“后现代”派建筑师所常用的手法，谈到“隐喻”不能不提及“后现代”或“现代主义之后”的建筑特征。提及“后现代”建筑特征，是因为“后现代”建筑在隐喻创意构思中表现突出。“后现代”建筑在理念上强调的是建筑和历史、周围环境的关系，在设计手法上注意装饰的象征意义，注意建筑的外在形象在公众眼中及其心理上产生的效果，追求建筑具有隐喻性，表达建筑故事情景的某一局部，缺少对建筑的综合表达。所以，“后现代”建筑不能涵盖隐喻的建筑创意构思的全部特征。

（三）揭示建筑类型功能本质的创意构思手法

揭示建筑类型功能本质的创意构思是从建筑类型出发，在功能或结构传达的内涵、建筑形式等方面，展开设计创意构思，以体现建筑类型功能的本质特征。

第一，使用功能。20 世纪 80 年代，风靡一时的波特曼—共享空间式的旅馆，建筑围绕中央布置客房，建筑中央是几层竖向相连的大厅，大厅的空间布置大多是将室外景观引入其中，迎合顾客需要一个开放的、自然的公共交往场所的心理需求。这种布置形式从建筑功能角度出发，反映建筑类型功能的本质特征。

第二，造型功能。建筑大师小沙里宁设计的美国 TWA 航空港，其具有仿生建筑的特征，内部、外部空间运用曲线展示建筑流动的动态美。建筑创作构思从航空建筑特征出发，建筑造型如同一只欲飞的鸟。建筑大师扎哈·哈迪德设计的北京新航站楼的设计构思是按照“中华龙鸟”的建筑创意展开的，其再现了中华古老传说的故事，体现了建筑的地域特征，反映了建筑航空港的功能主题。在设计天津邮轮港时，建筑师从建筑创意理性精神表达事物——“飘带”出发，建筑形态如同“纽带”交织组成的“船”。友谊之船将天津与世界连接起来，架起友谊的桥梁，赋予建筑内涵、生命，寄托着愿望与期待，实现了建筑造型、功能、精神需求的完整统一，建筑创意同时兼有模拟创意构思的特征。

（四）用高科技直接解决功能需求的创意构思手法

运用高科技直接解决功能需求的创意构思，即运用高科技直接解决功能需求进行建筑构思、创作建筑，运用新思想、新技术解决建筑问题，能高效满足使用要求，这种思潮常被人称为“高技派”。节能、环保、安全、舒适、可再生等新科技的发展，以及在建筑领域的运用和推广，实现了建筑的低能耗、资源的有效利用，达到了建筑发展的控制与优化，体现了建筑的可持续发展战略。现在又有人将它演变、延伸，称其为可持续发展的“新有机主义、绿色建筑流派”。时代的发展赋予了“高技派”新的生命，其意义更加广泛。

例如，上海世博会阿尔萨斯案例馆被称为“水幕太阳能建筑”，建筑南立面上的水幕太阳能墙体，由计算机自动控制，可以随着室外温度和日照强度的变化自动开、闭，既能遮阳降温，又能有效减少能源消耗。上海世博会日本国家馆，银白色的展馆形成一个半圆形的大穹顶，宛如一座“太空堡垒”建筑，表皮设有太阳能发电装置，超轻的“膜结构”让日本国家馆成为一座会“呼吸”的展馆，日本国家馆延续了爱知世博会“与自然共生”的理念，在设计上采用了环境控制技术，使光、水、空气等自然资源被最大限度地利用。展馆外部透光性高的双层外膜，配以内部太阳能电池，可以充分获得、利用太阳能资源，展馆内使用循环呼吸孔道等建筑新技术。

又如，法国的蓬皮杜中心不但要求高新技术，同时还将设备和结构构件作为重要的装饰手段，建筑师相信用科技手段创造出来的建筑形式，能够通过结构构件和设备体现出美感。建筑师把功能性的结构、技术设备和管线外露，有时将设备、结构加以装饰，利用人们视觉疲劳产生的幻觉，将这一类构成的空间极度夸张，产生震撼人心的力量，由于它直接、高效、干练、纯粹而备受人们的欢迎。

二、建筑设计构思的美学规律

随着人们对自身居住的环境要求、建筑美感的要求逐步提升，而美学与建筑设计的结合，能够将实体艺术与设计美学巧妙地融合。[①] 创造人性化的建筑空间环境，应当遵循建筑美学规律，建筑美学规律体现在具体的建筑艺术形式中。作为相同类型艺术形式所体现的美学规律，具有普遍性、恒久性、多样统一性，是有法可循的。任何事物都不是孤立存在的，它所表现的形式是一种观念的化身，建筑师的每件作品都是建筑审美观念的自我表现。任何完美的建筑设计创意构思和表达，都要运用建筑形式美学规律进行表述，以实现人类物质和精神文明的功能需求。建筑的基本美学规律可概括为点、线、面、体及色彩、质感等的普遍组合，具体有以下几个方面。

① 夏妙．建筑设计美学审视与实践分析 [J]. 建筑工程技术与设计，2018(30)：986.

（一）建筑几何图形体量的美学规律

简单的几何图形体量是最美的，简单、明确的几何图形体量具有抽象的一致性、统一性、完整性，因此具有美感。抽象的一致性具有确定的几何关系，在进行建筑创作时，建筑是由若干构件组成的整体，将大体量构件置于突出位置，形成主体，将其他构件从属于主体，取得了建筑体量有机统一的建筑效果。

（二）主从关系的美学规律

协调统一是由差异而产生的，建筑构图为达到协调统一，无论从平面构成到立面造型，还是建筑内部空间处理，单体还是群体都必须体现主的从系、重点和一般的关系，否则将各要素、构件平均处理，同等对待，即便构成整齐，也会因单调而失去统一。例如，美国亚特兰大桃树中心广场旅馆中庭，建筑处理正是运用圆弧，成为空间视觉的中心，取得引人注目的艺术效果。如果没有这一重点核心，“中庭”就会让人感到平淡、松散，失去主从关系的统一性。

（三）对比和统一关系的美学规律

对比是借助形体相互烘托陪衬求得丰富变化，统一是借助彼此之间的协调和连续求得调和一致。建筑没有对比，统一便会显得单调。对比在建筑构成中主要体现在不同体量、不同形状、不同方向、不同角度、不同色彩、不同质感之间。

第一，不同视觉角度对比的美学规律。在园林建筑中，由于视觉角度的变换、时间上的差异、景致的不同，会形成不同的艺术效果，从而让人产生或亲切，或崇高，或压抑，或开朗的心理感受。例如，苏州留园的景观处理，某些区域采用不同角度变换对比手法，如入口处的迂回曲折给人以压抑感，曲廊的尽端豁然开朗，视觉角度变换，景色亦有不同，达到了建筑与环境有机共生、诗情画意的艺术境界。

第二，不同体量对比的美学规律。在空间组合方面，两个毗邻空间大小悬殊，由小空间向大空间过渡时，会因相互对比而产生豁然开朗之感。以欲扬先抑的手法衬托主要空间。例如，北京站的剖面、内部空间设计，就是运用高低体量空间不同，以衬托主要空间，人们经过低矮的前厅空间，进入大厅，顿觉宏伟开朗，符合新中国成立后百业待兴、欣欣向荣的时代特征。

第三，不同方向对比的美学规律。在建筑的对比和统一中，建筑运用相同元素如矩形进行组合，建筑各部分通过矩形长宽比例不同，产生横向、纵向、竖向感，交错穿插处理，对比变化，使建筑产生良好的艺术效果。

第四，不同形状——直曲对比的美学规律。建筑的线型，直——给人以刚劲挺拔感，曲——给人以柔美活泼感，通过刚柔对比，使建筑富有变化。中国古建筑屋顶、西方古典拱柱式结构建筑，都是采用直曲对比建筑艺术处理方法的成功案例。现代悬索、壳体大跨空间结构建筑都是利用直曲对比关系，加强建筑的表现力。例如，现代建筑巴西议会大厦，建筑师正是运用简单的直曲形状，实现建筑的完美统一。挺拔的直线型主体使建筑挺拔，正曲、反曲会议厅弧线作柔美处理，不同形状图形的对比，使得建筑不但挺拔雄伟，还具有张力。

第五，虚实对比的美学规律。虚实对比就是利用建筑的孔、洞、窗同墙柱之间形成建筑虚实对比，创造出统一的、富于变化的建筑形象。例如，一些建筑造型运用框架结构塑造出空漏的虚幻空间，与玻璃、墙面围合的实体空间形成对比，使建筑空间轻盈、剔透、和蔼可亲。或者有的建筑造型运用不同材质使墙面与透明玻璃形成对比，虚实相间，跳动变幻，富有生机。

第六，色彩、质感对比的美学规律。色彩、质感对比就是建筑利用色彩的对比调和、质感的粗细和纹理变化，创造生动活泼的建筑。建筑的色彩、质感对比在建筑设计中起着重要作用。不同颜色、图案的墙面，廊柱构架，不同质感材料、颜色的瓦屋顶等对比的建筑美学规律运用，在建筑设计中都起到了丰富建筑空间的作用。例如，一些建筑饰面运用了石质、木质、金属材质等材料，正是不同材质材料的对比运用，增强了建筑的表现力，使建筑具有人性化的亲和力。有时建筑师运用墙面的单一色彩涂料，与仿木质花架、不同色彩的瓦屋面形成不同材质、颜色的对比，体现建筑的地域风格。

第二节　建筑结构构思与空间设计技巧

一、建筑结构构思与合用空间设计技巧

结构的运用是为了创造合乎使用要求的空间，即合用空间。在现代建筑合用空间的创造中，结构构思的基本思路与设计技巧，主要从以下两方面展开。

(一) 建筑物使用空间与结构覆盖空间的设计技巧

建筑物的使用空间由底界面、侧界面和顶界面围合而成，它的形状及其大小是根据建筑功能要求及其各种参数确定的。在结构的覆盖空间中，除容纳建筑物的使用空间外，还包括非使用空间，其中有结构部分所占去的那一部分空间。当结构的覆盖空间与建筑物的使用空间趋近一致时，不仅可以提高空间的使用效率，而且将会为减少照明、采暖、空调等负荷，以及节约维修费用等创造有利条件。因此，力

求使结构的覆盖空间与建筑物的使用空间趋近一致，乃是现代建筑结构构思的一个基本原则。

一般而言，在承重墙、梁柱、框架结构中，结构所覆盖的空间多为矩形断面，这与常见的大量建筑的使用空间容易取得协调。然而，当结构的几何体形比较庞大，或者富于变化时，其覆盖空间则往往得不到充分利用。为了做到结构合理，同时也使它的覆盖空间与建筑物的使用空间尽可能趋近一致，先要对所设计的使用空间进行分析: ① 使用空间的大小; ② 使用空间的形状; ③ 使用空间的组成关系。

对建筑物的使用空间不做具体分析，把现代结构技术只是作为追求某种所谓完美而永恒的几何体形的手段，这是西方现代建筑中形式主义的一种表现。例如，曾经研究过拉丁美洲古代建筑的巴西著名建筑师尼迈耶在设计巴西利亚歌剧院时，为了仿造阿兹特克金字塔的几何体形，不得不将此歌剧院的使用空间强行塞进“现代金字塔”中，结果，在大小两个观众厅部分，结构所覆盖的空间竟有一半以上被浪费掉。因此，可以通过以下途径，获得与使用空间尽可能趋近一致的结构覆盖空间。

第一，利用不同体形的平面结构，构成与使用空间相适应的顶界面或侧界面。通过桁架、梁柱等简单构件的灵活组合，可以对结构覆盖空间的形状做适当调整。根据使用空间的具体情况，顶界面既可以高低错落，也可以倾斜、弯曲；甚至作为侧界面的墙面，也能随使用空间做相应变化的处理。值得注意的是，利用拱和刚架的特殊体形 (对称的或非对称的)，可以更有效地适应某些使用空间的形状，如散体物料仓库、设有高跳台的游泳馆等。

第二，将覆盖大空间的单一结构，化为体量较小的连续重复的组合结构。例如，大跨度抛物线拱可以化为多波筒壳，大穹隆顶可以化为“十”字形拱或波状圆形组合式壳等。如一例没有采用常见的横向布置的三角形屋架或梯形桁架，而是结合通风与采光要求，利用在纵向上兼起天窗架作用的两榀 36m 跨钢桁架，来承托两侧的预制整体装配式折板，相应节约了空间，同时，又使折板的跨度由 30m 减小至 13m，获得了较好的技术经济效果和使用效果。

第三，选择其平面、剖面与建筑物使用空间相适应的各种新结构形式。大跨度空间结构的运用最容易出现空间浪费的弊病。因此，结构构思时应善于去发现，哪些新结构的平面与剖面形式对适应哪些建筑物的使用空间形式是特别有利的。与此同时，也应当善于对使用空间形式做巧妙的调整，以求能充分发挥某种新结构形式的优越性。

平面为圆形、剖面为中部低落或高起的使用空间，对挖掘圆形悬索结构潜在的巨大优越性十分有利。这类结构可以用长短相等、受力均匀的悬索和同样多的外墙材料，以覆盖最大的建筑面积。它适用于体育馆、展览馆等之类的使用空间。一些大型工业厂房的平面布置，也可以按圆形几何关系加以调整和变换，如平面为圆形、剖面接近于半球形的使用空间，采用穹隆网架、球面壳等比较有利。平面为椭圆形、剖面为长轴向高起的使用空间，恰好能与马鞍形悬索结构相吻合。除体育馆外，如礼堂、音乐厅、电影院等，由于舞台和楼座的空间都高于中间的池座部分，因而国外也常在这一类观演性建筑中采用马鞍形悬索结构。

在某些情况下，使用空间底界面的形状，也可以与各种新结构形式的构思结合起来，从而省去或减小那些无用的多余空间。加拿大多伦多市政中心会议厅，利用倒圆锥体曲面作为它的楼盖，并使之与筒形底座（交通枢纽）相连；顶部则以球面壳覆盖。这样，就恰好构成了与会议厅功能相适应，而体积又十分紧凑的使用空间。另外，倾斜的楼座下部也为人们提供了可以自由活动的外部空间。由此可见，钢索悬挂楼面构成了议事厅的底界面，而其下垂度恰好可以被利用来作为座位的起坡。

总之，新结构的覆盖空间与建筑物的使用空间趋近一致，最终都是通过它们各自对应的平面形式与剖面形式相互吻合而达到的。因此，在结构构思时，应从这两个方面来灵活地协调其关系。

第四，利用组合灵活的混成结构，以适应建筑物使用空间的平面与剖面形式。现代结构技术的运用已不再局限于平面结构之间的组合，而是利用混成结构——空间结构与空间结构，或空间结构与平面结构的灵活组合。这样不仅可以更好地发挥不同承重材料的力学性能，还可以相应调整结构覆盖空间的体形。

第五，根据建筑功能要求，将使用空间分别归并成大空间群与小空间群，然后采用与之相适应的空间结构和平面结构进行组合。这种手法对于大面积工业厂房建筑设计而言，具有现实意义。在许多情况下，将空间结构单元（如双曲扁壳、扭壳等）做排列，虽然满足灵活布置生产工艺流程的要求，但往往由于其中要设置附属用房，而使成片的大空间得不到充分利用。例如，联邦德国对工业厂房厅堂式结构运用中，大跨度空间结构结合小跨度楼层布置，是在大面积情况下，有效利用结构覆盖空间，并取得良好技术经济效果的一个重要途径，楼层中设置办公室、管理台、检修室及公共卫生用房等，而厅堂部分折叠式拱形薄壳所覆盖的大空间，则又能很好地适应化工设备高低错落的布置。需要注意的是，在处理结构覆盖空间与建筑物使用空间相互关系的过程中，还应当充分注意使结构本身所占据的空间尽可能得以合理利用。

（二）建筑物使用要求与结构的合理几何体形设计技巧

建筑物的使用要求涉及面很广，除了使用空间的大小、形状及其组成关系外，如采光、照明、通风、排气、音响、开启面、排水等要求，对结构形式或结构几何体形的确定，都有比较直接的影响，而这些因素正是我们在酝酿结构方案时容易忽视的。

结构的合理几何体形是在相对意义上讲的，主要受材料力学性能和结构工作性能的制约。在结构构思的最初阶段就要注意到，既不能单纯地强调结构合理而不顾建筑物的使用要求，也不可迁就使用要求而给结构设计和施工带来大的问题。富于创造性的构思，总是这二者较为完美的结合。

1. 开启面与结构的合理几何体形设计

开启面是指可以自由启闭的空间界面或空间界面的某一部分，在满足现代建筑功能要求方面具有独特意义。借助于开启面，可以使大型交通工具、机件设备等，方便地进出于大空间建筑；可以使某些公共建筑（如体育场、游泳馆、大会堂等）的屋盖全部敞开，从而直接从大自然空间获得阳光和新鲜空气（屋盖又可以闭合，使室内各种活动不受外界条件的影响）。此外，在多功能厅堂建筑中，借助于开启面还可以灵活地改变室内空间的容积，使厅室具备能“分”、能“合”的可能性。

获得大开启面的最简单的结构方案，是在垂直支撑结构上设置水平过梁。然而，这毕竟不是一种巧妙的方法。因为，随着开启面宽度的加大，水平过梁中的弯矩也将急剧增大，这也就意味着梁的断面高度及其结构自重急剧增加。因此，大的开启面的设置，只有通过结构构思，在改进结构传力系统、传力方式的基础上才能达到。另外，为了使顶界面自由开启，国外已经出现了旋转式活动屋盖、平移式活动屋盖等结构方式。可以预见，充气结构的发展必将为未来建筑屋盖的自由开启，提供更大的可能性和优越性。

开启面的设计原理使我们得到这样一个启示：建筑物内部使用空间与其外部自然空间如何沟通（联系），是我们训练结构构思想象能力的一个重要方法。例如，采用悬挂式结构的航站候机廊方案，其特点是：候机廊下部悬空，由于机翼不受阻碍而使机身驶入停靠，像船靠码头一样，乘客直接由候机廊进出机舱。这样，可以缩短登机（或下机）路线，并全部省去登机桥设施。显然，飞机之所以能驶入停靠，正是因为候机廊下变成了“开启面”（没有障碍物）的结果，而这种空间上的沟通，又恰恰是结构方案的特点所带来的。

2. 音响与结构的合理几何体形设计

音响问题不只限于声学设计要求较高的剧院、电影院、音乐厅、礼堂等建筑，在其他类型建筑中，当使用空间有较大的噪声产生时（如火车站、体育馆、展览馆、印刷车间、冲压车间、纺织车间等），都应当考虑所采用的结构形式将对室内音响产生怎样的影响。那种认为“声学吊顶”是弥补新结构声学缺欠的好办法的观点，是较为片面的。例如，美国麻省理工学院礼堂，第一层是剧院大厅；第二层是大讲堂，整个使用空间由1/8球面壳覆盖着，不仅上下两个厅堂之间的隔音处理很复杂，而且上部壳顶悬吊式吸声构造的造价比该壳体本身的造价还高。新结构的几何体形与声学要求之间的关系，应从以下几个方面探讨。

(1) 新结构的几何体形是否会产生音质缺欠——声焦聚、回声、颤动回声、沿边反射等。例如，一些薄壳、悬索、网架等所具有的圆形或椭圆形平面形式，容易产生声场分布不均匀、出现声焦聚和沿边反射等缺点；向上凸起的双曲扁壳与地面之间容易产生颤动回声，等等。

(2) 新结构的几何形体是否有利于达到所要求的响度、清晰度和混响时间。高大的结构体形会消耗较多的有效声能，即消耗较多的直达声和直达声后35ms（毫秒）以内的前几次反射声，同时，还会加大反射声的行程，使50ms前的几次反射声减少，这些对提高响度和清晰度都是不利的。所以，对会堂、电影院、话剧院等而言，新结构的体形以避免高大为宜。在音乐厅、歌剧院等厅堂建筑中，由于混响时间要求较长（为一般会堂混响时间的4～5倍），每一席位所占有的观众厅体积相应增大，因此，高大的结构体形可以得到较好的利用，这一点从声学吊顶处理上也可以反映出来。如德国法兰克福音乐厅采用了直径为85.5m的球面壳，为了克服音学缺欠，同时也为了利用结构体形所占有的空间来延长混响时间，仅局部悬挂声反射板，并在声反射板之间留有空隙，以使来自壳顶的反射声还可以从间隙中透过来，增强混响效果。

(3) 新结构的几何体形是否有利于声扩散。声扩散不仅可以保证观众厅中声音从四面八方涌进来的空间感和丰满度，而且可以减弱室内噪声的影响。因此，直接利用各种有利的新结构几何体形起到声扩散的作用，是一种经济有效的声学设计手法。

3. 采光、照明与结构的合理几何体形设计

在使用空间的侧界面上开设采光带并不困难，尤其是在框架结构系统中。但当需要采用顶部采光或顶部高侧采光方式时，就需要精心思考。在屋盖的水平构件上设置天窗，是一种原始的方法。屋盖结构的传力路线迂回曲折，水平构件跨中弯矩增大，受力恶化。此外，天窗和挡风板突出屋面，风荷载增加，因此柱子和基础的截面、配筋都必须加大。这种天窗还增加了无用的结构覆盖空间，且室内天然采光照度也不均匀。可见，在运用天然采光形式方面的“高招”越多，适应屋盖结构合理几何体形的灵活性也就越大。

(1) 利用屋盖结构层空间开设采光带或采光口。例如，在桁架上、下弦杆之间设置下沉式天窗，利用桁架悬挑端部的收束做进光口，结合钢筋混凝土大梁布置采光井，在平板网架周边的高度内开高侧窗等。

（2）通过结构单元的适当组合，形成高侧采光或顶部采光。在剖面设计中，这些屋盖结构单元可以按高低跨或锯齿形等方式排列；在平面组合中，结构单元之间则可以留出空当，设置水平向顶部采光带。类似这些手法不仅常见于工业建筑，而且在一些大型公共建筑中，也能与结构的运用协调一致，取得良好效果。

（3）直接在屋盖结构所形成的顶界面上开设采光口或采光带。常见的形式有：在双曲扁壳上布置圆形采光孔，在平板网架上架立角锥形采光罩，在折板或折拱上嵌镶条形采光带等。

4. 通风、排气与结构的合理几何体形设计

建筑的通风与排气常需要在结构上做出特殊处理，这也往往成为结构构思的一个重要出发点。

（1）使结构所形成的侧界面有利于通风排气。例如，德国巴伐利亚市玻璃厂熔炉车间使承重骨架搭成简洁、稳定的“人”字形，以便于车间内的热空气通过向上收拢的空间体形，从屋脊通风百叶排出。骨架两侧的水平窗处理可以保证室内对流通风，并防止阳光直射。又如，巴黎德方斯区能源站，其纵剖面和横剖面均设计成梯形，侧墙是由“工”字形断面的斜钢梁构成的，体形收束的上部布置有通风百叶和排气设备。

（2）使结构所形成的顶界面有利于通风排气。具体手法很多，但同样都应以力求使结构传力简单、避免受力状况恶化为其原则。例如，法国费津炼油厂行政管理中心实验室，将屋盖钢桁架一端向上弯曲翘起，结合侧墙面上的窗洞处理，利用该桁架结构层空间来组织室内自然通风排气，结构构思十分巧妙。又如，某铸工车间壳顶，为了排除铸工车间内的烟气和余热，设计者对壳顶形式作了大胆构想：使每一个独立的壳体都由两个对称的双曲抛物面单元、一个天然采光面天窗和一个“抽气斗口”组成。因此，每一个具有这样几何形体的壳体，都可以起到“排气罩”的作用。

此外，民用及公共建筑的屋盖结构形式，也可以结合自然通风或排气要求考虑。这样构想，不仅可以使结构传力和通风排气要求有机地统一起来，而且会给建筑物的室内空间和外部形体的艺术处理，带来引人注目的特点。

5. 排水与结构的合理几何体形设计

排水看似是一个“不起眼”的问题，然而，在结构构思的思路发展过程中，它却有可能成为一个障碍。这是因为，一些大跨度屋盖结构的几何形体往往不易使雨水得到排除。例如，单层悬索屋盖是由下垂的柔索组成的，这样便形成了周边高、中间低，呈下凹形的顶界面，雨水往往在此汇积。如果在屋盖中部设置水落管，则势必影响使用空间。蛇腹形折板虽然对提高结构的整体刚度和抵抗弯矩作用有利，

但由于折板间壁形成了许多闭合的“小仓”，雨水在这些“小仓”中积蓄，反而增加了折板所承受的荷载，对结构受力不利。大跨度平板网架结构一般是通过“起拱”的方式来解决屋面排水问题的，但这类网架结构单元杆件组合的几何形式不尽相同，故结构起拱的灵活性也很不一样。下弦正放的抽空正四角锥网架起拱较方便，而斜放四角锥网架起拱就较困难。两向正交斜放网架当长梁直通角柱时，适于四坡起拱，而两向正交正放网架则只适于两坡起拱。这些都说明屋面排水要求往往会影响到对结构合理几何形体的考虑。

在许多情况下，为了保证屋盖结构具有比较合理的几何形体，排水处理应因势利导，结合使用空间的形状、天然采光形式、内庭院布置及室内垂直支撑结构的利用（设内落水）等，做出灵活多样的不同考虑。

应当指出，在大面积工业厂房中，当采用双曲扁壳或双曲抛物面壳（扭壳）做联方排列、壳体单元间设置纵向和横向（呈“井”字形）排水天沟板时，如何确定与四个相邻壳转角点相连的支撑结构形式，是一个很大的问题。因为在施工过程中，壳体要按照一定顺序坐落在这些共同的支撑结构上，支撑结构的设计需要把施工中偏心受压和极易倾覆的不利因素考虑进去。因此，尽管壳体本身的结构形式及其几何体形是合理的，但是，较宽的双向天沟板的设置（考虑大面积屋面排水，并兼顾高侧采光）却导致支撑结构复杂化。这往往要消耗大量的钢材，甚至会使壳体结构在技术经济效果方面的优越性全部抵消。由此可见，排水问题不仅直接关系到结构本身的几何形体，而且可能影响到结构的总体布局。

综上所述，正如使用空间的大小、形状及其组成关系等因素一样，采光、照明、通风、排气、音响、开启面、排水等要求，对结构方案特点的形成也起着十分重要的作用。因此，对建筑物使用要求的深思熟虑，乃是我们在结构构思中获得创作灵感和创造性成果的一个重要源泉所在。

二、建筑结构构思与视觉空间设计技巧

人们对建筑环境的感受是通过视觉、触觉、听觉乃至嗅觉而达到的。然而，对建筑艺术的欣赏，处于第一优势的，莫过于视觉。建筑属于用视觉感受的艺术，具有形式美或艺术美的建筑形象是在视觉感受的空间中展开的。从这个意义上来看，建筑形象的创造，就是视觉空间的创造。视觉空间与合用空间具有不同的内涵，然而，它们都是从建筑之“本”——结构中孕育出来的。

在现代建筑的结构构思中，为了能把满足建筑各方面的要求，与合理组织和确定结构各个部分的传力系统、传力方式整体而有机地结合起来，不仅要很好地考虑和解决建筑功能方面的问题，而且必须运用逻辑思维与形象思维，对建筑艺术创作

有一番艺匠经营。因此，视觉空间的形成，也像合用空间那样，与一定的结构构思紧密地联系在一起。那种脱离结构技术，仅凭建筑构图概念来进行艺术创作或建筑评论的观点，早已陈旧不堪。

根据在结构和材料运用中所应遵循的客观规律，因势利导地对视觉空间进行艺术加工与艺术处理，是现代建筑达到审美目的最本质，同时往往也是最经济的一种创作手段。从另一个角度来看，这是现代建筑结构构思中颇能活跃创作思想而又引人入胜的一个探索领域。在这方面，建筑师的见识越广、积累的经验越多，那么，他从总体到局部对结构方案的构想也就越富于灵感、越卓见成效。

此外，在结构构思的全过程中，我们应如何考虑建筑艺术方面的问题来创造视觉空间，主要有两个途径：其一，是结构与视觉空间的直观联系，这种联系是外在的、一目了然的。正是由于寻求这种“联系”比较容易，所以，久而久之，在现代建筑艺术中也很容易形成一些司空见惯的“模式”。其二，是结构与视觉空间的非直观联系，这种联系是指合理的结构本身为视觉空间的艺术创造所能提供的各种可能性，因而，这种“联系”是内在的、潜藏的，它期待着建筑师以其聪明才智去做深入的挖掘。通过这一条途径，我们可以打破现有的一些“模式”，从而赢得出人意料却又在情理之中的独特而崭新的建筑艺术效果。

只有当我们全面地把握了结构与视觉空间的直观联系和非直观联系时，我们才能在解决结构技术与建筑艺术的矛盾中，充分发挥建筑师的主观能动性。具体而言，在结构构思的全过程中，视觉空间的创造可以按照以下基本思路展开：① 如何围合空间范围；② 如何支配空间关系；③ 如何修饰空间实体。

考虑与解决上述这些问题需要创造性的思维。在这些创造性思维中，既有“抽象”与“具体”之分——“虚”与“实”之分，又有“宏观”与“微观”之分——“整体”与“局部”之分。在结构构思与视觉空间的创造中，建筑师的头脑所能适应的这种“思维幅度”越大，他身上所潜藏的创造力的水平也就越高。

（一）建筑结构构成与视觉空间限定设计

如何以空间界面（顶界面、侧界面、底界面）限定空间，是现代建筑视觉空间艺术创作中具有头等重要意义的问题。虽然一些非承重的围护结构和室内装修也可视为空间界面（如玻璃幕墙、轻质隔断墙、天花吊顶、室内庭院水面等），然而，空间界面的变化及由此而带来的空间限定的特点，在很大程度上则还取决于承重结构中线、面、体的构成。因此，遵循结构运用中的客观规律（其中包括结构中的力学规律），因势利导地利用结构的合理几何形体来限定人们视觉感受的空间范围，造成不同的空间轮廓、空间动势与空间韵律，是与结构技术发展相适应的现代建筑艺术表现技巧的基本特点之一。

1. 通过结构构成的空间界面，丰富空间轮廓

空间界面不仅是建筑物内部与外部环境的“临界面”，而且也自然而然地构成了人们身临其境的“视野屏障”。不同空间界面按不同方式围合而成的空间轮廓，给人以不同的心理作用，并产生不同的视觉艺术效果。另外，人们对视觉空间的总体印象——也是最初印象，来自建筑物外部和内部的“空间轮廓”。例如，人们视觉器官捕捉和感受外部形态的过程，涉及物理学系统、生理学系统和心理学系统。在心理学系统中，虽凭人的主观感情和过去的经验来理解，但一般却可以按照共同的心理学法则去分析。

从现代建筑心理学的角度来看，由水平面和垂直面按直角交接方式围合而成的视觉空间，给人的印象和感受不免趋于平淡，迄今为止，大量运用的承重墙、框架或混合结构系统，荷载基本上都是通过相互垂直交接的结构部件，如板、梁、柱、墙等来传递的。因此，在以空间界面所限定的矩形断面的平行六面体即被许多人称为“方盒子”的现代建筑中，视觉空间的创造不得不更多地借助其他的艺术表现手段。

另外，通过结构的合理运用，哪怕只要使得空间界面的某一部分（或顶界面，或侧界面，或底界面）获得相应的变化，那么，人们对视觉空间的异样感受就会产生。值得注意的是，一旦我们把两种或两种以上的空间界面各自相应的变化加以组合时，就会产生奇妙的空间轮廓，上述那种人们对视觉空间的异样感受就会因此而“强化”。另外，从现代建筑心理学的角度，分析了结构构成、空间轮廓与视觉感受之间的相互关系。

以空间界面来限定空间，创造丰富多彩的空间轮廓，不仅要适应结构中线、面、体的构成，而且往往要综合考虑其他方面的因素，这样才能顺理成章，使创作技巧更臻成熟。

有许多成功的建筑作品都是结合了建筑功能，如采光、通风、照明、声学、视线等要求来处理结构所构成的空间界面，以丰富空间轮廓。即使是难以得到变化的底界面，由视线设计要求形成的楼座倾斜面也往往直接暴露在外，与变化了的顶界面或侧界面合为一体，成为现代观演性建筑（会堂、影剧院、体育馆、马戏院等）室内外空间轮廓的一个新特征。

结合自然环境来考虑结构构成及其空间界面所形成的空间轮廓，是现代建筑视觉空间艺术创造的一条重要思路。建筑工业化、体系化的发展趋向，结构构件连续成形和吊装组合的要求，给“容器式”居住建筑的结构构成及其空间限定带来了新的设想。从长远来看，处于试验阶段中的这类居住房屋必将促使我们对现代建筑的

视觉空间概念有更进一层的理解。

由此可见，不要轻易地用吊顶和装修墙面，而要尽可能以结构所构成的空间界面去丰富空间轮廓，甚至以此有意识地去强化人们对视觉空间的异样感受。应当铭记，这是打破建筑模式、克服千篇一律，从而达到现代建筑审美要求的十分有效而又经济的创作手法。

2. 通过结构构成的空间界面，强调空间动势

现代建筑的空间构图，常常可以借助结构体形所形成的空间界面的变化，来形成和增强视觉空间向前、向上、旋转、起伏等动势感，这不仅能显示出人类现代文明生活中的速度感与节奏感的加快，适应人们审美心理的变化，同时，在许多情况下，这种动势感在空间序列中还具有吸引与组织人流的功能作用。例如，华盛顿杜勒斯航站楼的建筑，该单向悬索屋盖是用15cm厚的钢筋混凝土板在缆索之间铺设而成的。为了更好地抵抗来自屋盖的拉力，两排相隔45m的支柱（柱距12m）均向外倾。顺应支柱，玻璃墙面也自然呈斜面布置。加之靠广场的列柱较高（19.5m）、靠机坪的列柱较低（12m），这就更加突出了与航站楼建筑性格相协调的“向前欲飞”的空间动势，同时，由此而造成的指向机坪方向的空间导向性，也恰好反映了登机方式所带来的使用特点。旅客通过“一”字形大厅，可以迅速地进入专供等候上机用的汽车。这里，由倾斜屋顶与墙面所造成的空间动势很自然地反映了结构构成的特点，并与该建筑物的使用性质与艺术风格十分相称。

值得注意的是，现代建筑中“空间的流动”，在某些情况下，正是由于按照建筑构图原理，去直接利用结构本身所具有的受力合理的曲线或曲面几何体形而形成的。直接利用结构的曲线或曲面体形来构成建筑物的空间界面，是造成视觉空间“连续”与“浮动”（“流动”）艺术效果的一个重要原因。例如，某游泳馆坐落在崎岖不平的山岩上，设计者结合地形环境和空间利用采用了曲线形连续梁，随着大梁的起伏，本身就呈曲面的马鞍形壳板在纵向上所形成的动势感，恰好与游泳池的水浪互为呼应，更增加了室内空间的流动感觉。耶鲁大学冰球馆形如拿破仑帽的马鞍形悬索屋盖，其支承木屋面板的主要承重索悬挂在中间钢筋混凝土拱和两侧钢筋混凝土曲线形边墙之间。令人称道的是，设计者机敏地利用了巨型拱在两端头的自然起翘和弧形侧墙在相应位置自然转为向外伸展的结构体形，造成了向冰球馆两端进出口处“收缩”“吸引”（从馆外看）、“扩展”“开放”（从馆内看）的空间导向性与动势感，使该体育建筑的出入口设计颇有特点而不落俗套。

3. 通过结构构成的空间界面，组织特有的空间韵律

如果说空间轮廓变化的有意强化形成了空间动势的话，那么，空间轮廓特征的有意重复便形成了特有的空间韵律。建筑构图中的韵律是建筑师再熟悉不过的，然

而，这里不是指建筑中类似梁柱、门窗、阳台等构图元素的排列组合，而是指空间轮廓所构成的能从视觉空间总体上影响人们审美情趣的三维空间韵律。例如，北京车站高架进站大厅，五个双曲扁壳制隔升托，是中轴线上广厅大跨扁壳的自然延续。以这些壳体所构成的空间顶界面来限定空间，带来了室内空间韵律的节拍有轻虚、缓紧之分的特点。

值得借鉴的是，为了适应现代结构及其施工技术的发展，不仅在工业建筑中，而且在民用与公共建筑中，国外也越来越多地重复采用同一结构单元来进行空间组合，这些结构单元的平面多取正方形、六边形、三角形或圆形等，尽管它们的体形与尺寸都一样，然而，通过平面上的交错组合或剖面上的高低布置，仍然可以造成富于变化并具有一定结构空间韵律的视觉空间艺术效果。

（二）建筑结构线网与视觉空间调度设计

在现代结构技术的条件下，空间的组织在水平向和竖向上都具有相当大的自由度。现代建筑中有关空间组织的艺术手法，如空间的分割、穿插、延伸、开放等，都可以归结于“空间调度”这个范畴。

在视觉空间的艺术创造中，应当特别注意视觉空间与结构之间非直观的联系。换言之，作为一个创作技巧成熟的建筑师，一定要悉心地去探求和挖掘合理的结构本身为视觉空间的艺术创造所能提供的各种潜藏的可能性。此外，承重结构的布置可以通过建筑平面中的结构线网反映出来。所谓“结构线网”，就是平面图上承重结构轴线所交织构成的格网，它在图纸上似乎只是机械地为“开间”“进深”“柱距”“跨度”等分寸所左右，然而，对于富于想象的建筑师而言，“结构线网”却是他笔下生辉创造视觉空间的最好“舞台”。

总体而言，规整简洁的结构线网可以使结构承受的荷载分布比较均匀，构件断面趋近一致，整体刚度相应提高，同时，也便于结构计算、设计和施工。因此，在合理的结构线网这个“舞台”上，通过建筑师灵活而精彩的“导演”来取得丰富多彩的视觉空间艺术效果，是与结构技术发展相适应的现代建筑艺术表现技巧的基本特点之一。

1. 建筑结构线网的分割空间

从结构的观点来看，使结构线网规整划一是经济合理的，但如果使视觉空间也随之“规整划一”，那就会使人感到单调乏味（实际上，由于建筑功能方面的因素变化，即使是合用空间的组织也不可能总是那么规矩）。如何来解决结构技术与建筑艺术之间的这一矛盾，主要是“分割空间”——在“不变”中求“变”。

在这样规矩的统一柱网中，可以造成怎样的视觉空间艺术效果，这就取决于分割空间的基本技巧。需要注意的是，使柱子在不同情况下做“拓空”处理，除了便于满足建筑设计中有关技术方面或功能方面的要求以外，对于增强室内空间艺术效果也颇为重要。如果把抵近墙面的柱子都包在墙里或贴在墙上，不仅结构上显得笨拙，而且空间上也缺少韵味，如英国伦敦海波因特一号公寓首层平面的两端和公共厅室中承重支柱与非承重墙面相互关系的艺术处理，是很耐人寻味的。

在合理的统一柱网中创造视觉空间，虽不宜改动柱网尺寸，却可以在统一柱网之外，结合功能分析，引进“附加单元体”。例如，北京和平宾馆由于在主体结构的外侧附加了门斗、休息室（这一部分为单层）和楼梯间，因而使得底层大厅空间既紧凑、富于变化，同时又保持了高层框架结构合理柱网的独立性。在厅室的纵向轴线上，用等跨等距的单列柱来分割空间，结构简洁，受力合理，从建筑构图上来看，也打破了一般古典建筑所谓“明间、次间”等变化柱网尺寸的框框。

2. 建筑结构线网的开放空间

由于结构技术提供的方便与可能，在现代建筑的艺术创作中，更有条件去充分考虑人们视觉活动及其观赏过程中空间序列与时间进程之间的综合作用。为了使建筑物或建筑群与室外自然环境相互渗透、相互融合，在规整的结构线网上，因地制宜地开放某些空间界面，也是现代建筑视觉空间创造中常常采用的艺术手法。例如，广州东方宾馆新楼中座底层原设计，不仅继承了我国园林建筑的传统，而且借鉴了国外高层建筑利用底层刚架结构作开放空间处理的经验，把空间变化与结构经营很好地结合起来。该楼中座为东西朝向，客房自然呈单面布置，走道及阳台分别从前后挑出，结构受力均衡，故只需采用近于方形柱网单元的两排柱子作为中座楼层的承重骨架，这也使得底层空间侧界面开放之后所形成的长廊有适宜的宽度（不致过宽）和良好的比例。结构线网虽呈简单的“一”字形展开，但由于结合了空间分割的手法，颇有韵律地穿插了休息室、酒吧间、露台、水池、装饰性隔断和壁画等，因而开放空间仍有丰富的变化，成为该宾馆庭院空间中一个精彩的组成部分。

新结构形式的运用，为开放空间的艺术处理提供了各种新的可能。结合建筑物的使用性质和要求，根据新结构形式反映在结构线网中的特点，对它所能形成的空间界面做各种灵活的开放处理，也是现代建筑视觉空间艺术创新的一个“绝招”，墨西哥人类学博物馆和布鲁塞尔国际博览会美国馆，便是两个比较突出的例子。墨西哥人类学博物馆为四合院（也可以视为“三合院”）式的布局，在与报告厅毗邻的一端和南北陈列馆出入口人流交会处，设计者大胆地采用了独立柱支撑的悬挂式屋盖结构，形成了侧界面全部开放、顶界面为倒棱锥体的过渡空间。这一方面，可以挡雨遮阳，供人们休息；另一方面，也使狭长庭院的顶部有封闭与开敞之别，体现了以简洁的结构构思来丰富空间层次的艺术意图。显然，如果这个“伞盖”改成由四根柱子来支撑，那么，就会达不到现在所取得的开放空间处理的艺术效果。

需要注意的是，现代建筑又开始流行一种新的开放空间的设计手法，即多半在框架或半框架结构系统中，使框架部分地袒露在空中，游离于建筑物的墙、板之外，从而为视觉空间提供连续而开阔的多样形态，这不仅利用了结构本身的可能性，而且把框架作为了创造这种特殊视觉空间效果的必备手段。

（三）建筑结构形式与视觉空间造型设计

在现代建筑结构构思的全过程中，既要从大的关系——空间限定和空间调度方面来把握视觉空间的艺术创造，还必须进一步深入考虑和解决好有关空间造型方面的各种问题，以使视觉空间的艺术表现具象化。历史上一些优秀的建筑体系，如我国古代木构架建筑、古罗马石拱券穹隆建筑、西欧文艺复兴之前的哥特建筑等，都在建筑空间造型中突出地反映出结构形式的基本特征和结构运用的基本技巧。值得注意的是，这些优秀建筑体系兴起与衰落的发展过程，从而揭示出了这样的客观规律：当结构技术的运用受到建筑艺术创作中雕琢与堆砌的影响，而得不到继续发展的时候，往往意味着建筑艺术的创造力开始减弱。

在现代结构技术的条件下，建筑物的空间造型艺术也不断推陈出新，其总的趋向和原则仍是要同现代结构技术的演进与发展相适应。因此，充分利用结构形式中对建筑审美的有利方面，着眼于空间造型的整体感和逻辑性，摒弃烦琐的雕琢与堆砌，以简求繁，立新于创，是与结构技巧发展相适应的现代建筑艺术表现技巧的基本特点。下面主要探讨悬挑结构、V 形支撑结构与建筑的艺术造型设计。

1. 悬挑结构与建筑的艺术造型设计

随着新材料、新技术的出现和结构设计理论的不断完善，古老的悬挑结构原理在现代建筑的许多重要部位，如屋盖、楼板、楼座、楼梯、阳台、转角窗、雨罩及塔台等，都得到广泛而有效的运用，并对现代建筑的艺术造诣产生了巨大的影响。对于建筑师而言，通过悬挑结构的运用取得一定的造型艺术效果似乎并不困难。然而，同时要做到结构上合乎逻辑，可能就不那么得心应手。所以，这里也必须通过结构构思，把建筑造型的艺术处理与悬挑结构原理的具体运用统一起来。

不管是使建筑物哪一个部位悬挑，我们都要注意悬挑结构的静力平衡方式及其弯矩分布的情况，以便确定比较合理的方案。例如，像一般钢筋混凝土檐口由梁边外挑的这种情况，其结构受力是最不利的。这是因为，固定端弯矩值无法调整减少，梁本身还要受扭，而加于梁上的抗倾覆平衡力也很有限。在这种情况下，挑檐不可能较大，檐口也不宜较高。由此可知，外挑的阳台、廊道，以及悬挑较大的雨罩等，都要避免采取由受扭梁外挑的这种悬挑结构方式，而应当设法利用简支梁（板）或多跨连续梁（板）合理延伸的结构布置。当然，悬挑结构抗倾覆的静力平衡方式是多种多样的，而这种“力的平衡”与建筑空间造型的关系也十分微妙，所以，只有当我们具有随机应变的能力时，悬挑结构的运用才能恰如其分、用得其所。

2. V 形支撑结构与建筑的艺术造型设计

V 形支撑能改进结构的工作性能、增强结构的刚度和稳定性，在不同情况下，其形式又可以有各种灵活的变化。因此，这一类得到广泛运用的 V 形支撑结构，也像悬挑结构一样，已成为现代建筑中体现“摩登”造型特征极其活跃的构图元素。从力学原理来看，我们可以把形式繁多的 V 形支撑结构分为两大类，即起刚架作用的 V 形支撑结构和起独立支柱作用的 V 形支撑结构。

（1）起刚架作用的 V 形支撑结构及造型处理。竖向支撑与具有足够强度的水平构件刚性连接，恰好可以起刚架结构的传力作用。由于刚接处（刚架的拐点处）弯矩最大，支点处弯矩为零，故这种 V 形支撑的体形由上向下逐渐收束。在高层或多层建筑中，以刚架形式出现的 V 形支撑，可以起抗侧力结构的作用，同时，又可以使底层获得较大的自由空间。除高层或多层建筑外，在其他类型的建筑中，V 形支撑也可以刚架结构的形式出现。运用得巧不巧、合理不合理，关键在于与 V 形支撑刚接的水平构件如何安排，所构成的刚架是否能起到增强结构刚度和稳定性的作用。

（2）起独立支柱作用的 V 形支撑结构及造型处理。作为独立支柱的 V 形支撑结构，除“V”形柱以外，在不同情况下，它可以因地制宜地演变成 Y 形柱、X 形柱、T 形柱、梭形柱、“十”字形柱、三叉形柱、树叉形柱等，其技巧就在于，如何结合具体的情况，使起独立支柱作用的“V”形支撑，同其他结构部件构成一个和谐的建筑整体，并力求体现其独创性。此外，支撑结构的构思则多半与创造合用空间有关。三叉形支柱构件可以构成圆形的“格子外墙”，有利于加强呈环形布置的病房的通风、采光和日照，并最大限度地缩短了医院日常治疗、护理的服务距离（医疗及护士站设在圆形塔楼的中央）。树叉形柱的最大优点是，可以减少支柱而尽可能地扩大使用空间。V 形支撑结构的运用，已成为现代建筑艺术造型中非常“时髦”的趋向，这就要求我们要善于去鉴别那些形式主义的东西。

总之，无论起刚架作用的 V 形支撑结构，还是起独立支柱作用的 V 形支撑结构，它们不仅在现代建筑工程中起着重要的功能作用（包括传力功能和使用功能），而且也赋予现代建筑艺术造型以新的特征。只要我们在设计实践中，真正掌握了结构的基本力学原理，并善于做到举一反三、触类旁通，就能在有效地解决结构传力问题的同时，获得较大的灵活处理建筑艺术造型问题的自由度。

第三节　建筑设计构思表达及能力培养

一、建筑设计构思表达的技巧

任何建筑设计创意构思，都必须以图文形式进行表达。完美建筑图文形式表达是建筑设计创意构思深化的重要过程。[①]常用的建筑设计创意构思的表达手段有钢笔、马克笔、计算机辅助设计等。无论哪种表达手段，都有其技巧，建筑创意和构思最终是以建筑画体现的，其重点是表达建筑形象，对于建筑形象的描绘，有其章法可循，有着程式化的步骤。

（一）建筑画的绘制原理步骤

建筑画属于艺术范畴，和美术画有着共性标准，建筑画注重建筑形象的表达，建筑造型规律服从美学规律，绘图技法与美术画技法相同，在进行建筑的绘画之前首先要确定建筑画面基调，集中精力安排好画面的整体关系，要多画面的比较，在确定基调之后再进行建筑画的绘制。建筑画的绘制原理步骤主要包括以下几个方面。

第一，绘制建筑轮廓。在确定建筑画面基调之后，就要准确绘制建筑轮廓，建筑没有准确的轮廓就不能正确表达建筑形象。建筑轮廓表达的不仅是建筑的外表形体结构，而且也包括建筑内部空间的转折变化关系。表达建筑轮廓要符合透视学的基本原理，一般用线描的方式，运用线条的粗细表达建筑的层次、绘画的中心与附属，表达设计构思意图。

第二，表达建筑光影作用下的明暗。在建筑绘画中，一般多假定建筑物在确定的阳光下，表达光影对建筑物的明暗变化关系。没有明暗，建筑便没有体积，建筑各面要区分明暗，塑造建筑形体。在具体的体面表达时，要表现出光影的退晕变化关系，使建筑更加生动。在建筑体面的绘制过程中，要注重门窗的表达，由于地面的发光，门窗部位的阴影一般阴浅而影深。

第三，表达建筑材料的色彩和质感。建筑体面不但要表达光影的退晕变化关系，而且要按建筑设计构思要求，对建筑饰面材料的材质、色彩进行表现。注重建筑表达笔法技巧的运用，材质、色彩不同，笔法和颜色不同，使建筑表达贴近现实，画面栩栩如生。

第四，建筑画面运用虚实处理和明暗变换突出重点。在建筑绘画表达时，对建筑的各部位不能平均对待，要有主次和重点，也要突出主题，形成虚实变幻，使建

① 曹茂庆．建筑设计构思与表达 [M]. 北京：中国建材工业出版社，2017：100.

筑画充满艺术效果，体现建筑的艺术性。

第五，建筑画面完美构图，配景烘托建筑。建筑生长于环境，建筑与环境应是和谐统一的。在建筑表达时，要体现环境，运用环境要素，烘托建筑主体，要适当表达天空、地面、树木、人物、绿化、远山、近水、车辆等环境要素。在表达环境时，要注意环境要素的比例、尺度，要符合人的尺度特征，使环境要素更好地衬托建筑主体，充分体现建筑与环境的有机融合，反映环境艺术设计内容。

(二) 建筑设计中钢笔表达形式

1. 建筑设计中钢笔速写的表达

(1) 钢笔速写是建筑设计表达的方法与手段。钢笔速写是建筑设计表达的方法与手段之一，也是作为建筑设计者应具备的一种技艺。建筑大师能够在短时间内，用简单的绘图工具表达设计意图，能够现场与甲方沟通，更改与完善方案，靠的是多年的速写与徒手表达的练习。因此，基本技艺的熟练掌握乃至灵活运用对今后事业的发展与开拓创新都起到了至关重要的作用。在建筑钢笔速写中，钢笔的表现形式具有刻画形象细腻、深入的特点，图中运用钢笔的建筑表现形式，深入刻画了种类多样、茂密的树木，倒影婀娜的池塘，体现了建筑与环境的和谐统一，表达了林区建筑的地域特色。

(2) 钢笔建筑速写简便的徒手表达会给设计者带来灵感。钢笔速写是建筑师的基本技能，很多优秀的建筑师都对钢笔速写情有独钟，是钢笔速写的高手。现在的学生大多喜欢用计算机作图，计算机作图的准确明晰有助于方案后期的绘制与确定。但是，在方案的设计与修改阶段，简便的徒手表达就会显得尤为便捷，可能不经意间的某个徒手线条就会给设计者带来灵感。而计算机绘图时，设计者想得更多的是精确的尺寸与软件应用的命令，限制了设计者的创作思维。如为天津大沽保卫战纪念馆进行减值设计时，设计者从隆隆的炮声、爆炸的碎片中得到设计灵感，运用钢笔建筑速写快速、灵活的特点，快速记录下思想轨迹、创意理念，并进行建筑设计构思特征分析。

(3) 钢笔建筑速写会提高自身的审美能力与创造能力。钢笔速写常常被学生误解为是在画画，的确凡是优秀的建筑师几乎都对绘画感兴趣。但不同的是，建筑师练习钢笔速写的目的是通过对建筑及环境的勾画，从中体会到美的感受，以此提高自身的审美能力。同时，绘画的过程将有助于建筑师对建筑的细部进行推敲，日积月累形成资料的积累。绘画需要构图，讲究取舍，强调画面层次及相互间的比例关系。反复的练习会提高设计者的观察力与创造力。因此，画画本身不是目的，重要的是绘画的过程，只要持之以恒，就会提升建筑创作构思的艺术性，提高自身的审美能力与创造能力，提高设计能力。

（4）钢笔建筑速写为设计工作积累资料与素材。例如，俄罗斯建筑实物钢笔建筑速写写生。通过钢笔建筑速写，建筑师收集了俄罗斯新艺术运动建筑设计风格的资料，为未来的设计工作积累资料。技艺的提高没有捷径可循。但是，技艺的掌握可以找一些方法与窍门。作为初学者可以先从临摹开始，通过临摹优秀的钢笔画作品，掌握钢笔作画的基本方法。还可以通过写生，掌握构图技巧、透视方法及相互间的尺度关系。在写生条件不允许的情况下，可借助数码相机记录下想要的场景，根据照片进行绘制；还可以通过抄绘建筑杂志或书籍中的资料图片，进行资料收集。在练习钢笔画的同时，还可以通过抄绘的过程加深对作品的认识与理解，增强记忆，培养建筑创意，为今后的设计工作积累资料与素材。

2. 建筑设计中钢笔的绘制技巧

（1）绘制建筑轮廓。运用线描的方法表达建筑轮廓形象、构成组合和空间层次划分。线条可以是单一的线条，也可以分粗细线条。在线描述时，要分析建筑对象，把握关键的空间转折部位，清晰地将建筑各部空间内容表达出来。有时用一样的单线条，难以表达空间的层次，单线条在空间的转折方面表现轻微。为增加建筑的层次感，往往要运用粗细、轻重、虚实等不同的线条，这样不仅生动表达了建筑的形体结构和形态转折，而且能刻画出建筑的刚、柔、轻、重等内在质感和量感，正所谓“笔以立其形质”。

（2）绘制光影范围、建筑体面和建筑材质。明确建筑轮廓之后，就要正确确定建筑物的阴影范围，之后运用线条疏密、线条形式来表达建筑的体面以及建筑体面的质感、光影深浅变化。线条越密，光影色调越深。运用水平线、水平垂直交错线、垂直弧线交错线、斜线、交叉线等分别表达砖、石、筒瓦等的材质质感，增加建筑的表现力。绘制表达涂料、抹灰墙面往往采用“点”的疏密来表达光影深浅和质感的不同。线条和点的组织要有疏密、退晕变化，体现光影特征。

（3）绘制建筑阴影变化。阴影由于受反光影响，建筑绘画表达时要体现退晕变化。处理好建筑的重心、焦点、虚实、调子等的关系，使建筑融于环境之中，与环境形成和谐的统一整体。

（4）绘制建筑配景。处理好天空、地面、树木、绿化、人物等，表达建筑环境氛围、建筑的环境尺度。建筑配景要表达空间虚实、远近，体现出环境空间的层次感。采用直、曲不同形态线条表达配景的个性与姿态、纹理。配景的设置安排，要与建筑的性质、性格相统一，烘托建筑。绘制建筑配景要恰到好处，重在突出建筑。

(三)色彩建筑效果图的绘制技巧

第一，确定建筑画面基调。在绘制建筑画之前首先要确定画面基调，通常绘制小色稿。小色稿是把头脑中的构思以画面的形式表达出来，要多画面地绘制，每个画面的绘制要抓住画面整体效果和建筑师的瞬间灵感，然后在小色稿的基础之上进行画面色调和创作意图的推敲，确定最佳绘画方案。例如，山东平度公园入口门卫建筑小色稿，为使建筑具有最佳表现力，在正式绘画前，建筑师提出了多幅不同色调的小色稿，体现了严谨治学的工作态度与创作热情。画面绘制排除了对建筑细节的推敲，注重画面大关系，提高了绘画的主动性和画面艺术感染力。

第二，天空的绘制技巧。为使天空高远穹隆，天空的绘制要自上而下做明度和色相的退晕变化。轮廓简练的建筑，天空常饰以云彩，云彩要有虚实变化，但不宜强调云的面积。当建筑外形透视坡度过大或过长时，可利用相反方向的云彩来平衡画面构图。为缓冲画面上因高层建筑带来的过于单调的竖向感，天空的云彩可选用迂回的“之”字形构图，并结合建筑造型来表现云彩的动态美。一点透视建筑画的天空云彩常用水平方向的云朵，以加大画面的开阔感，近处云朵近乎团状，而远处云朵因透视原因而为带状，云朵要做近实远虚的效果。例如，用淡彩湿画法绘制云天可使天空生动、逼真。一般是先用清水洇湿天空云形画面，待画面半干后，按云的态势铺色，铺色要考虑天空的层次、冷暖变化，利用画面纸张干、温着色不同，扩散效果不同的特点，表达云、天效果。

第三，建筑表皮大面的绘制技巧。① 涂底色。② 涂天空，区分出主体建筑。③ 涂大面。分受光与次受光面、暗面，涂次受光面、暗面和阴影，大面包含门窗。表达建筑空间的转折关系。④ 涂色要有退晕变化关系，表达建筑的光感。退晕要考虑环境的影响，色彩要有冷暖变化。

第四，建筑表皮小面的绘制技巧。分出各小面的层次，表现出材料固有色，运用退晕渲染表达出材质的光感效果，受光面要留出高光。小面可概括为坡屋面、掩口、窗洞口、栏杆、台阶、平台、烟囱等建筑结构配件。

第五，建筑表皮细部的绘制技巧。表现出门窗划分、材质纹理划分。要表现建筑饰面材料的质感。建筑表皮细部的材质绘制技巧。在画小尺度的乱石墙时，先铺底色，然后用不同深浅的颜色逐块填出每块石头，并留出高光，用较深的颜色，勾出重点部位阴影。绘制墙砖、瓦屋面的方法步骤与石墙绘制雷同。

第六，建筑画面地面的绘制技巧。在绘制建筑环境地面时，要预先策划好地面受光面、水平带状阴影和地面倒影。地面受光面绘制建筑倒影可丰富受光面的色彩，水平带状阴影一般在地面画面 1/3 处，外形简单而有变化，并做近暖而远冷的退晕。

地面倒影与建筑各部位对应，但一般只对建筑受光面倒影，并应减少层次；受光地面的倒影明度高于受光地面亮色，阴影中的倒影明度应高于阴影而低于受光面的重色；要注意水平阴影和垂直倒影的连贯性，使地面产生色彩淋漓的透明效果。

另外，绘制地面时常有绿化草坪，草坪的绘制应表现斑驳如茵的效果。草坪首先要划分出远近、受光与非受光和落影。绘画时要近实远虚，受光部要用浅色做近暖远冷的退晕处理，用重色处理暗部和落影，暗部和落影同样近暖远冷，落影的形状视构图需要而定。绘画时，建筑师经常用水平向间断不等的点、线做质感处理，分出几个明度层次，近实远虚，并做出草坪厚度处理。对于临水建筑，建筑会在水中有倒影，绘制倒影可丰富建筑画面，取得良好的图面效果。在绘制水中建筑倒影时，倒影因微波的影响或变形，或受片片带状涟漪干扰，或在边界处以点点天色反映。

第七，建筑配景的绘制技巧。为使画面丰富、生动，要绘制树木、人物、车辆、小品、相关联的环境建筑等建筑配景，有时在建筑主体受光面也适当添加环境光影。绘制配景要运用色彩表达退晕技法，反映出建筑外部空间的层次变化，良好地衬托建筑。对于建筑配景的刻画要适当。

一是色彩树木画法。建筑画上的树木，或近或远，或高或低，均要服从建筑设计意图和画面构图需要。树木要表现适度，陪衬建筑。树木画法可概括为轮廓平涂概况法、枝干略加树叶树木画法、枝干法。绘制树木，首先要推敲绘制树木姿态、轮廓，涂色应退晕。树的受光面应浅些、暖些，背光面应重些、冷些。待颜色快干后，涂上树木的明暗交界处、阴影等部位。在绘制树木树干时，要体现树的姿态，树干不宜过直，树干上细下粗，树枝上密下稀。为表达光影作用，树干左右应一部分浅、一部分深；树干上深下浅、上冷下暖，表达出树干的光影、纹理、质感。建筑画面中往往有不同层面的树木，如远景树木、中景树木、近景树木。在绘制树木时，为不遮挡建筑，往往前景树叶要少，背景树叶要铺色面，建筑配景树往往体现装饰性，绘制程式化，起到烘托建筑的作用即可。

二是绘制人物。建筑画面人物起到表达建筑尺度的作用，合理恰当地绘制画面人物，可以使画面逼真、生动、活泼。绘制人物不要过分突出，要图案化，又要注意人物的比例、环境尺度，还要结合建筑地域性、时代性、建筑的性格正确表达人物的姿态、气质。

(四) 建筑设计构思表达技巧的提高

无论是钢笔、马克笔，还是计算机辅助设计，要想掌握任何一种建筑设计创意构思的表达手段，都应该按照下面的方法去学习和训练，只有这样，才能取得良好的建筑构思表达效果。

第一，建筑设计构思表达绘图之前，要有思想，所谓“意在笔先”，不但要刻画建筑及其关联要素的形态，做到比例、尺度、构造准确，透视合理，更要刻画出建筑内在特征和反映的精神境界、时代特征与艺术性格，赋予人们以联想，并在思想感情上给人以启发。进行建筑设计构思表达要注意建筑画面构图和建筑图间的构成组合，要体现设计的艺术性、思想性。

第二，在建筑设计构思表达绘制过程中，要注意反映建筑的体量、结构、材质、色调、光影等特征，还原建筑创造表达的本源。

第三，在建筑设计构思表达学习过程中，要注意积累、掌握建筑画的环境配置要素，能够熟练绘制建筑画面中的树木、人物、车辆、山石、小品等，并能合理进行建筑画面配置，以丰富画面，表达建筑的空间比例、空间层次。

第四，在建筑设计构思表达绘制过程中，要有大局观，从整体出发进行概括，有所取舍，突出重点。只有通过刻苦训练、不断实践和认识，才能使建筑设计构思表达得心应手。

第五，在建筑设计构思表达学习过程中，要注意积累建筑绘画素材、绘画案例，进行分析、消化、学习、借鉴。

第六，学习从模仿开始，在建筑设计构思表达学习过程中，要注意临摹，学会在模仿、比对中得到提高，其中自信、耐心最重要。

第七，建筑设计构思表达绘制过程，是一个由生到熟、由慢到快逐步提高的过程，“勤奋”是关键，多画、多练，实现量变到质变的飞跃。只要勤奋苦练，持之以恒、孜孜以求，终会技法娴熟。

二、建筑设计构思表达能力培养

(一) 建筑设计构思表达能力培养的路径

建筑设计创意构思来源于生活，是建筑师对生活的体验、理解。建筑设计构思与表达是相互促进的。在建筑技能、技巧、创作的学习过程中，要健全自己的创造性思维，努力培养创新能力。

1. 学会解读任务和相互借鉴

(1) 解读任务。“解读任务，是指按照功能要求对建设单位提供的设计任务书进行分类、分析、归纳和项目定位，明确功能要求和造型特征”①，在这一过程中，建筑

① 曹茂庆．谈建筑快速设计构思与表达能力的培养 [J]. 低温建筑技术，2013，35(1)：13.

构思时，要注意业主和建筑师之间的换位思考，结合自己的生活体验，综合考虑管理者、投资者、建造者、使用者多方利益，创造性地提升业主要求。要具有这一能力，就要做到以下三个方面。

第一，深入生活，不断调研，通过实际工程的走访、调研，掌握建筑项目的特征、任务要求，探索生活中人性化的需求，在建设单位的设计要求基础上形成完善的建筑设计任务书。

第二，查阅相同类型的建筑设计资料，沿着建筑大师的足迹，探寻建筑的创意、建筑的构思，明确同类建筑项目的建筑体量、建筑表情、建筑性格特征，建筑创作在继承的基础上谋求创新。

一是建筑设计构思从不排斥其他门类艺术的设计灵感和方法，收集建筑设计资料要广泛，并进行深入剖析。首先，可以是美术作品、广告招贴画、建筑效果图、建筑模型、考察旅游建筑实物照片，也可以是建筑写生、建筑分析草图、建筑创意构思草图。其次，建筑效果图片可以是建筑室内设计图片、建筑外部环境设计图片、建筑规划设计图片。凡是有思想性的、能够产生共鸣的艺术作品，皆可收集、分析和借鉴，并不断消化吸收，运用到建筑创作中，以提高建筑构思能力和表达手段，并指导建筑创作、收集建筑设计资料。这是长期不断积累的过程，也是与时俱进的过程，更是建筑创作的基础。

二是收集建筑设计资料可以是广告画，在广告画面中表达人与纷繁世界的矛盾关系，鼓励人们去思考、去解决人性化的设计，关注人、环境、建筑间的和谐关系，努力创作出绿色建筑；也可以在画面中表达摆脱黑暗、奔向光明的勇气和信心，以此激励建筑师努力去探索建筑的真谛，克服建筑创作之路的艰难险阻，进而奔向生态、绿色、以人为本的光明未来。另外，图片还能够使人们进一步掌握建筑平面的构成，并以此提升建筑版面组合图表达的艺术技巧。

三是收集建筑设计资料可以是建筑工作模型，通过工作模型有效地对建筑空间实体化的比例推敲，完善建筑创作，提升建筑才思。

四是收集建筑设计资料可以是建筑效果图，建筑群由方形几何体构成，建筑单体几何体结合建筑功能设计成局部楼层空、漏、透的虚幻艺术效果，飘带般的连廊将建筑群联系起来，刚毅中透着柔美，极大地丰富了建筑表达。临街方洞处理，减少了建筑对城市街道的压抑，空洞区域围合成庭院空间场所，拓宽了城市空间，建筑庭院转化为城市休闲客厅。

首先，在建筑中运用简单方形几何体作为建筑创作的基本要素，并巧妙组合，从而获得建筑的完美统一。建筑方形体块进退变幻、高低起伏变幻、材质虚实变幻、空透穿插变幻，丰富了建筑表情。建筑的室外楼梯巧妙地通过方形构架组织在建筑中，化不利为有利，楼梯装饰处理后成为建筑立面空、漏、透景观的重要元素，艺术地体现了形式追随功能的现代建筑设计理念。

其次，建筑为冰雪博物馆。建筑创意和构思从“冰”“石油”中得到启发，表达冰雪博物馆的地域艺术特征。建筑造型反映“冰”“石油”的物质形态，晶莹剔透与朴实厚重形成对比，以此表达北方建筑的艺术气息。通过建筑画反映的建筑立意与构思，启发了建筑师的建筑设计创意，增强了建筑设计构思的信心。

最后，通过对商业街规划的分析，使商业运营与休闲观光融为一体，做到商业景观步移景异的艺术效果。

五是收集建筑设计资料可以是建筑实物照片。收集建筑资料的途径也是多样的，出国旅行、国内考察，遇到建筑，只要有所感悟，就应记录下来。到一个地区，应当了解一个地区的文化、民风民情，以丰富自己的建筑才思。

第三，建筑创作是建筑师情感的流露。建筑师要有好的建筑作品，就要深入生活进行建筑写生，平时要多画建筑速写，解读建筑，积累素材和经验，陶冶情操，提升审美观念，提高建筑造型能力与建筑表达能力，从而激发建筑创造激情。

（2）相互借鉴。做建筑设计，要学会相互借鉴，虚心听取他人建议进行建筑创作；要注重建筑师的品格、意志的培养和塑造，学习、借鉴、发扬建筑大师的建筑立意、构思和设计表达技巧。

第一，为建筑环境表达的绘画作品。通过画面比对学习，掌握树的结构和姿态，如懂得如何去表达秋季的白桦林。在未来的设计表达中，知道如何表达北方林区独特地域的环境，使建筑设计表达更具地域特色和表现力。

第二，为建筑设计表达版面组合作品。通过比对学习，在版面自由组合建筑图形方面得到启发，从而更好地完成建筑设计图纸的版面组合。

第三，为建筑手绘表达作品。通过比对学习，不仅能了解建筑设计方案的构思和风格特征，也能了解建筑设计表达的便捷手法、建筑配景的表达方式和建筑与环境的关系表达等。通过交流、学习、临摹，建筑设计表达技能得到提高。

第四，为中国古亭榭设计表达。通过图片的借鉴学习，了解中国古亭榭建筑的造型特征和环境艺术设计的意境，使建筑师把中国传统文化的精髓融入建筑创作中。

2. 解读设计任务和创意表达

（1）设计任务。通过解读建筑设计任务，要创造性地完善设计任务要求，赋予建筑设计要求以新的内涵与特征。在解读建筑设计任务要求的基础上，进行建筑创作时，不仅要分析建筑地域、地段和建筑人文环境，还要融入自我的人生经历和对建筑的感悟，通过建筑创意草图的比对，确定建筑设计创意。例如，某高校图书馆设计，建筑师应充分分析建筑地段环境，在进行总平面布置设计时，主动设计出图书馆的教学图书阅览、行政管理、报告厅三个广场，使建筑有效嵌入其中。建筑构成与地段环境、道路、空间良好结合。建筑造型创意来源于“书”，在进行建筑构思时，逐步得到升华。

在建筑创意基础之上，进行建筑设计构思，并将建筑设计构思不断深入和完善，从而明确建筑设计构思方案。建筑是一门实用艺术，资料收集要广泛而实用，在收集的实用建筑设计资料基础之上，做到对建筑设计资料的解读和剖析，并能融会贯通，不断提高建筑造型空间的才思。在进行建筑设计构思的过程中，要努力提升建筑创意，展开设计联想，并留下建筑的构思，实现自我完善，提高建筑设计品质。在此基础上，深化建筑设计构思，建筑创意提升是人类进步的方舟，表达出人生三部曲“理想”“奋斗”“奉献”，体现出扬帆远航、放眼世界的理念和建筑造型。

（2）创意表达。有了良好的建筑创意和构思，要在建筑功能主义思想指引下，进行建筑造型创意表达。按建筑设计阶段性步骤绘制建筑总平面，考量建筑基地的安全通道、基地停车、基地绿化和广场布置，在较为完善的总平面布置图的基础上，完成建筑的外部空间造型构成；合理安排外部空间各构成部分的使用功能，实现二维空间向三维空间转换。熟练运用计算机数字化建筑建模技能、技巧，提升建筑师建筑造型技巧，使以前想到而做不到的建筑构思能够成为现实。在学习和工作中，只有熟练运用计算机数字化设计技术，才能不断提高建筑创作水平，实现建筑艺术与技术的完美统一。

建筑师在建筑外部空间造型基础上，合理推敲、安排建筑各部功能关系，依次布置了酒店住宿、会议中心、餐饮、休闲娱乐、接待中心等使用功能，取得建筑外部空间与使用功能的完美统一。例如，哈尔滨太阳岛假日酒店建筑设计方案的内部人流设计分析图，通过建筑师合理组织建筑各部功能流线，图中依次反映了酒店住宿流线、会议流线、餐饮流线、休闲娱乐流线、接待中心流线。酒店、餐饮部分与主入口连接，流线直接顺畅，会议中心和接待中心均设有独立的出入口，各功能流线既独立，又相互便捷联系。建筑功能布局良好地协调建筑各部人性化设计要素，实现建筑与环境的完美结合，达到绿色建筑的设计标准。哈尔滨太阳岛假日酒店建筑设计方案的外部环境景观视线、庭院绿化组织方式、建筑轴线序列组织关系等分析图，通过建筑的有序布置，建筑接待中心餐饮与湿地外部景观直接相连，建筑整体北高南低可获得更多的良好湿地景观。建筑庭院空间与太阳岛湿地景观相融合。建筑与环境轴线院落的组织安排，使建筑与环境建筑有序呼应。

3. 进行空间转化和空间组织

（1）空间转化。在建筑二维空间向三维空间转化的过程中，要勤于思考、勇于实践，勇于自我否定，进行建筑造型设计推敲，对建筑设计外部造型方案要合理比对、分析优劣、找出差距、努力完善，力求得到最佳的建筑设计方案。在设计实践过程中，要不断总结经验、超越自我、不断创新。例如，建筑设计构思来源于山、云、田地、龙的图腾。方案正是在比对中不断完善、实现创新的。

(2) 空间组织。实现了良好的建筑外部空间之后，要进行建筑内部空间组织、建筑功能的设计布置。建筑之所以是建筑而不是构筑物，除了建筑的艺术性之外，更重要的是建筑具有功能性、人性化的属性。建筑的功能设计布置要实现“以人为本”的设计理念，体现对人的体贴与关怀。在这一过程中，建筑的外部空间与内部空间会存在激烈碰撞，因此要寻找主要矛盾，解决主要问题，不断对建筑外部、内部空间进行人性化的调整完善，最终实现建筑的外部空间与内部空间的和谐统一。

4. 注重建筑特色和空间环境

(1) 建筑特色。建筑要让人赏心悦目，就要有良好的表皮。在实现建筑的外部空间与内部空间的和谐统一基础之上，要进行建筑的人性化、个性化表皮设计，使建筑表情丰富、别具特色。在某高校图书馆设计中，建筑外部空间表皮，是在建筑立意和构思基础上进行的，通过表皮设计升华了书的含义，实现了“书”引领人们扬帆远行的影姿。

(2) 空间环境。建筑因需求而存在，因与环境的协调而持续发展。在建筑设计学习过程中，自己的建筑作品不但要满足功能要求、外部造型空间要求、室内空间环境塑造，更要注重室外环境空间的整合，使建筑外部空间与周围环境空间协调。在外部空间环境设计中，要有机组织场地交通，合理设置道路、广场、停车、绿化，满足建筑卫生、建筑日照、建筑消防、建筑节能、建筑无障碍等方面“以人为本”的设计要求，考量建筑与环境道路的关系、与环境建筑的关系、与自然环境的关系，建筑设计要完整、全面，建筑创意构思要连贯，要对建筑环境进行完整的表达，努力使自己成为一个全面的建筑师。

5. 重视建筑技术和图纸设计

(1) 建筑技术。在建筑创作实践过程中，要跟踪建筑新技术，对建筑新技术要采取学习、使用、推广的态度，使自己站在科技前沿，不断探索，树立终身学习的思想，如新材料、生物处理技术、节能环保技术、网络控制技术、计算机数字化设计技术及绿色生态建筑设计技术等，都应是建筑师关注的目标。例如，哈尔滨某居住小区的实景照片，该居住小区是在哈尔滨火车车辆制造厂基础上拆迁改造完成的，采用了地源制冷系统、全置换式新风系统、天棚柔和式微辐射系统、建筑外围护结构优化系统、同层排水系统等新技术，体现了绿色建筑对“人”的关怀本质。

(2) 图纸设计。建筑设计要有良好的表达，就要绘制建筑组合图纸，进行建筑图纸的版面设计，表达建筑的创意、构思、造型、功能等建筑设计内容。例如，在萧红旅馆建筑设计方案中，建筑师将萧红在哈尔滨马迭尔宾馆邂逅的故事贯穿在建筑外部、内部空间的设计中。版面构图体现了构成主义设计风格，于建筑功能图片构成画面之中，良好地表达了建筑方案的设计思想与内容。又如，哈尔滨大唐电厂建筑设计方案表达了大唐电厂向上的“龙”的精神。版面设计在构成主义风格基础上，融入了自由的布置方式，画面严谨而活泼，良好地表达了建筑设计方案。

(二) 建筑设计构思表达能力的培养实践

良好的建筑构思与表达是以对建筑的理解为基础的。任何建筑创作活动都必须进行建筑设计构思与表达，而培养建筑设计构思与表达，则是建筑职业技能训练的一种方式，也是培养建筑创作的阶段性过程。建筑设计构思与表达是建筑创作的重要阶段，是造型空间思维能力和专业理论知识与美学规律的综合运用。建筑创作实践是建筑师把意想中的建筑构思变成现实建筑的过程，这一过程要经历建筑构思、构思表达、图纸绘制、设计深入、设计实施、设计服务等循环反复的阶段过程。只有对建筑构思、立意与建筑表达有着深刻感悟，并能树立远大理想，热爱建筑创作，方能创作出社会满意的建筑，更好地为社会服务。

1. 建筑构思、立意与表达能力的培养

明确了建筑设计任务要求，展开建筑设计创作，就要从建筑立意构思开始。所谓“意在笔先”，立意是目标思维，也是建筑的灵魂；构思是手段思维，也是立意的展开；表达是构思的体现，要有方法和技巧，即设计途径和设计手段。建筑设计是一个阶段性很强的过程，建筑设计立意和构思，是建筑方案设计中至关重要的决策环节。建筑立意和构思，关系到设计成果的优劣。我们讲建筑要有灵魂，而不能是单纯的人类活动的机器，就是指建筑要有完美的立意和构思，要符合创作的原则规律和规范。

在建筑设计构思与表达阶段过程中，建筑师要把握建筑构思的闪念，就要有好的表达，能够做到“敏思、速达，意到、笔到”。建筑表达要有充实的构思内容，只有这样，建筑的表达才不会空洞、乏味。建筑表达要耐看、赏心悦目，这就有赖于建筑表达的方法和手段，要运用理性分析思维的方法弥补感性、形象思维的经验不足。建筑表达技巧，是表达建筑设计意图的手段；建筑绘画是建筑师的语言和基本功。同时，建筑师还要有以下良好的设计表达技巧。

(1) 建筑构思、立意与表达的联系。建筑的构思与建筑的表达相辅相成、互相促进，建筑设计构思与表达，贯穿建筑设计创造始终。丰富的建筑构思空间，需要有明确的建筑表达；不断提升的、满足人类文明需求的建筑立意与构思，推动了建筑表达的向前发展。不断提升的建筑表达技巧，丰富了建筑师的建筑构思；建筑师要勇于探索和实践，努力创作出反映当今科技水平、审美需求的建筑作品，为社会服务。

如今，作为建筑表达的计算机、计算机辅助设计，进入建筑领域后，由于计算机实现了网络化，信息共享；计算机设计的快速、数字化，使建筑设计产生了革命性的飞跃。建筑软件的开发与运用，使许多以前想到而做不到的复杂建筑空间形态变成了现实建筑，同时计算机数字化设计的发展，也给建筑设计构思立意开拓了更加广阔的前景。

建筑师在建筑空间上不断推陈出新，在建筑数字化、计算机辅助设计时代，建筑创作立意、构思不断向前发展，使人们不断研发新的表达模式、计算模型，以实现人类立意与构思。从而丰富了建筑构思与立意，同时又促进了建筑数字化技术的发展。

（2）建筑设计构思与表达的完美结合。建筑创作是具有文化、艺术内涵的建筑活动，涉及人的文化、经验、情感、技能、责任，因人而异，因此建筑创作具有想象、审美、移情、联想等精神要素，是机械的计算机不可取代的创造活动。由于计算机的数字化设计没有情感，所以计算机辅助设计仅是一个工具，是人的建筑构思表达的良好手段。另外，目前的建筑活动，实现了建筑活动计算机技术与人类构思的完美结合，计算机的智能化、数字化补充了建筑构思的问题，人类构思的逻辑与形象思维复杂交织的优点使建筑设计具有原创精神和生命力。

在建筑设计创作中，掌握建筑构思的内在特征，建筑美学规律，运用恰当的建筑表达手段，完美表达建筑设计立意和构思内容，促进建筑审美、建筑文化、设计方法、服务意识的提高，实现计算机与人类构思的有效全面结合，实现建筑可持续发展，是我们建筑师今天工作的目标。

2. 建筑快速设计构思表达的能力培养

（1）建筑快速设计构思表达能力的培养要求。建筑设计构思与表达同其他艺术活动一样同属创造性的劳动，建筑设计构思与表达来源于建筑设计者的内在动力，只有对建筑设计构思与表达有深刻的领悟，方能创作出优秀作品。因此，建筑设计构思与表达应努力消除沿袭而渴求突破，在遵循建筑美学规律、建筑立意构思内在特征的基础上，建筑设计构思与表达需要有激情、才思和技巧。建筑师要不断培养、提升建筑创作的激情、才思和技巧，使自己的创造力生生不息。

第一，建筑快速设计构思要有激情。建筑设计创意构思是建筑创作的基础，建筑设计创意构思先要有强烈的愿望，即激情。人们都有探索新事物的愿望，求新、猎奇是人的本能，建筑师的职业是创造性的劳动，培养激情是激发建筑设计创意构思的前提，因受教育程度不同，建筑设计创意构思能力有很大差别。培养激情从兴趣开始，应多读、多交流、多体会、多总结，发现闪光点，懂得坚持，耐住寂寞。在过程中体验乐趣，建立建筑设计创意构思的激情。

第二，建筑快速设计构思要有才思。建筑设计创意构思的根本是空间想象力，即才思。建筑设计是创造性劳动，建筑成为文化艺术而不朽都源自建筑师独特的想象力。想象力源自模仿、积累。温故而知新，积累模仿多了方能产生想象力，才能进行建筑创作。任何新创意都是由旧事物演变而来的，只有信息储存量大，想象力才能丰富，建筑设计构思与表达才能产生。信息储存是一个勤奋学习的过程，即便没有建筑才思，勤奋久了，也会成为天才。“勤能补拙”讲的就是这个道理。

第三，建筑快速设计构思表达要有技巧。激情、才思是要表达出来的，要保证建筑设计创意构思的实现，就需要娴熟的技巧，这就是建筑空间组织、形体塑造，以及深入建筑的每一个细节的表达。只有运用美学规律、巧妙表达技巧，才能满足人们物质和精神功能方面的需求。

第四，建筑快速设计构思表现和才思的关系。技巧的表现与才思是相互促进的，建筑师要树立建筑理想，激发建筑创作激情和才思。建筑技巧手段是才思的基础，否则激情和才思就会衰变成狂想，良好的建筑表现激发了建筑师的创作理性和愿望，建筑师的理想和才思推动了建筑技巧的不断发展。

(2) 建筑快速设计构思表达能力的培养策略。建筑设计构思与表达相互促进，在培养建筑快速设计构思与表达能力方面，要做到以下几个方面的学习培养。

第一，在学习过程中，要注意建筑的换位思考。结合自己的生活体验，考虑管理者、投资者、建造者、使用者多方利益，能够完善设计任务要求，创造性地提升业主要求。为此，要多画建筑速写，深入生活进行建筑写生，陶冶情操，提升审美观念；提高建筑造型能力与建筑的表达能力，培养创造激情；深入社会，积极调研，掌握社会需求，提高服务意识。

第二，建筑设计要勤于思考、勇于实践、进行设计训练。对于成果、方案要合理比对，找出差距，努力借鉴，不断完善，完成设计任务。而在设计实践过程中，要不断总结经验，超越自我，不断创新。

第三，掌握建筑空间思维的方法，建立建筑模型，辅助建筑空间创作，实现 2D 与 3D 的相互转换。计算机数字技术的普及和运用，使以前想到而做不到的建筑构思成为现实，而有效地运用计算机数字化设计技术，可以提高我们的建筑创作水平。

第四，建筑因需求而存在，因与环境的协调而持续发展。在建筑设计学习过程中，要注重建筑空间使用的舒适性；有机组织场地交通，合理设置道路、广场、停车、绿化；满足卫生、日照、消防、节能、无障碍等“以人为本”的设计要求。建筑设计要完整、全面，建筑构思要连贯，努力使自己成为一个能够服务社会的全才建筑师。

第五，跟踪建筑新技术，了解相关专业前沿技术，对建筑新技术要采取学习、运用、推广的态度。使自己站在科技前沿，不断探索，如新材料、生物处理技术、节能环保技术、自动网络控制技术、计算机数字化设计技术及绿色生态建筑思想等方面的学习。

综上所述，建筑设计构思表达是一个极其复杂的创作思维活动，并不是用一种方法、一种套路就能全面概括的。建筑设计构思与表达需要根据社会发展要求，不断总结，不断进入新知识，不断总结、丰富和提高。今天，我们谈建筑设计构思与表达培养途径的目的，是帮助高等职业建筑设计技术专业学生建筑设计入门；使学生们建立自信，从而超越自我，提高建筑设计水平；在未来的工作中，能够更好地服务社会。

第三章　建筑设计的具体内容构造

建筑设计的具体内容构造是一个多层次、多领域的过程，需要综合考虑技术、审美、可持续性和功能等各个方面的要素。成功的建筑设计需要团队协作，注重细节，并在整个设计和施工过程中保持高度的专业性。本章重点分析地基与基础构造的设计、墙体与屋顶构造的设计、楼板与地面构造的设计、门窗与变形缝构造的设计。

第一节　地基与基础构造的设计

一、地基与基础的区别

（一）地基与基础概念

第一，基础。基础是指建筑物地面以下的承重构件，它承受建筑物上部结构传下来的荷载，并把这些荷载连同本身的自重一起传给地基，是建筑物的重要组成部分。

第二，地基。地基是指承受由基础传下来的荷载的土层。地基承受建筑物荷载而产生的应力和应变随着土层深度的增加而减小，在达到一定的深度以后就可以忽略不计。地基主要分为天然地基和人工地基。天然地基本身是具有足够负载的天然岩层或者土层，不需要人工加固。人工地基则是指天然地基不能满足负载要求，而在此基础上进行人工处理和加固。

第三，持力层。持力层是直接承受建筑荷载的土层，其下的土层为下卧层。

第四，基础埋深。室外地坪至基础底皮的高度尺寸，由勘测部门根据地基情况确定。

第五，基础宽度。基础宽度又称为基槽宽度，即基础底面的宽度。

第六，大放脚。大放脚是基础墙加大加厚的部分，用砖、混凝土、灰土等材料制作的基础均应做大放脚。

第七，灰土垫层。采用 3：7 的灰土（消石灰 3 份与优质素土 7 份拌和而成）制作的基础底层，是基础的一部分。

(二) 地基的相关内容

1. 土层的主要分类

作为建筑地基的土层分为岩石、碎石土、砂土、粉土、黏性土和人工填土。

(1) 岩石。岩石为颗粒间牢固联结，呈整体或具有节理裂隙的岩体。岩石根据其坚固性可分为硬质岩石（花岗岩、玄武岩等）和软质岩石（页岩、黏土岩等）；根据其风化程度可分为微风化岩石、中等风化岩石和强风化岩石等。岩石承载力的标准值 f_k 为 0.2 ~ 4.0MPa。

(2) 碎石土。碎石土为粒径大于 2mm 的颗粒含量超过全重 50% 的土。碎石土根据颗粒形状和粒组含量又分为漂石、块石（粒径大于 200mm)、卵石、碎石（粒径大于 20mm)、圆砾、角砾（粒径大于 2mm)。碎石土承载力的标准值 f_k 为 0.2 ~ 1.0MPa。

(3) 砂土。砂土为粒径大于 2mm 的颗粒含量不超过全重的 50%，粒径大于 0.075mm 的颗粒超过全重 50% 的土。砂土根据其粒组含量又分为砾砂（粒径大于 2mm 的颗粒含量占 25% ~ 50%)、粗砂（粒径大于 0.5mm 的颗粒含量超过全重的 50%)、中砂（粒径大于 0.25mm 的颗粒含量超过全重的 50%)、细砂（粒径大于 0.075mm 的颗粒含量超过全重的 85%)、粉砂（粒径大于 0.075mm 的颗粒含量超过全重的 50%)。砂土承载力的标准值 f_k 为 0.14 ~ 0.5MPa。

(4) 粉土。粉土为塑性指数 I 小于或等于 10 的土，其性质介于砂土与黏性土之间。粉土承载力的标准值 f_k 为 0.105 ~ 0.41MPa。

(5) 黏性土。黏性土为塑性指数 I_p 大于 10 的土，按其塑性指数 I_o 值的大小又分为黏土（$I_p > 17$）和粉质黏土（$10 < I_p \leq 17$）两大类。黏性土承载力的标准值 f_k 为 0.105 ~ 0.475MPa。

(6) 人工填土。人工填土根据其组成和成因可分为素填土、杂填土、冲填土。素填土是由碎石土、砂土、粉土、黏性土等组成的填土；杂填土为含有建筑垃圾、工业废料、生活垃圾等杂物的填土；冲填土为水力冲填泥砂形成的填土。人工填土承载力的标准值 f_k 为 0.065 ~ 0.16MPa。

2. 地基应满足的要求

(1) 强度方面，即要求地基有足够的承载力，应优先考虑采用天然地基。

(2) 变形方面，即要求地基有均匀的压缩量，以保证有均匀的下沉。若地基下沉不均匀时，建筑物上部会产生开裂变形。

(3) 稳定方面，即要求地基有防止产生滑坡、倾斜方面的能力，必要时（特别是有较大的高度差时）应加设挡土墙，以防止滑坡变形的出现。

3. 天然地基和人工地基

（1）天然地基。天然地基是指具有足够的承载能力，无须经过人工加固，可直接在其上部建筑房屋的天然土层。天然地基的土层分布及承载力大小由勘测部门实测提供。

（2）人工地基。当土层的承载力较差或虽然土层质地较好，但上部荷载过大时，为使地基具有足够的承载能力，应对土层进行加固。这种经过人工处理的土层叫人工地基。人工地基的加固处理方法如下。

第一，压实法。利用重锤（夯）、碾压（压路机）和振动法将土层压实。这种方法简单易行，对提高地基承载力效果显著。

第二，换土法。当地基土为淤泥、冲填土、杂填土及其他高压缩性土时，应采用换土法。换土应选用中砂、粗砂、碎石或级配砂石等空隙大、压缩性低、无侵蚀性的材料。换土范围由计算确定。

第三，打桩法。在建筑物荷载大、层数多、高度高、地基土又较松软时，一般应采用打桩法做成桩基。常见的桩基有以下类型：① 支承柱（柱桩），这种桩为钢筋混凝土预制桩，借助打桩机打入土中。这种桩的断面尺寸为 300mm × 300mm ~ 600mm × 600mm，其长度视需要而定，一般在 6 ~ 12m。桩端应有桩靴，以保证支承桩能顺利地打入土层中。② 钻孔桩，这种桩是先利用钻孔机钻孔，然后放入钢筋骨架，最后浇筑混凝土而成。钻孔直径一般为 300 ~ 500mm，桩长不超过 12m。在现阶段，有时钻孔桩内亦填入砂石、沙子、碎石等。③ 振动栏，这种桩是先利用打桩机把钢管打入地下，然后将钢管取出，最后放入钢筋骨架，并浇筑混凝土而成，其直径、桩长与钻孔桩相同。④ 爆扩桩，这种桩经钻孔、引爆、浇筑混凝土而成。引爆的作用是将桩端扩大，以提高承载力。采用桩基时，应在桩顶加做承台梁或承台板，以承托墙柱。

4. 地基特殊问题的处理

（1）地基中遇有坟坑的处理。在基础施工中，若遇有坟坑，应全部挖出，并沿坟坑四周多挖 300mm，然后夯实并回填 3∶7 灰土，遇潮湿土壤应回填级配砂石，最后按正规基础做法施工。

（2）基槽中遇见枯井的情况处理。在基槽转角部位遇有枯井，可以采用挑梁法，即用两个方向的横梁越过井口，上部可继续做基础墙，井内可以回填级配砂石。

（3）基槽中遇有沉降缝的过渡。新旧基础连接并遇有沉降缝时，应在新基础上加做挑梁，使墙体靠近旧基础，通过挑梁解决不均匀下沉问题。

（4）基槽中遇有橡皮土的处理。基槽中的土层含水量过多，饱和度达到 0.8 以上时，土壤中的孔隙几乎全部充满水，出现软弹现象，这种土层叫橡皮土。遇有这种土层，要避免直接在土层上用夯打。处理方法应先晾槽，也可以掺入石灰粉末以降低含水量，亦可用碎石或卵石压入土中，将土层挤实。

（5）不同基础埋深时的过渡。在基础埋深不一、标高相差很小的情况下，基础可做成斜坡。当倾斜度较大时，应设踏步形基础，踏步高度 H 应不大于 500mm，踏步长度应大于或等于 $2H$。

（6）如何防止不均匀的下沉。当建筑物中部下沉较大、两端下沉较小时，建筑物墙体出现“八”字形裂缝；若两端下沉较大、中部下沉较小时，建筑物墙体则出现倒“八”字形裂缝。上述两种下沉均属不均匀下沉。解决不均匀下沉的方法包括：① 做刚性墙基础。采用一定高度和厚度的钢筋混凝土墙与基础共同作用，能均匀地传递荷载，调整不均匀沉降。② 加设基础圈梁。在条形基础的上部做连续、封闭的圈梁，可以保证建筑的整体性，防止不均匀下沉。基础圈梁的高度不应小于 180mm，内放 4 ϕ 12 主筋，箍筋 ϕ 8 间距 200mm。③ 设置沉降缝。

二、基础的类型与构造

（一）基础的类型

基础的类型很多，划分方法也不尽相同。从基础的材料及受力来划分，可分为刚性基础（用砖、灰土、混凝土、三合土等受压强度大而受拉强度小的刚性材料做成的基础）、柔性基础（用钢筋混凝土制成的受压、受拉均较强的基础）。从基础的构造形式来划分，可分为条形基础、独立基础、筏形基础、箱形基础、桩基础等。下面探讨常用基础的构造特点。

1. 刚性基础

由于刚性材料的特点，这种基础只适合于受压而不适合于受弯、拉和剪力，因此，基础剖面尺寸必须满足刚性条件的要求。一般砌体结构房屋的基础常采用刚性基础。

（1）灰土基础。灰土是经过消解后的生石灰和黏性土按一定的比例拌和而成，其配合比常用石灰：黏性土 =3：7，俗称“三七”灰土。灰土基础适合于 5 层和 5 层以下、地下水位较低的砌体结构房屋和墙体承重的工业厂房。灰土基础的厚度与建筑层数有关。4 层及 4 层以上的建筑物，一般采用 450mm；3 层及 3 层以下的建筑物，一般采用 300mm。夯实后的灰土厚度每 150mm 称“一步”，300mm 可称为“两步”灰土。灰土基础的优点是施工简便，造价较低，可以就地取材，节省水泥、砖石等材料；其缺点是抗冻性能、耐水性能差，在地下水位线以下或很潮湿的地基上不宜采用。

（2）砖基础。用作基础的砖，其强度等级必须在 MU7.5 以上，砂浆强度等级一般不低于 M5。基础墙的下部要做成阶梯形，以使上部的荷载能均匀地传到地基上。砖基础施工简便、适应面广。阶梯放大的部分一般叫作“大放脚”。为了节省“大放脚”的材料，可在砖基础下部做灰土垫层，形成灰土砖基础（亦叫灰土基础）。

（3）毛石基础。毛石基础是指用开采下来未经雕琢成形的石块（称为毛石）和不小于 M5 的砂浆砌筑的基础。毛石形状不规则，其质量与码石块的技术和砌筑方法关系很大，一般应搭板满槽砌筑。毛石基础的厚度和台阶高度均不小于 100mm，当台阶多于两级时，每个台阶伸出宽度不宜大于 150mm。为便于砌筑上部砖墙，可在毛石基础的顶面浇铺一层 60mm 厚、C10 的混凝土找平层。毛石基础的特点是可以就地取材，但整体性欠佳，故有震动的房屋很少采用。

（4）三合土基础。这种基础是石灰、砂、碎砖三种材料按 1∶2∶4 ~ 1∶3∶6 的体积比进行配合，然后在基槽内分层夯实，每层夯实前虚铺 220mm，夯实后净剩 150mm。三合土铺筑至设计标高后，在最后一遍夯打时，宜浇筑石灰浆，待表面灰浆略为风干后，再铺上一层砂子，最后整平夯实。这种基础在我国南方地区应用很广，它的造价低廉、施工简单，但强度较低，所以只能用于 4 层以下房屋的基础。

（5）混凝土基础。混凝土基础是指用混凝土制作的基础。混凝土基础的优点是强度高、整体性好，不怕水。它适用于潮湿的地基或有水的基槽中，有阶梯形和锥形两种。混凝土基础的厚度一般为 300 ~ 500mm，混凝土标号为 C7.5 ~ C10；混凝土基础的宽高比为 1∶1。

（6）毛石混凝土基础。为了节约水泥用量，对于体积较大的混凝土基础，可以在浇筑混凝土时加入 20% ~ 30% 的毛石，这种基础叫毛石混凝土基础。毛石的尺寸不宜超过 300mm。当基础埋深较大时，也可用毛石混凝土做成台阶，每级台阶宽度不应小于 400mm。如果地下水对普通水泥有侵蚀作用，则应采用矿渣水泥或火山灰水泥拌制混凝土。

2. 柔性基础

柔性基础一般是指钢筋混凝土基础，这种基础的做法需要在基础底板下均匀浇筑一层素混凝土垫层，目的是保证基础钢筋和地基之间有足够的距离，以免钢筋锈蚀，而且可以作为绑扎钢筋的工作面。垫层一般采用 C7.5 或 C10 的素混凝土，厚度为 100mm；垫层两边应伸出底板各 50mm。

钢筋混凝土基础由底板及基础墙（柱）组成。现浇底板是钢筋混凝土的主要受力结构，其厚度和配筋数量均由计算确定。基础底板的外形一般有锥形和阶梯形两种。

锥形基础可节约混凝土，但浇筑时不如阶梯形方便。钢筋混凝土基础应有一定的高度，以增加基础承受基础墙（柱）传递上部荷载所形成的一种冲切力，并节省钢筋用量。一般墙下条形基础底板边缘厚度不宜小于150mm；柱下锥形基础底部边缘厚度不宜小于200mm；阶梯形基础每级台阶厚度250～500mm。

钢筋混凝土柱下独立基础可以与柱子一起浇筑，也可以做成杯口形，将预制柱插入。杯形基础的杯底厚度应大于或等于220mm，杯壁厚150～200mm，杯口深度应大于或等于柱子长边50mm，并大于或等于500mm。为了便于柱子的安装和浇筑细石混凝土，杯上口和柱边的距离为75mm，底部为50mm。杯底和杯口底之间一般留50mm的调整距离。施工时在杯口底及四周均用不小于C20的细石混凝土浇筑。

钢筋混凝土基础中的混凝土标号应不低于C15，受力钢筋一般用Ⅰ级和Ⅱ级钢筋，钢筋直径一般为8～10mm，间距为100～200mm。条形基础的受力钢筋仅在平行于槽宽方向放置；独立基础的受力钢筋应在两个方向上垂直放置。对于受力钢筋的保护层，当有垫层时不宜小于35mm，无垫层时不宜小于70mm。

一般基础与柱子之间都要留施工缝，并设插铁。插铁伸出基础顶面的长度应满足锚固长度的要求。

3. 其他类型基础

(1) 板式基础（满堂基础），这是连片的钢筋混凝土基础，一般用于荷载集中、地基承载力差的情况。

(2) 箱形基础。当板式基础埋层较深并有地下室时，一般采用箱形基础。箱形基础由底板、顶板和侧墙组成。这种基础整体性强，能承受很大的弯矩。

（二）基础的构造

1. 基础埋深

基础埋深由以下原则确定。

(1) 建筑物的特点及使用性质。建筑物的特点指的是多层建筑还有高层建筑，有无地下室、设备基础和地下设施。高层建筑的基础埋深是地上建筑物总高的1/10左右，而多层建筑则依据土层分布、土壤承载力和地下水位及冻土深度来确定埋深尺寸。另外，当地面上有较多氢氧化钠、硫酸等腐蚀液体时，基础埋置深度不宜小于1.5m，并且要对基础做防护处理。

(2) 地基土的好坏。土质好、承载力高的土层可以浅埋，土质差、承载力低的土层则应该深埋。当地基土层为均匀好土时，基础应尽量浅埋，但不得浅于500mm。当地基土层上层为软土且厚度在2m以内、下层为好土时，基础应埋在好土之下，这样既经济又可靠。当地基土层上层软土厚度在2～5m时，低层荷载小的建筑在加强上部结构的整体性和加宽基础底面积后可以埋在软土层；高层荷载大的建筑则要将基础埋在好土上，以保证安全。当地基土层上层软土厚度大于5m时，可做地基加固处理或者将基础埋在好土上。当地基土层上层为好土、下层为软土时，应将基础埋在好土内，并提高基础底面积。当地基土层好土、软土交替构成时，荷载小的低层建筑应尽量将基础埋在好土内，荷载大的建筑则采用人工地基或者将基础埋在下层好土上。

（3）地下水位的影响。土壤中地下水含量的多少对承载力的影响很大，一般应尽量将基础放在地下水位之上。这样做的好处不仅可以避免施工时排水，还可以防止或减轻地基土的冻胀。当地下水位较高时，应埋在全年最低地下水位以下，且不少于200mm，以免因水位变化使基础遭受浮力影响，同时应选择良好耐水性的材料，并做好防腐措施。

（4）地基土冻胀和融沉的影响。土层的冻结深度由各地气候条件决定，如北京地区为0.8～1m，哈尔滨则为2m。建筑物的基础若放在冻胀土上，冻胀力会把房屋拱起产生变形，解冻时又会产生陷落。一般应将基础的灰土垫层部分放在冻结深度以下。

（5）相邻房屋或建筑物基础的影响。当新建房屋的基础埋深小于或等于邻近的原有房屋的基础埋深时，可不考虑相互影响；若新建房屋的基础埋深大于邻近的原有房屋的基础埋深时，应考虑相互影响。

（6）连接不同基础埋深的影响。当建筑物要求基础的局部需要埋深时，深浅基础相交的地方需要采用台阶式落深。为了使基础开挖时不松动台阶土，台阶的踏步高度应小于或等于500mm，踏步的长度不应该小于2倍的踏步高度。

2. 基础管沟

由于建筑内有采暖设备，这些设备的管线在进入建筑物之前埋在地下（直埋或做管沟），进入建筑物之后一般从管沟中通过，所以管沟是经常遇到的。这些管沟一般都沿内外墙布置，也有少量从建筑物中间通过，基础管沟一般有以下三种类型。

（1）沿墙管沟，这种管沟的一边是建筑物的基础墙；另一边是管沟墙，沟底用灰土垫层，沟顶用钢筋混凝土板做沟盖板。管沟的宽度一般为1000～1600mm，深度为1000～1700mm。

（2）中间管沟，这种管沟在建筑物的中部或室外，一般由两道管沟墙支承上部的沟盖板，这种管沟在室外时，还应特别注意是否有过车，在有汽车通过时，应选择强度较高的沟盖板。

（3）过门管沟，这是一种小沟。暖气的回水管线走在地上，遇有门口时，应将管线转入地下通过，做过门管沟。这种管沟的断面尺寸为400mm×400mm，上铺沟盖板。

第二节　墙体与屋顶构造的设计

一、墙体构造的设计

在一般砌体结构房屋中，墙体是主要的承重构件。墙体的重量占建筑物总重量的40%～45%，墙的造价占全部建筑造价的30%～40%。在其他类型的建筑中，墙体可能是承重构件，也可能是围护构件，但它所占的造价比重也较大。[①]墙体构造设计是砌墙、室内外装修、门窗安装、编制施工预算，以及材料估算等的重要依据[②]。

(一) 墙体的基本认知

1. 墙体在建筑中的作用

(1) 承重作用。承受房屋的屋顶、楼层、人和设备的荷载，以及墙体自重、风荷载、地震荷载等。

(2) 围护作用。抵御自然界风、雪、雨等的侵袭，防止太阳辐射和噪声的干扰等。

(3) 分隔作用。墙体可以把房间分隔成若干个小空间或小房间。

(4) 装饰作用。装饰墙面，满足室内外装饰及使用功能要求，对整个建筑物的装饰作用很大。

2. 墙体的分类方法

墙体的分类方法很多，大体有以下四个方面。

(1) 按材料分类。按材料分类，墙体可以分为: ① 砖墙。用作墙体的砖有普通黏土砖、黏土多孔砖、黏土空心砖、灰砂砖、焦渣砖等。黏土砖用黏土烧制而成，有红砖、青砖之分；灰砂砖用30%的石灰和70%的砂子压制而成；黏土多孔砖有圆孔和方孔之分，空隙率在30%左右；焦渣砖用高炉硬矿渣和石灰蒸养而成。砖块之间用砌筑砂浆黏接而成。② 加气混凝土砌块墙。加气混凝土是一种轻质材料，其成分是水泥、砂子、磨细矿渣、粉煤灰等，用铝粉做发泡剂，经蒸养而成。加气混凝土砌块墙具有表观密度轻、可切割、隔音、保温性能好等特点。这种材料多用于非承重的隔墙及框架结构的填充墙。③ 石材墙。石材是一种天然材料，石材墙主要用于山区和产石地区。它分为乱石墙、整石墙和包石墙等。④ 板材墙。板材以钢筋混凝土板材、加气混凝土板材为主，玻璃幕墙亦属此类。

---

① 贾宁，胡伟 . 建筑设计基础 [M].2 版 . 南京：东南大学出版社，2018：60.
② 墙新 . 墙体构造设计浅述 [J]. 考试周刊，2011(50)：238.

(2) 按所在位置分类。墙体按所在位置不同一般分为外墙及内墙两大部分，每部分又各有纵、横两个方向，这样共形成四种墙体，即纵向外墙、横向外墙（又称山墙)、纵向内墙、横向内墙。当楼板支承在横向墙上时，称为横墙承重，这种做法多用于横墙较多的建筑中，如住宅、宿舍、办公楼等；当楼板支承在纵向墙上时，称为纵墙承重，这种做法多用于纵墙较多的建筑中，如中小学等；当一部分楼板支承在纵向墙上，另一部分楼板支承在横向墙上时，称为混合承重，这种做法多用于中间有走廊或一侧有走廊的办公楼中。

(3) 按受力特点分类。按受力特点分类，墙体可以分为：① 承重墙。承重墙承受屋顶和楼板等构件传下来的垂直荷载和风力、地震力等水平荷载。由于承重墙所处的位置不同，又分为承重内墙和承重外墙。墙下有条形基础。② 承自重墙。承自重墙只承受墙体自身重量而不承受屋顶、楼板等垂直荷载，墙下亦有条形基础。③ 围护墙。围护墙起着防风、雪、雨的侵袭和保温、隔热、隔声、防水等作用，它对保证房间内具有良好的生活环境和工作条件作用很大。墙体重量由梁承受并传给柱子或基础。④ 隔墙。隔墙起着将大房间分隔为若干小房间的作用。隔墙应满足隔声的要求，这种墙不做基础。

(4) 按构造做法分类。按构造做法分类，墙体可以分为以下类型。

第一，实心墙。单一材料（砖、石块、混凝土和钢筋混凝土等）和复合材料（钢筋混凝土与加气混凝土分层复合、黏土砖与焦渣砖分层复合等）砌筑的不留空隙的墙体。

第二，黏土空心砖墙。这种墙体使用的黏土空心砖和普通黏土砖的烧结方法一样。黏土空心砖的竖向孔洞虽然减少了砖的承压面积，但是砖的厚度增加了，砖的承重能力与普通砖相比也略有增加。表观密度为 1350kg/m^3（普通黏土砖的表观密度为 1800kg/m^3）。由于有竖向孔隙，所以保温能力有所提高，这是由于空隙是由静止的空气层所致。黏土空心砖主要用于框架结构的外围护墙。近期在工程中广泛采用的陶粒空心砖也是一种较好的围护墙材料。

第三，空斗墙。空斗墙在我国民间流传已久。这种墙体的材料是普通黏土砖，它的砌筑方法为竖放与平放相配合，砖竖放叫斗砖，平放叫眠砖。① 无眠空斗墙，这种墙体均由立放的砖砌合而成。同一皮上有斗有丁，丁砖作为横向拉结之用，墙身内的空气间层上下连通，这种墙体的稳定性较差。② 有眠空斗墙，这种墙体既有立放的砖，又有水平放置的砖。砌筑时，隔一皮或几皮加一皮眠砖。这种墙体的拉结性能好。空斗墙在靠近勒脚、墙角、洞口和直接承受梁板压力的部位都应该砌筑实心砖墙，以保证拉结质量。空斗墙不宜在抗震设防地区使用。

第四，复合墙。多用于居住建筑，也可用于托儿所、幼儿园、医疗等小型公共建筑。这种墙体的承重结构为黏土砖或钢筋混凝土，其内侧或外侧复合轻质保温板材，常用材料有充气石膏板（表观密度≤ 510kg/m^3）、水泥聚苯板（表观密度 280 ~ 320kg/m^3）、黏土珍珠岩（表观密度 360 ~ 400kg/m^3）、纸面石膏聚苯复合板（表观密度 870 ~ 970kg/m^3）、纸面石膏岩棉复合板（表观密度 930 ~ 1030kg/m^3）、纸面石膏玻璃复合板（表观密度 882 ~ 982kg/m^3）、无纸石膏聚苯复合板（表观密度 870 ~ 970kg/m^3）、纸面石膏聚苯板（表观密度 870 ~ 970kg/m^3）。承重结构采用黏土砖墙时，其厚度为 180mm 或 240mm；采用黏土多孔砖墙时，其厚度为 190 ~ 240mm；采用钢筋混凝土墙时，其厚度为 200mm 或 250mm。保温板材的厚度为 50 ~ 90mm，若做空气间层时，其厚度不宜超过 60mm。

第五，幕墙。幕墙按其构造分为框式幕墙和点支式幕墙，按材料可分为：① 玻璃幕墙，有明框幕墙、隐框幕墙、半隐框幕墙、全玻璃幕墙及点支幕墙等。② 金属幕墙，有单层铝板、蜂窝铝板、铝塑复合板、彩色钢板、不锈钢及珐琅板等。③ 非金属板幕墙，有石材蜂窝板、树脂纤维板等。不同幕墙构造有差异，造价相差悬殊，需根据具体条件确定其构造和材料。

3. 墙体的厚度分析

（1）砖墙。实心砖墙的厚度以我国标准黏土砖的长度为单位，我国现行黏土砖的规格是 240mm × 115mm × 53mm（长 × 宽 × 厚），连同灰缝厚度 10mm 在内，砖的规格形成了长：宽：厚 =1：0.5：0.25 的关系。同时在 1m 长的砌体中有 4 个砖长、8 个砖宽、16 个砖厚，这样在 1m^3 的砌体中的用砖量为 4 × 8 × 16=512 块，用砂浆量为 0.26m^3。现行墙体厚度用砖长作为依据，常用的有以下类型：① 半砖墙。图纸标注为 120mm，实际厚度为 115mm。② 砖墙。图纸标注为 240mm，实际厚度为 240mm。③ 一砖半墙。图纸标注为 360（370）mm，实际厚度为 365mm。④ 二砖墙。图纸标注为 490mm，实际厚度为 490mm。⑤3/4 砖墙。图纸标注为 180mm，实际厚度为 178mm。

（2）其他墙体。其他墙体，如钢筋混凝土板墙、加气混凝土墙体等均应符合模数的规定。钢筋混凝土板墙用作承重墙时，其厚度为 160 ~ 200mm；用作隔断墙时，其厚度为 50mm。加气混凝土墙体用作外围护墙时常取 200 ~ 250mm，用作隔断墙时，常取 100 ~ 150mm。

4. 墙体的砌合方式

砖墙的砌合是指砖块在砌体中的排列组合方法。砖墙在砌合时，应满足横平竖直、砂浆饱满、错缝搭接、避免通缝等基本要求，以保证墙体的强度和稳定性。常见的墙体砌合方式如下。

（1）一顺一丁式，这种砌法是一层砌顺砖、一层砌丁砖，相间排列，重复组合。

在转角部位要加设3/4砖（俗称七分头）进行过渡。这种砌法的特点是搭接好、无通缝、整体性强，因而应用较广。

（2）全顺式，这种砌法每皮均为顺砖组砌。上下皮左右搭接为半砖，它仅适用于半砖墙。

（3）顺丁相间式，这种砌法是由顺砖和丁砖相间铺砌而成。这种砌法的墙厚至少为一砖墙，整体性好且墙面美观。

（4）多顺一丁式，这种砌法通常有三顺一丁和五顺一丁之分，其做法是每隔三皮顺砖或五皮顺砖加砌一皮丁砖相间叠砌而成。多顺一丁砌法的问题是存在通缝。

确定砖墙的厚度要考虑以下因素：① 砖的规格。普通黏土砖墙厚度按照半砖的倍数来确定。常见的有半砖墙、一砖墙、一砖半墙、两砖墙等，其相应尺寸为115mm、240mm、365mm、490mm等。② 砖墙的承载。一般而言，承载能力越大，稳定性越好，有效限制距的距离越大，稳定性越差。有效限制距是指墙体四周可以用来支撑的结构。

（二）墙体的设计要求

总体而言，墙体应满足以下设计要求：具有足够的强度和稳定性；满足热工方面（保温、隔热、防止产生凝结水）的性能；具有一定的隔声性能；具有一定的防火性能；合理选择墙体材料、减轻自重、降低造价；适应工业化的发展需要。墙体设计的具体要求如下。

1. 墙体设计的保温与节能要求

墙体的保温因素主要表现在墙体阻止热量传出的能力与防止在墙体表面和内部产生凝结水的能力两个方面，在建筑物理学上属于建筑热工设计部分。

（1）建筑热工设计分区及要求。目前，全国划分为五个建筑热工设计分区：① 严寒地区。累年最冷月平均温度低于或等于 -10℃的地区，如黑龙江和内蒙古的大部分地区。这类地区应加强建筑物的防寒措施，不考虑夏季防热。② 寒冷地区。累年最冷月平均温度高于 -10℃、小于或等于0℃的地区，如东北地区的吉林、辽宁、山西、河北、北京、天津及内蒙古的部分地区。这类地区应以满足冬季保温设计要求为主，适当兼顾夏季防热。③ 夏热冬冷地区。累年最冷月平均温度为0℃～10℃，最热月平均温度为25℃～30℃。例如，陕西、安徽、江苏南部、广西、广东、福建北部地区。这类地区必须满足夏季防热要求，适当兼顾冬季保温。④ 夏热冬暖地区。累年最冷月平均温度高于10℃，最热月平均温度为25℃～29℃。如广东、广西、福建南部地区和海南省。这类地区必须充分满足夏季防热要求，一般不考虑冬季保温。⑤ 温和地区。累年最冷月平均温度为0℃～13℃，最热月平均温度为18℃～23℃。

如云南全省和四川、贵州的部分地区。这类地区的部分地区应考虑冬季保温，一般不考虑夏季防热。

（2）冬季保温设计要求。① 建筑物宜设在避风、向阳地段，尽量争取主要房间有较多日照。② 建筑物的外表面积与其包围的体积之比（体型系数）应尽可能小，平、立面不宜出现过多的凹凸面。③ 室温要求相近的房间宜集中布置。④ 严寒地区居住建筑不应设冷外廊和开敞式楼梯间；公共建筑主入口处应设置转门、热风幕等避风设施。寒冷地区居住建筑和公共建筑宜设置门斗。⑤ 严寒和寒冷地区北向窗户的面积应予以控制，其他朝向的窗户面积不宜过大。应尽量减少窗户缝隙长度，并加强窗户的密闭性。⑥ 严寒和寒冷地区的外墙和屋顶应进行保温验算，保证不低于所在地区要求的总热阻值。⑦ 热桥部分（主要传热渠道）通过保温验算，并做适当的保温处理。

（3）夏季防热设计要求。① 建筑物的夏季防热应采取环境绿化、自然通风、建筑遮阳和围护结构隔热等综合性措施。② 建筑物的总体布置，单体的平、剖面设计和门窗的设置，应有利于自然通风，并尽量避免主要使用房间受东、西日晒。③ 南向房间可利用上层阳台、凹廊、外廊等达到遮阳目的，东、西向房间可适当采用固定式或活动式遮阳设施。④ 屋顶、东西外墙的内表面温度应通过验算，保证满足隔热设计标准要求。⑤ 为防止潮霉季节地面泛潮，底层地面宜采用架空做法，地面面层宜选用微孔吸声材料。

（4）窗子面积和层数的确定。在围护结构上开窗面积不宜过大，否则热损失将会很大。居住建筑各朝向的窗墙面积比应符合以下规定：北向不大于0.25，东、西向不大于0.30，南向不大于0.35。窗子的气密性必须良好，一般在两侧空气压差为10Pa的情况下，窗子的空气渗透量在低层和多层需$\leq 4.0m^3/(m \cdot h)$，在高层和中高层需$\leq 2.5m^3/(m \cdot h)$。若达不到要求，应加强气密措施。

（5）围护结构的蒸汽渗透。围护结构在内表面或外表面产生凝结水现象是由于水蒸气渗透遇冷所致。由于冬季室内空气温度和绝对湿度都比室外高，因此，在围护结构的两侧存在水蒸气分压力差，水蒸气分子由压力高的一侧向压力低的一侧扩散，这种现象叫蒸汽渗透。材料遇水后，导热系数增大，保温能力会大大降低。为避免凝结水的产生，一般采取控制室内相对湿度和提高围护结构热阻的办法解决。室内相对湿度是空气的水蒸气分压力与最大水蒸气分压力的比值。一般以30%~40%为极限，住宅建筑的相对湿度以40%~50%为佳。

（6）围护结构的保温构造。为了满足墙体的保温要求，寒冷地区外墙的厚度与做法应由热工计算确定。采用单一材料的墙体，其厚度应由计算确定，并按模数要求统一尺寸。为减轻墙体自重，可以采用夹心墙体、带有空气间层的墙体及外贴保温材料的做法。值得注意的是，外贴保温材料，以布置在围护结构靠近低温的一侧为好，而将表观密度大、蓄热系数也大的材料布置在靠近高温的一侧为佳。这是因为保温材料表观密度小、孔隙多，其导热系数小，每小时所能吸收或散出的热量少。而蓄热系数大的材料布置在内侧，就会使外表面材料的热量变化对内表面温度的影响甚微，因而保温能力较强。

当前应用较多的是外墙内保温做法：① 用饰面石膏聚苯板做内保温；② 用纸面石膏聚苯复合板做内保温；③ 用黏土珍珠岩保温砖做内保温；④ 用充气石膏板、无纸石膏聚苯复合板做内保温。

外墙内保温做法还可以采用：① HT-800 复合硅酸盐保温材料。HT-800 复合硅酸盐保温材料是以精选的海泡石、硅酸盐纤维为原料，多种优质轻体无机矿物为填料，经细纤化、扩散膨胀、混溶、黏接等多种工艺复合而成。这种材料的外观呈灰白色黏稠纤维膏状体，无结状，其导热系数只有 0.036 ~ 0.042W/（m · K），是一种保温性能较好的材料。② ZL 复合硅酸盐聚苯颗粒保温浆料。ZL 复合硅酸盐聚苯颗粒保温浆料是新型建筑墙体保温材料。该材料采用预混合干拌技术，由复合硅酸盐胶粉料和聚苯颗粒组成。先将多种硅酸盐及其他材料按照一定比例在工厂进行预混合，形成胶粉料，在工地只需将聚苯颗粒、胶粉料、水按固定的比例混合，即可采用抹灰工艺进行施工。该产品与其他防护面层材料配套使用能够满足建筑节能 50% 的要求，因此适合在各种建筑物的基层墙体上施工。

内墙饰面做法可选用以下产品：① 弹性涂料。有较强的延伸性能，涂在面层上既可作出薄厚各异、形状不一的装饰图案，又具有良好的抗裂、防水、耐候性能。② 反射太阳能隔热涂料。主要用于南方有空调的居住建筑内墙和屋顶，可降低日照产生的燥热；也可用于粮库、油罐、冷库等外墙面。

（7）墙体的节能要求。随着建筑节能技术的进步，通过新建和技术改造，已初步形成建筑保温、密封、热表、采暖调节控制等新兴建筑节能产业部门，使建筑工业产业结构趋于科学合理，为满足建筑节能事业大发展的需要，可以根据当地条件推广的建筑节能技术如下。

第一，外墙内保温技术。多种内保温复合墙体已在节能工程中广泛应用，应选用性价比较高、表面不致产生裂缝的技术。用嵌缝腻子及玻璃纤维网带做板间嵌缝处理，可以避免裂缝，也可用网布加强的饰面石膏做面层的聚苯板保温。

第二，空心砖墙及其复合墙体技术。空心砖墙的保温效果优于实心砖墙，且节约制砖能耗。如果再与高效保温材料复合使用，节能效果更佳。

第三，加气混凝土技术。加气混凝土导热系数较低，宜推广应用于框架填充墙及低层建筑承重墙。在确保砌块耐久性的条件下，也可作为多层建筑外墙使用。

第四，混凝土轻质砌块墙体技术。利用当地出产的浮石、火山渣及其他轻骨料或工业废料生产多排孔轻质砌块，用保温砂浆砌筑，有节能、节地的效果。

2. 墙体设计的隔声要求

为了避免室外和相邻房间的噪声影响，墙体必须有一定的厚度。实践证明，重而密实的材料是很好的隔声材料。但是，用增加墙体厚度的办法达到隔声效果不合理。在工程实践中，除外墙外，一般用带空心层的隔墙或轻质隔墙来满足隔声要求。隔除噪声的方法包括采用实体结构、增设隔声材料和加做空气层等方面。

（1）采用实体结构隔声。构件材料的表观密度越大，其隔声效果就越好。例如，双面抹灰的1/4砖墙，空气隔声量平均值为32dB；双面抹灰的1/2砖墙，空气隔声量平均值为45dB；双面抹灰的一砖墙，空气隔声量为48dB。另外，构件材料越密实，其隔声效果也越好。

（2）采用隔声材料隔声。隔声材料指的是玻璃棉毡、轻质纤维板等材料，一般放在靠近声源的一侧。

（3）采用空气层隔声。夹层墙可以提高隔声效果，中间空气层的厚度以80～100mm为宜。

（三）墙体的具体设计

1. 墙身的细部构造设计

墙身的细部构造一般指在墙身上的细部做法，其中包括防潮层、勒脚、散水、明沟、踢脚、窗台、过梁、窗套、腰线、檐部、烟道、通风道等。这里以实心黏土砖为主。

（1）防潮层。在墙身中设置防潮层的目的是防止土壤中的水分沿基础墙上升和勒脚部位的地面水影响墙身，它的作用是提高建筑物的耐久性，保持室内干燥卫生。防潮层的具体做法是：高度应在室内地坪与室外地坪之间，标高多为−0.07～−0.06m，以地面垫层中部最为理想。防潮层的材料如下。

第一，防水砂浆防潮层。一种做法是抹一层20mm厚的1∶3水泥砂浆加5%的防水粉拌和而成的防水砂浆。另一种做法是用防水砂浆砌筑4皮至6皮砖，位置在室内地坪上下。

第二，油毡防潮层。在防潮层部位先抹20mm厚的砂浆找平层，然后干铺油毡一层或用热沥青粘贴一毡二油。油毡的宽度应与墙厚一致，或稍大一些。油毡沿长度铺设，搭接长度应不小于100mm。油毡防潮较好，但易使基础墙和上部墙身断开，从而减弱了砖墙的抗震能力。

第三，混凝土防潮层。由于混凝土本身具有一定的防水性能，常把防水要求和结构做法合并考虑。即在室内外地坪之间浇筑60mm厚的混凝土地梁防潮层，内放3ϕ6、3ϕ4@250钢筋网片。

(2) 勒脚。外墙墙身下部靠近室外地坪的部分叫勒脚。勒脚的作用是防止地面水、屋檐滴下的雨水的浸蚀，从而保护墙面，保证室内干燥，以提高建筑物的耐久性，同时还有美化建筑外观的作用。勒脚经常采用抹水泥砂浆、水刷石或加大墙厚的办法，勒脚的高度一般为室内地坪与室外地坪之高差，也可以根据立面的需要而提高勒脚的高度。

(3) 散水与明沟。散水指的是靠近勒脚下部的排水坡，明沟是靠近勒脚下部设置的排水沟，它们的作用都是为了迅速排除从屋檐滴下的雨水，防止因积水渗入地基而造成建筑物的下沉。散水的宽度应稍大于屋檐的挑出尺寸，且不应小于600mm。散水坡度一般在5%左右，外缘高出室外地坪20～50mm较好。散水的常用材料为混凝土、砖、炉渣等。明沟是将积水通过明沟引向下水道，一般在年降雨量为900mm以上的地区才选用。沟宽一般在200mm左右，沟底应有0.5%左右的纵坡。明沟的材料可以用砖、混凝土等。

(4) 踢脚。踢脚是外墙内侧或内墙两侧的下部和室内地坪交接处的构造，目的是防止扫地时污染墙面。踢脚的高度一般在120～150mm。常用的材料有水泥砂浆、水磨石、木材、缸砖、油漆等，选用时一般应与地面材料一致。

(5) 窗台。窗洞口的下部应设置窗台。窗台根据窗户的安装位置可形成内窗台和外窗台。外窗台是为了防止在窗洞底部积水并流向室内；内窗台则是为了排除窗上的凝结水，以保护室内墙面，以及存放东西、摆放花盆等。窗台的底面檐口处应做成锐角形或半圆凹槽（叫“滴水”），以便于排水，减少对墙面的污染。

第一，外窗台的做法。① 砖窗台。砖窗台应用较广，有平砌挑砖和立砌挑砖两种做法。表面可抹1∶3水泥砂浆，并应有10%左右的坡度。挑出尺寸大多为60mm。② 混凝土窗台，这种窗台一般是现场浇筑而成。

第二，内窗台的做法。① 水泥砂浆抹窗台。一般是在窗台上表面抹20mm厚的水泥砂浆，并应突出墙面5mm。② 窗台板。对于装修要求较高而且窗台下设置暖气片的房间，一般均采用窗台板。窗台板可以用预制水泥板或水磨石板。装修要求特别高的房间还可以采用木窗台板。

(6) 过梁。为承受门窗洞口上部的荷载，并把它传到门窗两侧的墙上，以免门窗框被压坏或变形，所以在其上部加设过梁。过梁上的荷载一般呈三角形分布，为方便计算，可以把三角形折算成1/3洞口宽度，过梁只承受其上部1/3洞口宽度的荷载，因而过梁的断面不大，梁内配筋也较少。过梁一般分为钢筋混凝土过梁、砖拱过梁、钢筋砖过梁等。

第一，预制钢筋混凝土过梁。预制钢筋混凝土过梁是应用比较普遍的一种过梁。下面以北方地区预制过梁为例进行探讨。北方地区的过梁分为三种截面、三种荷载等级。过梁的宽度与半砖长度相等，基本宽度为115mm。梁长及梁高均和洞口尺寸有关，并应符合模数要求。其中，一级荷载只有矩形截面，洞口尺寸为600mm、900mm，高度为60mm，代号为1。二级荷载有三种截面，矩形截面代号为4，洞口尺寸为900mm、1000mm、1200mm（高度为120mm）和1500mm、1800mm、2100mm、2400mm（高度为180mm）；小挑檐截面代号为2，洞口尺寸为600mm、900mm、1200mm（高度为120mm）和1500mm、1800mm、2100mm、2400mm（高度为180mm）；大挑檐截面代号为3，洞口尺寸为600mm、900mm、1200mm（高度为120mm）和1500mm、1800mm、2100mm、2400mm（高度为180mm）。三级荷载为矩形截面，代号为5，洞口尺寸为900mm、1000mm、1200mm、1500mm、1800mm（高度为180mm）和2100mm、2400mm（高度为240mm）。三种荷载中二级荷载应用最多。

第二，钢筋砖过梁。钢筋砖过梁又称苏式过梁。这种过梁的用砖应不低于MU7.5，砂浆不低于M2.5。洞口上部应先支木模，上放直径不小于5mm的钢筋，间距≤120mm，伸入两边墙内应不小于240mm。钢筋上下应抹砂浆层。这种过梁的最大跨度为2m。

第三，砖砌平拱。砖砌平拱过梁是采用竖砌的砖作为拱券，这种券是水平的，故称平拱。砖应不低于MU7.5，砂浆不低于M2.5，这种平拱的最大跨度为1.8m。

（7）窗套与腰线。窗套与腰线这些都是立面装修的做法。窗套由带挑檐的过梁、窗台和窗边挑出立砖构成，外抹水泥砂浆后，可再刷白浆或做其他装饰。腰线是指过梁和窗台形成的上下水平线条，外抹水泥砂浆后，刷白浆或做其他装饰。

（8）檐部。墙身上部与屋檐相交处的构造称为檐部。檐部的做法有女儿墙、挑檐板和斜板挑檐等多种。

（9）烟道与通风道。在住宅或其他民用建筑中，为了排除炉灶的烟气或其他污浊空气，常在墙内设置烟道和通风道。烟道和通风道分为现场砌筑和预制构件进行拼装两种做法。

砖砌烟道和通风道的断面尺寸应根据排气量来决定，但不应小于120mm×120mm。烟道和通风道除单层房屋外，均应有进气口和排气口。烟道的排气口在下，距楼板1m左右较合适；通风道的排气口应靠上，距楼板底300mm较合适。烟道和通风道不能混用，以避免串气。混凝土烟风道及GRC烟风道一般为每层一个预制构件，上下拼接而成。

2. 隔墙的设计

建筑中不承重，只起分隔室内空间作用的墙体叫隔断墙。通常人们把到顶板下皮的隔断墙叫隔墙，而不到顶只有半截的隔断墙叫隔断。隔断墙的作用和特点是：隔断墙应越薄越好，目的是减轻加给楼板的荷载；隔断墙的稳定性必须保证，特别要注意与承重墙的拉结；隔墙要满足隔声、耐水、耐火的要求。

（1）隔墙的隔声要求。声音的大小在声学中用声强级表示，单位是分贝（dB）。人们习惯上把不悦耳的声音叫噪声。噪声由空气传播的叫空气噪声，由固体传播的叫固体噪声。隔声主要是隔除空气噪声。允许的噪声级随房间而异。教室、讲堂为35～40dB，住宅是45～55dB等。从生活经验可知，声音很容易透过质地松软的又薄又轻的墙体，但是不容易透过坚硬、又厚又重的墙，这是隔声的质量定律。这就产生了隔墙的隔声要求与减轻隔墙自重、减薄隔墙厚度之间的矛盾。

（2）一些隔墙的常用做法。

第一，120mm厚隔墙，这种墙用普通黏土砖的顺砖砌筑而成，它一般可以满足隔声、耐水、耐火的要求。由于这种墙较薄，因而必须注意墙的稳定性。满足砖砌隔墙的稳定性应从以下方面入手：① 隔墙与外墙的连接处应加拉筋，拉筋应不少于2根，直径为6mm，伸入隔墙长度为1m。内外墙之间不应留直槎。② 当墙高大于3m、长度大于5.1m时，应每隔8～10皮砖砌入一根 $\phi 6$ 钢筋。由于这种墙体采用的主体材料为普通黏土实心砖，当前，在一些城市中已禁止使用，而用黏土多孔砖替代，其厚度有100mm和120mm两种。

第二，木板条隔墙。木板条隔墙的特点是质轻、墙薄，不受部位的限制，拆除方便，因而也有较大的灵活性。木板条隔墙的构造特点是用方木组成框架，钉以板条，再抹灰，形成隔墙。方木框架的构造是：安上下槛（50mm×100mm木方），在上下槛之间每隔400～600mm立垂直龙骨，断面为30mm×70mm～50mm×70mm，然后在龙骨中每隔1.5m左右加横撑或斜撑，以增强框架的坚固性与稳定性，龙骨外侧钉板条，板条的尺寸为6mm×24mm×1200mm（厚 × 宽 × 长），板条外侧抹灰。为了便于抹灰、保证拉结，板条之间应留有7～8mm的缝隙。灰浆应以石灰膏加少量麻刀或纸筋为主，外侧喷白浆。在木板墙上设置门窗时，门窗洞口两侧的龙骨断面应加大，或采用双筋龙骨，以利于加固。为了防潮防水，下槛的下部可先砌3～5皮砖。

第三，加气混凝土砌块隔墙。加气混凝土是一种轻质多孔的建筑材料。它具有表观密度轻、保温效能高、吸声好、尺寸准确和可加工、可切割的特点。在建筑工程中采用加气混凝土制品具有降低房屋自重、提高建筑物的功能、节约建筑材料、减少运输量、降低造价等优点。加气混凝土砌块的尺寸为75mm、100mm、125mm、150mm、200mm厚，长度为500mm。砌筑加气混凝土砌块时，应采用1∶3的水泥砂浆，并考虑错缝搭接。为保证加气混凝土砌块隔墙的稳定性，应预先在其连接的墙上留出拉筋，并伸入隔墙中。钢筋数量应符合抗震设计规范的要求。具体做法同

120mm 厚砖隔墙。加气混凝土隔墙上部必须与楼板或梁的底部顶紧，最好加木楔；如果条件许可，可以加在楼板的缝内以保证其稳定。

第四，水泥焦渣空心砖隔墙。水泥焦渣空心砖采用水泥、炉渣经成型、蒸养而成。这种砖的表观密度小，保温隔热效果好。砌筑炉渣空心砖隔墙时，应注意墙体的稳定性。在靠近外墙的地方和窗洞口两侧常采用黏土砖砌筑。为了防潮防水，一般应在靠近地面和楼板的部位先砌筑 3 ~ 5 皮砖。

第五，加气混凝土条板隔墙。加气混凝土条板厚 100mm、宽 600mm，具有质轻、多孔、易于加工等优点。加气混凝土条板之间可以用水玻璃矿渣粘接剂粘接，也可以用聚乙烯醇缩甲醛（107 胶）粘接。在加气混凝土隔墙上固定门窗框的方法有以下类型：① 膨胀螺栓法。在门窗框上钻孔，放胀管，拧紧螺钉或钉钉子。② 胶粘圆木安装。在加气混凝土条板上钻孔、刷胶，钉入涂胶圆木，然后立门窗框，并拧螺钉或钉钉子。③ 胶粘连接。先立好窗框，用 107 胶粘接在加气混凝土墙板上，然后拧螺钉或钉钉子。

第六，钢筋混凝土板隔墙。钢筋混凝土板隔墙采用普通的钢筋混凝土，四角加设埋件，并与其他墙体进行焊接连接。

第七，碳化石灰空心板隔墙。碳化石灰空心板是以磨细的生石灰为主要原料，掺入少量的玻璃纤维，加水搅拌，振动成型，经干燥、碳化而成。它具有制作简单、不用钢筋、成本低、自重轻、可以干作业等优点。碳化石灰空心板是一种竖向圆孔板，高度应与层高相适应。粘接砂浆应用水玻璃矿渣粘接剂，安装以后应用腻子刮平，表面粘贴塑料壁纸。

第八，泰柏板隔墙。泰柏板又称为钢丝网泡沫塑料水泥砂浆复合墙板，它是以焊接 2mm 钢丝网笼为构架，填充泡沫塑料芯层，面层是经喷涂或抹水泥砂浆而成的轻质板材。这种板材的特点是重量轻、强度高、防火、隔声、不腐烂等。其产品规格为 40mm × 1200mm × 75mm（长 × 宽 × 厚），抹灰后的厚度为 100mm。泰柏板与顶板底板采用固定夹连接，墙板之间同样采用固定夹连接。

第九，GY 板隔墙。GY 板又称为钢丝网岩棉水泥砂浆复合墙板，它是以焊接 2mm 钢丝网笼为构架，填充岩棉板芯层，面层是经喷涂或抹水泥砂浆而成的轻质板材。GY 板具有重量轻、强度高、防火、隔声、不腐烂等性能，其产品规格为：长度 2400 ~ 3300mm，宽度 900 ~ 1200mm，厚度 55 ~ 60mm。

第十，纸面石膏板隔墙。纸面石膏板是一种新型建筑材料，它以石膏为主要原料，生产时在板的两面粘贴具有一定抗拉强度的纸，以增加板材搬运时的抗弯能力。纸面石膏板的厚度为 12mm，宽度为 900 ~ 1200mm，长度为 2000 ~ 3000mm，一般使其长度恰好等于室内净高。纸面石膏板的特点是表观密度小（750 ~ 900kg/m^3）、防火性能好、加工性能好（可锯、割、钻孔、钉等），可以粘贴，表面平整，但极易吸湿，故不宜用于厨房、厕所等处。目前也有耐湿纸面石膏板，但价格较高。

纸面石膏板隔墙也是一种立柱式隔墙，它的龙骨可以用木材、薄壁型钢等材料制作，但目前主要采用石膏板条粘接成的矩形或"工"字形龙骨。石膏板龙骨的中距一般为500mm，用粘接剂固定在顶棚和地面之间。纸面石膏板用同样的粘接剂粘贴在石膏龙骨上，板缝刮腻子后即在表面装修（如裱糊壁纸、涂刷涂料、喷浆等）。纸面石膏板隔墙有空气间层，能提高隔声能力。在龙骨两侧各粘贴一层石膏板时，计权隔声量约为35.5dB；在龙骨两侧各粘贴两层石膏板时，计权隔声量为45～50dB。

（四）墙面的装修设计

墙面内外装修的作用是：保护墙面，提高其抵抗风、雨、温度、酸、碱等的侵蚀能力，满足立面装修的要求，增强美感，增强隔热保温及隔声的效能。墙面装修分为两大类做法，即清水墙和混水墙。清水墙是指只做勾缝处理的做法，一般多用于外墙；混水墙是指采用不同的装修手段，对墙体进行全面包装的做法。

1. 外墙面装修设计

外墙面装修包括贴面类、抹灰类、喷刷类和清水墙类。

（1）贴面类。这种做法是在墙的外表面铺贴花岗石、大理石、陶瓷锦砖（又称马赛克）、外墙饰面砖等饰面材料。花岗石给人以庄重、严肃的感觉；大理石色彩丰富，外形美观，给人以华丽之感；陶瓷锦砖为色泽与形状各异的小瓷砖；外墙饰面砖为炻质材料制作的大型面砖，贴在建筑物的外表可以装饰与美化立面，使其丰富多彩、形式多样。

大理石板的一种铺贴方法是在墙、柱中预埋扁铁钩，在板顶面做凹槽，用扁铁钩钩住凹槽，中间浇灌水泥砂浆。另一种方法是在墙柱中间预留 ϕ6 钢筋钩，用钢筋钩固定 ϕ6 钢筋网，将大理石板用钢丝绑扎在钢筋网上，再在空隙处浇灌水泥砂浆。

在选择天然石材时应注意其放射性，以减少对人体的危害。根据镭含量的多少可以将石材分为三类：A 类主要用于室内装修；B 类主要用于其他装饰物的内部装修；C 类用于一切建筑物的外表面。

陶瓷锦砖主要用水泥砂浆进行镶贴。外墙饰面砖主要采用水泥砂浆、聚合物水泥砂浆（在水泥砂浆中加入少量的优质 107 胶）和特制的粘接剂（如 903 胶）进行粘贴。

贴面类装修常见的做法包括：① 贴陶瓷锦砖墙面。12mm 厚的 1∶3 水泥砂浆打底，扫毛或画出纹道；刷素水泥浆一道（内掺水重 3%～5% 的 107 胶）；铺 3mm 厚 1∶1∶2 纸筋白灰膏水泥混合砂浆结合层；贴 5mm 厚的陶瓷锦砖；水泥擦缝。② 贴面砖墙面。6mm 厚的 1∶3 水泥砂浆打底，扫毛或画出纹道；刷素水泥浆一道（内掺水重 3% ~ 5% 的 107 胶）；铺 12mm 厚的 1∶0.2∶2 水泥白灰膏砂浆；贴 12mm 的厚面砖；1∶1 水泥砂浆（细砂）勾缝。

（2）抹灰类。外墙抹灰分为普通抹灰和装饰抹灰两大类。普通抹灰包括在外墙上抹水泥砂浆等做法；装饰抹灰包括水刷石、干粘石、剁斧石和拉毛灰等做法。抹灰类饰面必须分层操作，否则不易平整，而且容易脱落。抹灰类装饰的常见做法包括：① 水泥砂浆墙面。12mm 厚的 1∶3 水泥砂浆打底，扫毛或画出纹道；6mm 厚的 1∶2.5 水泥砂浆罩面。② 水刷石墙面。12mm 厚的 1∶3 水泥砂浆打底，扫毛或画出纹道；刷素水泥浆一道（内掺水重 3% ~ 5% 的 107 胶）。8mm 厚的 1∶1.5 水泥石子（小八厘）或 10mm 厚的 1∶1.25 水泥石子（中八厘）罩面。③ 干粘石墙面。12mm 厚的 1∶3 水泥砂浆打底，扫毛或画出纹道。6mm 厚的 1∶3 水泥砂浆罩面。刮 1mm 厚的 107 胶素水泥浆黏结层 [水 ∶107 胶 =1∶（0.3 ~ 0.5）]，干粘石面层拍平压实（粒径以小八厘略掺石屑为宜）。④ 剁斧石墙面。12mm 厚的 1∶3 水泥砂浆打底，扫毛或画出纹道，刷素水泥浆一道（内掺水重 3% ~ 5% 的 107 胶），10mm 厚的 1∶1.25 水泥石子（米粒石内掺 30% 石屑）罩面，赶平压实，剁斧斩毛，两遍成活。

（3）喷刷类。喷刷类饰面施工简单，造价便宜，而且有一定的装饰效果，其材料为各种外墙涂料。常用的喷刷方法包括：① 滚涂墙面。12mm 厚的 1∶3 水泥砂浆打底，木抹搓平，刷一道 107 胶水溶液（配比为水 ∶107 胶 =1∶0.25），滚涂聚合物水泥砂浆，喷甲基硅醇钠憎水剂。② 喷涂墙面。12mm 厚的 1∶3 水泥砂浆打底，木抹搓平，刷一道 107 胶水溶液（配比为水 ∶107 胶 =1∶0.25），滚涂聚合物水泥砂浆三遍，喷甲基硅醇钠憎水剂。③ 喷涂 JH801 涂料墙面。12mm 厚的 1∶3 水泥砂浆打底，扫毛或画出纹道，6mm 厚的 1∶2.5 水泥砂浆罩面，喷涂 JH801 涂料两遍。④ 刷乳胶漆墙面。12mm 厚的 1∶3 水泥砂浆打底，扫毛或画出纹道，6mm 厚的 1∶2.5 水泥砂浆罩面，铁抹压光，水刷带出小纹道，刷乳胶漆（抹灰后干燥不少于三天，施工温度不低于 +15℃）。⑤ 彩色弹涂墙面。12mm 厚的 1∶3 水泥砂浆打底，木抹搓平，喷底油一道。3mm 厚弹涂浆点，用油喷枪喷罩面剂一道。⑥ 喷丙烯酸有光外用乳胶漆墙面。12mm 厚的 1∶3 水泥砂浆打底，扫毛或画出纹道，6mm 厚的 1∶2.5 水泥砂浆找平。喷丙烯酸有光外用乳胶漆两遍。⑦ 喷丙烯酸无光外用涂料。12mm 厚的 1∶3 水泥砂浆打底，扫毛或画出纹道，6mm 厚的 1∶2.5 水泥砂浆找平，喷丙烯酸无光外用涂料两遍。

（4）清水墙类。砖墙外表只勾缝，不做其他装修的墙面叫清水墙。① 清水砖墙面。清水砖墙用 1∶1 水泥砂浆勾凹缝。② 清水砖刷浆墙面。清水砖墙用 1∶1 水泥砂浆勾缝，凹入应不小于 4mm，刷或喷氧化铁红（黄），粘接剂为乳液（按水重的

15%～20% 掺用）。

2. 内墙面装修设计

内墙面装修一般可以归结为四类，即贴面类、抹灰类、喷刷类和裱糊类。

（1）贴面类。主要包括大理石板、预制水磨石板、面砖及陶瓷锦砖等材料。主要用于门厅和装饰要求、卫生要求较高的房间，常用做法包括：① 大理石墙面。钻孔剔槽，预埋 ф6@150 长钢筋，绑扎 ф6 双向钢筋网（双向钢筋间距按板材尺寸），穿钢丝，安装 20～30mm 厚的大理石板，50mm 厚的 1∶2.5 水泥砂浆灌缝，白水泥擦缝。② 预制水磨石墙面。钻孔剔槽，预埋 ф6@150 长钢筋，绑扎 ф6 双向钢筋网（双向钢筋间距按板材尺寸），穿钢丝，安装 20mm 厚预制水磨石板，粘贴 50mm 厚的 1∶2.5 预制水磨石板，稀水泥浆擦缝。③ 釉面砖墙面。12mm 厚的 1∶3 水泥砂浆打底，扫毛或画出纹道，抹 8mm 厚的 1∶0.1∶2 水泥白灰膏砂浆，贴 5mm 厚的釉面砖，白水泥擦缝。

（2）抹灰类。常用的做法包括：① 砖墙面抹灰。9mm 厚的 1∶3 白灰膏砂浆打底，抹 7mm 厚的 1∶3 白灰膏砂浆，2mm 厚纸筋灰罩面，喷大白浆。② 混凝土墙面抹灰。刷素水泥浆一道（内掺水重 3%～5% 的 107 胶），12mm 厚的 1∶3∶4 水泥白灰膏砂浆打底，2mm 厚∶纸筋灰罩面，喷大白浆。③ 水泥砂浆墙面。13mm 厚的 1∶3 水泥砂浆打底，扫毛或画出纹道，5mm 厚的 1∶2.5 水泥砂浆罩面，压实赶光。

（3）喷刷类。喷刷类做法包括刷漆、喷浆、喷刷涂料等，常用的做法包括：① 油漆墙面。13mm 厚的 1∶0.3∶3 水泥白灰膏砂浆打底，5mm 厚的 1∶0.3∶2.5 水泥白灰膏砂浆罩面、压光，刷无光油漆（普通、中级、高级）。②乳胶漆墙面。13mm 厚的 1∶0.3∶3 水泥白灰膏砂浆打底，5mm 厚的 1∶0.3∶2.5 水泥白灰膏砂浆罩面，压光；刷乳胶漆（中级、高级）。③ 刮腻子喷浆墙面。大模现浇钢筋混凝土板或预制大型墙板表面清扫干净，满刮石膏纤维素腻子，满刮大白腻子，喷大白浆。④ 加气混凝土墙面抹灰。刷（喷）一道 107 胶水溶液（配比为水：107 胶 =1∶0.25），8mm 厚的 1∶3∶9 水泥白灰膏砂浆打底，2mm 厚纸筋灰罩面，喷大白浆。⑤ 丙烯酸无光内用乳胶漆墙面，涂刷丙烯酸无光内用乳胶漆两遍，基层喷封底涂料一遍，增强黏结力。乳胶、滑石粉腻子修补刮平，5mm 厚的 1∶0.3∶2.5 水泥石灰膏砂浆找平，13mm 厚的 1∶0.3∶3 水泥石灰膏砂浆打底，扫毛或画出纹道。

（4）裱糊类。常用的裱糊类包括塑料壁纸和壁布两大类：一类是在原纸上或布上涂塑料涂层，另一类是在原纸上或布上压一层塑料壁纸。裱糊类常用的做法包括：① 印花涂塑壁纸墙面。13mm 厚的 1∶0.3∶3 水泥白灰膏砂浆打底，5mm 厚的 1∶0.3∶2.5 水泥白灰膏砂浆罩面打光，满刮腻子一道，刷（喷）一道 107 胶水溶液（配比为 107 胶∶水 =3∶7），贴壁纸，在纸背和墙上均刷胶，胶的配比为 107 胶，

纤维素 =1∶0.3（纤维素水溶液浓度为 4%），并稍加水。② 普及型涂塑壁纸墙面。13mm 厚的 1∶3∶9 水泥白灰膏砂浆打底，铁抹子压光，满刮腻子一道，刷（喷）一道 107 胶水溶液（配比为 107 胶：水 =3∶7），裱糊普及型涂塑壁纸，在纸背面和墙上均刷胶，胶的配比为 107 胶∶纤维素 =1∶0.3（纤维素水溶液浓度为 4%），并稍加水。

二、屋顶构造的设计

（一）屋顶的要求及类型

1. 屋顶的要求

屋顶是建筑物最上层起覆盖作用的外围护构件，用以抵抗雨雪、日晒等自然因素的影响。屋顶由面层和承重结构两部分组成，它应该满足以下要求。

（1）承重要求。屋顶应能够承受积雪、积灰、雨、自重和上人所产生的荷载并顺利地将这些荷载传递给墙柱。

（2）保温要求。屋顶面层是建筑物最上部的围护结构，它应具有一定的热阻能力，以防止热量从屋面过多散失。

（3）防水要求。屋顶积水（积雪）以后，应很快地排除，以防渗漏。屋面在处理防水问题时，应兼顾“导”和“堵”两个方面。所谓“导”，就是要将屋面积水顺利排除，因而应该有足够的排水坡度及相应的一套排水设施。所谓“堵”，就是要采用相应的防水材料，采取妥善的构造做法，防止渗漏。

（4）美观要求。屋顶是建筑物的重要装修内容之一。屋顶采取怎样的形式，选用何种材料和颜色均与美观有关。在确定屋顶构造做法时，应兼顾技术和艺术两个方面。

2. 屋顶的组成

屋顶主要由以下两部分组成。

（1）屋顶承重结构。坡屋顶的屋顶承重结构包括屋架、檩条、椽条等部分；平屋顶的屋顶承重结构包括钢筋混凝土屋面板、加气混凝土屋面板等。

（2）屋面部分。坡屋顶的屋面包括瓦、挂瓦条、油毡等部分；平屋顶的屋面则包含卷材防水层、刚性防水层、保温层或钢筋混凝土面层、防水砂浆面层等。

3. 屋顶的类型

屋顶的类型很多，大体可以分为平屋顶、坡屋顶和其他形式的屋顶。各种形式屋顶的主要区别在于屋顶坡度的大小。而屋顶坡度又与屋面材料、屋顶形式、地理气候条件、结构选型、构造方法、经济条件等多种因素有关。不同的坡度是区分屋顶类型的因素之一，常见的屋顶形式如下。

（1）平屋顶。坡度不小于 2% 的屋顶称为平屋顶（最大坡度为 25%）。平屋顶的坡度可以用材料找出，通常叫材料找坡（垫置坡度）；也可以用结构板材带坡安装，通常叫结构找坡（搁置坡度），跨度大于18m时必须采用结构找坡。

（2）坡屋顶。坡度在10%～100%的屋顶叫坡屋顶。坡屋顶的坡度均由屋架找出。其中10%～20%多用于金属皮屋顶，20%～40%多用于波形瓦屋顶，40%以上多用于各种瓦屋顶。坡屋顶常见的坡度为50%（屋顶高度与跨度的比值为1/4）。

（3）其他形式的屋顶。这部分屋顶坡度变化大、类型多，大多应用于特殊的平面中。常见的有网架、悬索、壳体、折板等类型。

（二）平屋顶的构造设计

1. 平屋顶设计的考虑因素

在选取平屋顶的构造层次及常用材料时，应考虑以下方面的因素：① 屋顶为上人屋面还是非上人屋面。② 屋顶的找坡方式是材料找坡还是结构找坡。③ 屋顶所处房间是湿度较大的房间还是湿度正常的房间（其目的是考虑是否加设隔蒸汽层）。④ 屋顶面板是采用钢筋混凝土板承重还是采用加气混凝土板承重。⑤ 屋顶所处地区无论是北方（以保温做法为主）还是南方（以加强通风散热为主），地区不同构造层次也不一样。

2. 平屋顶设计的材料选择

（1）承重层。平屋顶的承重层以钢筋混凝土板为多，可以采用现场浇筑，也可以采用预制钢筋混凝土板。过去钢筋加气混凝土板亦应用于屋顶承重层，由于这种板的刚度较差，只能用于层数较低的建筑中。

（2）保温层。用于保温层的材料很多，究竟选择哪一种材料应综合分析材料的来源、经济条件、加给结构层的重量和地区气温等因素。当前，确定保温层的方法有下列两种：第一种是度日数法；第二种是体型系数法。① 度日数法。度日数指温度与采暖日期的乘积。② 体型系数法。体型系数指的是建筑物与室外大气接触的表面积与所包围的体积之比。外表面积中，不计入地面与不采暖楼梯间的内墙面积。选用体型系数法的目的在于节约能源，减少散热。保温层分为单一材料与复合材料两种。采用复合材料组合方式时，重型材料应放在上部。

（3）防水层。防水层做法分为柔性防水与刚性防水两大类，这里只介绍柔性防水做法。柔性防水层的材料共分为以下类型：① 合成高分子防水卷材。合成高分子防水卷材用于Ⅰ级防水屋面时，厚度应不小于1.5mm；用于Ⅱ、Ⅲ级防水屋面时，厚度应不小于1.2mm；用于Ⅳ级防水屋面复合使用时，厚度应不小于1.0mm。② 高聚物改性沥青防水卷材。高聚物改性沥青防水卷材用于Ⅰ、Ⅱ级防水屋面复合使用时，厚度应不小于3mm；用于Ⅲ级防水屋面单独使用时，厚度应不小于4mm；用于Ⅳ级防水屋面复合使用时，厚度应不小于 2mm。③ 合成高分子防水涂料。合成高分子防水涂料一般按 2mm 厚度考虑。用于Ⅲ级防水屋面复合使用时，厚度应不小于 1mm。④ 高聚物改性沥青防水涂料。高聚物改性沥青防水涂料的厚度一般应不小于 3mm，应采用涂刷五遍，一布五或六涂，二布六涂，二布六至八涂。用于Ⅲ级防水屋面复合使用时，厚度应不小于 1.5mm。⑤ 沥青基防水涂料。沥青基防水涂料的厚度一般应不小于 4mm，用于Ⅲ级防水屋面单独使用时，厚度应不小于 8mm。

(4) 找平层。一般采用 20mm 厚的 1∶3 水泥砂浆抹平。

(5) 找坡层。找坡层最低处的厚度为 30mm，平均厚度为 100mm，材料找坡为 2%，结构找坡为 3%。按坡层的做法通常有以下类型：① 水泥∶粉煤灰∶页岩陶粒 =1∶0.2∶3.5(质量比)。② 水泥∶粉煤灰∶浮石 =1∶0.2∶3.5(质量比)。③ 水泥∶砂子∶焦渣 =1∶1∶6(体积比)。

(6) 隔汽层。隔汽层的作用是隔除水蒸气，避免保温层吸收水蒸气而产生膨胀变形，一般仅在湿度较大的房间设置。纬度 40° 以北地区且室内空气相对湿度大于 75%，或其他地区室内空气湿度常年大于 80% 时，必须设置隔汽层。隔汽层的常用材料有以下类型：①1.5mm 厚的聚合物水泥基复合防水涂料。②2mm 厚的氯丁橡胶改性沥青防水涂料。③2mm 厚的 SBS 改性沥青防水涂料。④1.2mm 厚的聚氨酯防水涂料。⑤0.8mm 厚的硅橡胶防水涂料。⑥1.2mm 厚的聚氯乙烯防水卷材。

3. 平屋顶设计的细部做法

(1) 平屋顶的檐部做法。檐部做法指的是墙身与屋面交接处的做法。这部分构造不但应满足技术方面（如排水、保温）的要求，也要考虑建筑艺术方面的要求。檐部常见的做法如下。

第一，女儿墙的构造。上人的平屋顶一般要做女儿墙。女儿墙可以用以保护人员的安全，并对建筑立面起装饰作用。其高度一般不小于 1300mm（从屋面板上皮计起）。不上人的平屋顶也应做女儿墙，它除了起立面装饰作用外，还要固定油毡，其高度应不小于 800mm（从屋面板上皮计起）。

女儿墙的厚度可以与下部墙身相同，但不应小于 240mm。女儿墙的高度超出抗震设计规范中规定的数字时，应有锚固措施，其常用做法是将下部的构造柱上伸到女儿墙压顶，形成锚固柱，其最大间距为 3900mm。

女儿墙的材料为普通黏土砖或加气混凝土块时，墙顶部应做压顶。压顶宽度应超出墙厚，每侧为 60mm，并做成内低、外高，倾向平顶内部。压顶用豆石混凝土浇筑，内放钢筋，沿墙长放 3ϕ6 钢筋，沿墙宽放 ϕ4 钢筋（间距 300mm），以保证其强度和整体性。

屋顶卷材遇有女儿墙时，应将卷材沿墙上卷，高度不应低于 250mm，然后固定在墙上预埋的木砖、木块上，并用1：3水泥砂浆做披水。也可以将油毡上卷，压在压顶板的下皮。

第二，挑檐板的构造。挑檐板可以现浇，也可以预制，目前预制的较多。预制挑檐板是将板安放在屋顶板上，并用1：3水泥砂浆找平，并要妥善解决挑檐板的锚固问题。

第三，挑檐与女儿墙混合。为丰富檐部立面形式，还可以采用女儿墙与檐沟相结合的做法，其相关尺寸应分别与女儿墙或挑檐板吻合，排水方式以檐沟排水为主。

第四，斜板挑檐。为丰富檐部的立面形式，还可以在女儿墙与挑檐板之间铺放斜板，形成斜板挑檐。斜板的外侧可以用瓦檐作装饰。

(2) 平屋顶的排水做法。

第一，排水方案的确定。为了把屋面做好，防止雨水渗漏，除制作严密的防水层外，还应将屋面雨水迅速地进行排除。

屋面的排水方式有两种：一种是雨水从屋面排至檐口，自由落下，这种做法叫无组织排水。这种做法虽然简单，但檐口排下的雨水容易淋湿墙面和污染门窗，一般只用于檐部高度在5m以下的建筑物中。另一种是将屋面雨水通过集水口—雨水斗—雨水管排出。雨水管安在建筑物外墙上的，叫有组织的外排水；雨水管从建筑物内部穿过的，叫有组织的内排水。

屋面排水宜优先采用内排水。采用外排水时，须注意防止雨水倾下外墙，危害行人或其他设施。设水落管时，其位置和颜色应注意与建筑立面的协调。

高层建筑、多跨及积水面积较大的屋面应采用内排水。每一屋面或天沟一般应不少于两个排水口。当内排水只有一个排水口时，可在山墙（或女儿墙）外增设溢水口。

排水组织包括确定排水坡度、划分排水分区、确定雨水管数量、绘制屋顶平面图等工作。

第二，排水坡度。平屋顶上的横向排水坡度为2%，纵向排水坡度为1%。天沟的纵向坡度一般不宜小于外排水坡度0.5%（1：200）、内排水坡度0.8%（1：125）。

第三，排水分区。屋面排水分区一般按每个 ϕ75 雨水管能排出 200m² 的面积来划分。

第四，雨水管的构造。雨水管应尽量均匀布置，以充分发挥其排水能力。排水口距女儿墙端部（山墙）的距离不宜小于0.5m，且以排水口为中心，半径在0.5m范围内的屋面坡度不应小于3%。排水口加防护罩防堵，加罩后的流水进口高度不应高过沿沟底面。

外装雨水管采用硬质塑料制作，暗装雨水管应采用铸铁管或钢管，管壁内外浸涂防腐涂料，立管宜1～2层高或6m左右设一清扫口（掏堵口），一般中心距楼地面1m。

第五，屋顶平面图。屋顶平面图应标明排水分区、排水坡度、雨水管位置、穿出屋顶的突出物的立管等。

（3）平屋顶突出物的处理。① 变形缝。平层顶上变形缝的两侧应砌筑半砖墙，上盖混凝土板或铁皮遮挡雨水。在北方地区为了保温，在变形缝内应填塞沥青麻丝等材料。② 烟囱、管道。凡烟囱、管道等伸出屋面的构件必须在屋顶上开孔时，为了防止漏水，应将油毡向上翻起，抹上水泥砂浆或再盖上镀锌铁皮，起挡水作用，称为泛水。泛水高度以不超过250mm为宜。③ 出入孔。平屋顶上的出入孔是为了检修而设置的。开洞尺寸应不小于700mm×700mm。为了防漏，应将板边上翻，亦做泛水，上盖木板，以遮挡风雨。

（三）坡屋顶的构造设计

屋面坡度大于1∶7的屋顶叫坡屋顶。坡屋顶的坡度大，雨水容易排除，因此屋面防水问题比平屋顶容易解决，在隔热和保温方面也有其优越性。过去坡屋顶应用较多，目前由于木材供应紧张，很多建筑采用了平屋顶。亦可用钢材或其他材料代替木材，做成坡屋顶。坡屋顶的构造包括两大部分：一部分是由屋架、檩条、屋面板组成的承重结构，另一部分是由挂瓦条、油毡层、瓦等组成的屋面面层。

1. 坡屋顶的承重结构类型

坡屋顶的承重结构形式很多，承重结构形式的选择应综合考虑建筑物的结构形式、对跨度的要求、屋面材料、施工条件以及对建筑形式的要求等因素。经常采用的类型如下。

（1）“人”字木屋架。“人”字木屋架适合有内墙或内部柱子的建筑物，支点的间距（跨度）应在4～5m，屋架间距应在2m以内。这种屋架没有下弦杆件，不能从下弦直接做吊顶。

（2）三角形木屋架。三角形木屋架是常用的一种屋架形式，适合于跨度在15m及15m以下的建筑物中。木屋架的高度与跨度之比为1/4～1/5，木材的断面可以用圆木或方木，断面尺寸为：b=120～150mm，h=180～240mm。这种屋架可以做成两坡顶和四坡顶，应用较广泛。

（3）钢木组合屋架。这种屋架是将木屋架中的受拉杆件用钢材代替，这样可以充分发挥钢材的受力特点，在构造上是合理的。这种屋架适用于跨度为15～20m、屋架的间距≤4m的建筑物。高度与跨度的比值为1/4～1/5。

（4）钢筋混凝土组合屋架。这种屋架是采用钢筋混凝土与型钢两种材料组成的。

上弦及受压杆件均采用钢筋混凝土，下弦及受拉杆件均采用型钢。这种屋架适用于12～18m跨度的建筑。

（5）硬山承重体系。硬山承重体系在开间一致的横墙承重的建筑中经常采用。做法是将横向承重墙的上部按屋顶要求的坡度砌筑，上面铺钢筋混凝土屋面板或加气混凝土屋面板。也可以在横墙上搭檩条，然后铺放屋面板，再做屋面。这种做法通称为“硬山搁檩”。硬山承重体系将屋架省略，构造简单，施工方便，因而采用较多。

2. 坡屋顶的屋面布置与构造

（1）木屋架的布置。木屋架的结构布置应与建筑物开间相适应，间距一般在3～4m，如果建筑内部有走廊，应尽量利用走廊作中间支点。为使木屋架在安装和使用过程中有较好的稳定性，应该设置垂直剪刀撑，使两榀屋架之间形成整体。一般每隔一间做一道支撑。屋架跨度小于8m，又铺有屋面板时，垂直支撑可以适当减少，屋架跨度在8～12m时，在跨中设置一道垂直支撑；如果跨度大于12m，应设置两道支撑，布置在跨度的1/3附近。

（2）屋面构造。在木屋架上常做瓦层面，其构造层次为在檩条上铺设望板，上放油毡、顺水压毡条、挂瓦条，最外层为瓦。

第一，檩条。檩条支承在屋架上弦上，用三角形木块（俗称檩托）固定就位。檩条的间距与屋架的间距、檩条的断面尺寸以及屋面板的厚度有关。一般为700～900mm。檩条的位置最好放在屋架节点上，以使受力合理。檩条上可以直接钉屋面板，如果檩条间距较大，也可以垂直于檩条铺放椽子。椽子是截面尺寸为50mm×50mm的方木或ϕ50的圆木，其间距为500mm左右。檩条的截面尺寸一般为50mm×70mm～80mm×140mm。

第二，屋面板。屋面板也叫望板，一般采用15～20mm厚的木板钉在檩条上。屋面板的接头应在檩子上，不得悬空。屋面板的接头应错开布置，不得集中于一根檩条上。为了使屋面板结合严密，可以做成企口缝。

第三，油毡。屋面板上应干铺一层油毡。油毡应平行于屋檐，自下而上铺设，纵横搭接宽度应不小于100mm，用热沥青粘严。遇有山墙、女儿墙及其他屋面突出物，油毡应沿墙向上卷，距屋面高度应大于或等于200mm，钉在预先砌筑在突出物上的木条、木砖上。油毡在屋檐处应搭入铁皮天沟内。

第四，顺水条。顺水条是钉于望板上的木条，断面尺寸为24mm×6mm，其目的是压油毡，方向为顺水流方向，故称为“顺水压毡条”。顺水条的间距为400～500mm。

第五，挂瓦条。挂瓦条钉在顺水条上，与顺水条方向垂直，断面尺寸为

20mm × 30mm，间距应与平瓦的尺寸相适应，一般为 280 ~ 330mm。屋檐三角木为 50mm × 70mm，通常在每两根顺水条之间锯出一个三角形泄水孔。

第六，平瓦。坡顶上部的瓦为平瓦或挂瓦。平瓦有陶瓦（颜色有青、红两种）和水泥瓦（颜色为灰白色）两种。青、红陶瓦尺寸：宽 240mm，长 380mm，厚 20mm。青、红陶瓦的脊瓦尺寸：宽 190mm，长 445mm，厚 20mm。水泥瓦尺寸：宽 235mm，长 385mm，厚 15mm。水泥脊瓦尺寸：宽 190mm，长 445mm，厚 20mm。铺瓦时应由檐口向屋脊铺挂。上层瓦搭盖下层瓦的宽度不得小于 70mm。最下一层瓦应伸出封檐板 80mm。一般在檐口及屋脊处用一道 20 号铅丝将瓦拴在挂瓦条上，在屋脊处用脊瓦铺 1∶3 水泥砂浆盖严。

第七，石棉水泥瓦。石棉水泥瓦是在坡屋顶中经常采用的屋面材料，它的特点是自重轻、面积大、接缝少、防水性能好，适用于坡度较小的屋顶。这种瓦的表面呈波浪形，有以下四种规格。① 大波瓦：宽 994mm，长 2800mm，厚 8mm。② 中波瓦：宽 745mm，长 2400mm、1800mm、1200mm，厚 6.5mm。③ 小波瓦：宽 720mm，长 1800mm，厚 6mm。④ 脊瓦：宽 230mm，长 780mm，厚 6mm。

水泥石棉瓦可以直接钉铺在檩条上，因此檩条的间距应与瓦条相适应。如果檩条上有屋面板，则檩条间距可不受此限制。瓦的上下搭接至少为 100mm。横向搭接应当顺着主导方向，大波瓦搭一波半，小波瓦搭一波半到两波半，上下两排瓦的搭接缝应错开，否则应锯角，以免出现四块瓦重叠。瓦钉应加毡垫，钉在瓦的波峰处，并与檩条拧紧。在屋脊处还要加盖脊瓦。

第八，瓦垄铁皮。瓦垄铁皮屋面也是经常采用的屋面材料，它的形式、构造特点和水泥石棉瓦相似。瓦的宽度一般为 650 ~ 750mm，长度按平铁规格有 1830mm、2134mm 两种。瓦垄铁的上下搭接为 80 ~ 200mm，横向搭接要顺着主导风向，搭压一垄半。

3. 坡屋顶的檐部与山墙构造

（1）挑檐板的构造。挑檐的做法与屋架的类型有关。木屋架的挑檐有以下做法：① 在屋架的下弦支座处另加附木挑出，从附木上吊小龙骨，钉板条或木丝板并抹灰或喷浆，利用附木钉封檐板。② 从屋架上弦加挑檐板。将屋架上弦延长、挑出墙身，在挑檐椽下端钉封檐板和吊龙骨，并在挑檐处做檐口顶棚，做法同上。③ 硬山搁檩。挑檐是横向承重的内墙和山墙，在檐口的部位安放挑梁，将梁压砌在墙内。梁的端头钉放檐檩，下面钉板条、抹灰。檐檩外面再钉封檐板。硬山搁檩不用屋架，是经常采用的做法，它的挑檐做法与木屋架挑檐类似。④ 封檐的构造。在挑檐较小的情况下可以用封檐的做法，即将砖墙逐层挑出几皮，挑出的总宽度一般不大于墙厚的 1/2。平瓦铺在屋檐檐口处，坐浆抹在挑砖上。⑤ 下弦用钢材的钢木屋架，其挑檐做法也是在支座处加附木挑出。附木的端部钉檐檩，檐檩的外面钉檐板，下部钉板条，抹灰。

（2）山墙的构造。① 悬山构造。屋顶在山墙外挑出墙身的做法叫“悬山”。先将靠山墙一间的檩条按要求挑出墙外，端头钉封檐板，下面钉龙骨、板条，然后抹灰。封檐板与平面瓦屋面交接处用 C15 混凝土压实、抹光。② 硬山构造。将山墙砌起，高出屋面不少于 200mm，在山墙与平瓦交接处用 C20 豆石混凝土做成斜坡，压实抹光。山墙墙顶用预制或现制的钢筋混凝土压檐块盖住，用 1∶3 水泥砂浆抹出滴水，其泛水（坡度）流向屋面。③ 封山构造。封檐檐口在山墙处的做法是把纵向墙的墙顶逐层挑出，使最上一皮砖稍微高出屋面，与平瓦接缝处用 1∶3 水泥砂浆抹平。

4. 坡屋顶的天沟及泛水方法

（1）天沟。在两个坡屋面相交处或坡屋顶在檐口有女儿墙时即出现天沟，这里雨水集中，因此要特殊处理它的防水问题。屋面中间天沟的一般做法是：沿天沟两侧通常钉三角木条，在三角木条上放 24 号铁皮 V 形天沟，其宽度与收水面积的大小有关，深度应不小于 150mm。

（2）屋面泛水。在屋面与墙身交接处要做泛水。泛水的做法是把油毡沿墙向上卷，高出屋面不少于 200mm，油毡钉在木条上，木条钉在预埋的木砖上。木条以上通常砌出 60mm 的砖挑檐，并用 1∶3 水泥砂浆抹出滴水。在屋面与墙交接处用 C15 豆石混凝土找出斜坡，压实、抹光。

（3）女儿墙天沟。这种天沟与上述做法相似。油毡卷起高度要在 250mm 以上，亦用砖挑檐抹出滴水。屋面板要沿天沟做出一定的宽度，在其下面用方木托住。

（4）檐沟和水落管。檐沟是用白铁皮做成的半圆形或方形的沟，平行于檐口，钉在封檐板上，与板相接处用油毡盖住，并以热沥青粘严。铁皮檐沟的下口插入水落管。水落管一般是用硬质塑料做成的圆形或方形断面的管子，用铁卡子（间距小于或等于 1200mm）固定在墙上，距墙为 30mm，下口距地面或散水表面 50mm。

5. 木屋架下的吊顶处理设计

木屋架下的吊顶棚是在屋架下弦钉木吊杆，其断面尺寸为 50mm × 50mm 或 40mm × 60mm，长度则由室内要求顶棚的高度来决定。吊杆的下端钉 40mm × 60mm 或 50mm × 50mm 的木龙骨，中距 400 ~ 600mm，龙骨下钉 24mm × 6mm 的木板条，板条间隔为 5mm 左右；然后用麻刀灰打底，白灰砂浆找平，纸筋灰罩面，表面喷浆。在龙骨的下部钉木丝板，木丝板表面喷浆。

钢丝网吊顶是较好的做法，这种做法是在龙骨上钉好板条后加钉一层钢丝网，用麻刀灰打底，混合砂浆找平，纸筋灰罩面。在能保证室内空间要求的条件下也可以不设吊杆，而将龙骨直接钉在屋架下弦上。采用钢木屋架或“人”字形屋架的吊顶，是把吊杆钉在屋架上弦上，也可以钉在檩条上。

第三节　楼板与地面构造的设计

一、楼板构造的设计

（一）楼板的类型及设计要求

1. 楼板的主要类型

按使用材料的不同，楼板主要有以下类型。

（1）钢筋混凝土楼板。钢筋混凝土楼板采用混凝土与钢筋共同制作。这种楼板坚固、耐久、刚度大、强度高、防火性能好，当前应用比较普遍。钢筋混凝土楼板按施工方法又可以分为现浇钢筋混凝土楼板和装配式钢筋混凝土楼板两大类。

现浇钢筋混凝土楼板一般为实心板，经常与现浇梁一起浇筑，形成现浇梁板。现浇梁板常见的类型有肋形楼板、“井”字梁楼板和无梁楼板等。装配式钢筋混凝土楼板，除极少数为实心板以外，绝大部分采用圆孔板和槽形板（分为正槽形与反槽形两种）。装配式钢筋混凝土楼板一般在板端都伸有钢筋，现场拼装后用混凝土灌缝，以加强整体性。

（2）砖拱楼板。砖拱楼板采用钢筋混凝土倒T形梁密排，其间填以普通黏土砖或特制的拱壳砖砌筑成拱形，故称为砖拱楼板。这种楼板虽比钢筋混凝土楼板节省钢筋和水泥，但是自重大，做楼地面时使用材料多，并且顶棚呈弧拱形，一般用作吊顶棚，故造价偏高。此外，砖拱楼板的抗震性能较差，故在要求进行抗震设防的地区不宜采用。

（3）木楼板。木楼板由木梁和木地板组成。这种楼板的构造虽然简单，自重也较轻，但防火性能不好，不耐腐蚀，又由于木材昂贵，故一般工程中应用较少，当前只应用于等级较高的建筑中。

（4）组合楼板。组合楼板是利用压型楼板作为楼板的底模板，其上浇混凝土面层形成的楼板。实质上压型钢板不仅可作底模板，还可作楼板下部的钢筋。这样，既提高了楼板的强度与刚度，又加快了施工的进度，也省去了底模板，是目前大力推广并应用的一种新型楼板。

2. 楼板的设计要求

楼板是房屋的水平承重结构，它的主要作用是承受人、家具等荷载，并把这些荷载和自重传给承重墙。楼板的设计应满足以下要求。

（1）坚固要求。楼板和地面均应有足够的强度，能够承受自重和不同要求下的荷载；同时，要求具有一定的刚度，即在荷载作用下挠度变形不超过规定数值。

（2）隔声要求。楼板的隔声包括隔绝空气传声和隔绝固体传声两个方面，楼板的隔声量一般应在 40 ~ 50dB。隔绝空气传声可以采用将构件做成空心，并铺垫陶粒、焦渣等材料的办法。隔绝固体传声应通过减少对楼板的撞击来达到要求。在地面上铺设橡胶、地毯可以减少一些冲击量，达到满意的隔声效果。

（3）经济要求。一般楼板和地面占建筑物总造价的 20% ~ 30%，选用楼板时应考虑就地取材和提高装配化程度。

（4）热工和防火要求。一般楼板和地面应有一定的蓄热性，即地面应有舒适的使用感觉。防火要求应符合防火规范中耐火极限的规定。

（二）预制钢筋混凝土楼板设计

预制钢筋混凝土楼板分为普通钢筋混凝土楼板和预应力钢筋混凝土楼板两大类。

1. 预制楼板的类型

目前，我国大部分地区普遍采用预应力钢筋混凝土构件，仅有少量地区采用普通钢筋混凝土构件。楼板大多预制成空心构件或槽形构件。空心楼板又分为方孔和圆孔两种；槽形板又分为槽口向上的正槽形和槽口向下的反槽形。楼板的厚度与楼板的长度有关，但大多在 120 ~ 240mm，楼板宽度有 600mm、900mm、1200mm 等多种规格。楼板的长度应符合 300mm 模数的“三模制”。

2. 预制楼板的摆放方式

预制楼板在墙上或梁上的摆放，根据方向的不同，有横向摆放、纵向摆放、纵横向摆放三种方式。横向摆放是把楼板支承在横向墙上或梁上，这种摆放叫横墙承重；纵向摆放是把楼板支承在纵向梁或纵向墙上，这种摆放叫纵墙承重；纵横向摆放是楼板分别支承在纵向墙或横向墙或梁上，这叫混合承重。

（三）楼板下的顶棚构造设计

楼板下的顶棚是为了保证房间清洁整齐、增强隔声效果，做法有许多种，常用的有以下三种。

1. 预制板下表面喷浆的做法

预制板下表面喷浆的做法适合于预制楼板板底较为平整者，其做法包括：① 钢筋混凝土预制板勾缝（1 : 0.3 : 3 水泥白灰膏砂浆打底，纸筋灰略掺水泥罩面，浅缝一次成活）。② 板底腻子刮平。③ 喷大白浆、可赛银浆或耐擦洗涂料。

2. 现制混凝土板抹灰的做法

现制混凝土板抹灰的做法包括：① 钢筋混凝土现制板底用水加 10% 的火碱清洗油腻。② 刷素水泥浆一道（内掺水重 3%～5% 的 107 胶）。③6mm 厚的 1∶3∶9 水泥白灰膏砂浆打底。④2mm 厚的纸筋灰罩面。⑤ 喷大白浆、可赛银浆或耐擦洗涂料。

3. 吊顶棚的做法

吊顶棚的做法大多是满足封闭管线、灯光照明、艺术造型的需要。吊顶棚的种类很多，下面探讨常用的做法。

（1）板条吊顶抹灰。① 钢筋混凝土板预留 φ6 钢筋，中距 900～1200mm。用 8 号镀锌铅丝吊挂 50mm×70mm 大龙骨。② 安装 50mm×50mm 小龙骨，中距 450mm，找平后用 50mm×50mm 方木吊挂钉牢，再用 12 号镀锌铅丝隔一道绑一道。③ 离缝 7～10mm 钉木板条，端头离缝 5mm。④ 3mm 厚麻刀灰掺 10% 水泥打底。⑤ 1∶2.5 白灰膏砂浆挤入底灰中。⑥ 抹 5mm 厚的 1∶2.5 白灰膏砂浆。⑦ 2mm 厚纸筋灰罩面。⑧ 喷顶棚涂料。

（2）苇箔吊顶抹灰。① 钢筋混凝土楼板预留 φ6 钢筋，中距 900～1200mm，用 8 号镀锌铅丝吊挂 50mm×70mm 大龙骨。② 安装 50mm×50mm 小龙骨，中距 450mm，找平后用 50mm×50mm 方木吊挂钉牢，再用 12 号镀锌铅丝隔一道绑一道。③ 苇箔吊顶。④3mm 厚的麻刀灰打底。⑤1∶2.5 白灰膏砂浆挤入底灰中。⑥ 抹 5mm 厚的 1∶2.5 白灰膏砂浆。⑦2mm 厚的纸筋灰罩面。⑧ 喷大白浆。

（3）木丝板吊顶。① 钢筋混凝土楼板预留 φ6 钢筋，中距 800～1200mm，用 8 号镀锌铁丝吊挂 50mm×70mm 大龙骨。② 安装 50mm×50mm 小龙骨（底面刨光），中距 450mm，找平后用 50mm×50mm 方木吊挂钉牢，再用 12 号镀锌铁丝隔一道绑一道。③ 钉 25mm 木丝板，喷大白浆。

（4）纤维板吊顶。① 钢筋混凝土板预留 φ6 钢筋，中距 900～1200mm，用 8 号镀锌铁丝吊挂 50mm×70mm 大龙骨。② 安装 50mm×70mm 小龙骨底面刨光，中距 4.50mm，找平后用 50mm×50mm 方木吊挂钉牢，再用 12 号镀锌铁丝隔一道绑一道。③ 钉 3.5mm 厚的纤维板。④ 刷无光油漆。

（5）轻钢龙骨纸面石膏大板吊顶。① 钢筋混凝土板预留 φ6 铁环。②φ6 吊杆，双向吊点（吊点 900～1200mm 一个）。③ 安装大龙骨，50mm×15mm×1.2mm，吊点附吊挂，中距 < 1200mm。④ 安装凹形中龙骨，50mm×19mm×0.5mm，中距等于板材宽度。⑤ 安装凹形小龙骨，25mm×19mm×0.5mm，中距为 1m 或板材宽度。⑥ 安装 9～12mm 纸面石膏板，自攻螺丝拧牢。⑦ 表面刮腻子找平。⑧ 喷大白浆。

在选用顶棚的做法时应注意以下方面：① 高大厅堂和管线较多的吊顶内应留有检修空间，并按需要部位铺设走道板和便于进入吊顶的入孔。② 当吊顶内管线较多而空间有限不能进入检修时，可采用便于拆卸的装配式吊顶板或至少应按需要部位设置检修孔。③ 一般工程应尽量少做吊顶，以简化建筑构造，节约投资。④ 潮湿房间的顶棚应采用防水材料。钢筋混凝土顶板宜采用现制板，还应适当增加钢筋的保护层厚度，以免日久锈蚀。⑤ 顶棚抹灰施工比较困难，尤其是预制板底抹灰，应尽量少做，可采取清水混凝土板，表面刮浆、喷涂等做法。⑥ 吊顶内的上下水管道应做保温隔气处理（设备专业），防止产生凝结水。⑦ 吊顶设计应先行，各专业密切配合，为避免各种设备和线路打架，吊顶平面图应确切标明灯具、自动喷洒器、烟感温感器、扬声器、空调风口、电扇等的位置。⑧ 吊顶上装排风机时，应将排风管直接接排风竖管，潮湿气体不应经过吊顶内部空间。⑨ 一般装修不宜采用石棉制品（如石棉水泥板等），重要装修和涉外工程装修则不应采用。

二、地面构造的设计

地面包括底层地面与楼层地面两大部分。地面属于建筑装修的一部分，各类建筑对地面的要求不尽相同。对地面的要求包括：一是坚固耐久。地面直接与人接触，家具、设备也大多摆放在地面上，因而地面必须耐磨，行走时不起尘土、不起砂，并有足够的强度。二是减小吸热。由于人们直接与地面接触，地面则直接吸走人体的热量，为此应选用吸热系数小的材料做地面面层，或在地面上铺设辅助材料，以减少地面的吸热。如采用木材或其他有机材料（塑料地板等）做地面面层，比一般水泥地面的效果要好得多。三是满足隔声要求。隔声要求主要在楼地面。楼层上下的噪声一般通过空气传播或固体传播，而其中固体噪声是主要的隔除对象，其方法取决于楼地面垫层材料的厚度与材料的类型。北京地区大多采用 1∶6水泥焦渣垫层，厚度为 50 ~ 90mm(其代用材料为 1∶6 水泥陶粒）。四是防水要求。用水较多的厕所、盥洗室、浴室、实验室等房间，应满足防水要求。一般应选用现浇钢筋混凝土楼板和密实不透水的面层材料，并适当做排水坡度。在楼地面的垫层上部有时还应做防水层。五是经济要求。地面在满足使用要求的前提下，应选择经济的构造方案，尽量就地取材，以降低整个房屋的造价。

（一）楼地面的构造设计

1. 楼地面的类型划分

楼地面一般由结构层、填充层和面层组成。结构层是指楼板，填充层为中间层，面层的做法很多。面层根据材料的不同，分为整体地面（如水泥地面、水磨石地面、菱苦土地面等）、块状材料地面（如陶瓷锦砖地面、预制水磨石地面、铺地砖地面等）以及木地板三类。

水泥砂浆楼面的面层常用1：2.5的水泥砂浆。如果水泥用量太多，则干缩大；如果水泥用量过少，则强度低，容易起砂。

水磨石楼面的面层是用水泥与中等硬度的石屑（大理石、白云石）按1：1.5～1：2.5的比例配合而成，抹在垫层上并在结硬以后用人工或机械磨光、表面打蜡。

细石混凝土楼面是用颗粒较小的石子，按水泥：砂：小石子=1：2：4的配比拌和浇制、抹平、压实而成。

菱苦土楼面是以菱苦土、氯化镁溶液、木屑、滑石粉及矿物颜料等配制而成的。为增加面层的弹性，菱苦土和木屑之比可用1：2，其下层则可用1：4。

陶瓷锦砖楼面是铺贴小块的陶瓷锦砖，俗称马赛克。一般均把这种小瓷砖预先贴在牛皮纸上，施工时在刚性填充层上做找平层，用水泥砂浆或特制胶如903胶等粘贴，这种楼面质地坚实、光滑、平整、不透水、耐腐蚀，一般在厕所、浴室应用较多。

铺地砖楼面是用一种较大块的釉面砖（又称通体砖）铺设。这种砖强度高、平整、耐磨、耐水、耐腐蚀，常用水泥砂浆把它铺贴在地面的找平层上，亦可采用特制胶粘贴。

预制水磨石楼面是用400mm × 400mm × 25mm的水磨石预制板，然后用1：3水泥砂浆铺贴在地面填充层上。

2. 楼地面的构造要点

由于地面构造与施工工艺密切相关，这里只探讨构造要点及应注意的问题，具体构造做法可查阅各地的工程做法手册。

（1）整体楼地面。整体楼地面包括水泥砂浆、水磨石、菱苦土等做法。整体楼地面的填充层大多采用50～90mm厚的1：6水泥焦渣，一般不用混凝土。这样做的好处是可以减轻传给楼板的荷载，而且隔声效果较好。

整体楼地面的面层，一般应注意分格（分仓），其尺寸为500～1000mm不等。水泥砂浆面层可直接分格，水磨石面层可采用玻璃条、铜条、铝条进行分格，菱苦土面层可采用木条分格。面层分格的好处是避免均匀开裂。

水泥砂浆地面有双层和单层构造之分。双层做法分为面层和底层，在构造上常以15～20mm厚的1：3水泥砂浆打底、找平，再以5～10mm厚的1：2或1：1.5水泥砂浆抹面。分层构造虽然增加了施工程序，却容易保证质量，减少表面干缩时产生裂纹的可能。单层构造的做法是先在结构层上抹一道水泥砂浆结合层，再抹一道15～20mm厚的1：2.5的水泥砂浆。

（2）块料楼地面。块料楼地面包括铺地砖、马赛克等做法。块料楼地面的填充层也多采用1：6水泥焦渣制作。此外，块料楼地面的面层，若为大块时（如预制水磨石板、铺地砖等）可直接采用不小于 20mm 厚的 1∶4 干硬性水泥砂浆粘接；若为小块时（如马赛克等）应先将面层材料拼接并粘贴于牛皮纸上，施工时将贴有小块面砖的牛皮纸的背面粘于水泥砂浆结合层上，然后揭去牛皮纸，形成面层。

（3）铺贴楼地面。铺贴楼地面包括塑料地板、地毯等做法。铺贴楼地面的面层材料多为有机材料，如塑料地板等。铺贴楼地面的填充层多为混凝土面，经刮腻子找平后才可铺贴。铺贴楼地面的用胶多为各类合成树脂胶，如 XY-401 胶等。

（4）木楼面。木楼面包括条木地板、拼花地板等做法。木楼面的构造做法分为单层长条硬木楼地面和双层硬木楼地面两种，均属于实铺式。

3. 底层地面的构造设计

底层地面由面层、垫层和基层三部分组成。当面层为块状材料时，还需另设结合层。底层地面除满足楼地面的几项要求外，还应特别注意防潮问题。底层地面亦分为整体面层、块料面层、铺贴面层和底层木地面等做法。底层地面的基层一般均为素土夯实及 3∶7 灰土（南方地区可采用三合土），100mm 厚。底层地面的垫层多采用 C15 混凝土，厚度为 50mm。底层地面的面层做法，除底层木地面外，均同于楼地面的做法。底层木地面分为空铺与实铺两类做法。

（1）空铺木地面。在素土夯实的地面上打 150mm 厚的 3∶7 灰土（上皮标高不低于室外地坪），用 M5 的砂浆砌筑 120mm 或 240mm 厚的地垄墙，中距 4m。地垄墙顶部用 20mm 厚的 1∶3 水泥砂浆找平层，并拴 100mm × 50mm 厚的压沿木（用 8 号铅丝绑扎）。压沿木上钉 50mm × 70mm 的木龙骨，中距 400mm，在垂直于龙骨的方向钉 50mm × 50mm 的横撑，中距 800mm。其上钉 50mm × 20mm 的硬木企口长条地板或席纹、“人”字纹拼花地板，表面烫硬蜡灰土（或三合土）。空铺木地面应注意通风、防鼠等构造措施。

（2）实铺木地面。实铺木地面指的是没有地垄墙的做法，其构造要点是：在素土夯实的地面上打 100mm 厚的 3∶7 灰土（上皮标高与管沟盖板相平），在灰土上打 40mm 厚的豆石混凝土找平层，上刷冷底子油一道，随后铺一毡二油。在一毡二油上打 60mm 厚的 C15 混凝土基层，并安装 ϕ6Ω 形铁鼻子，中距 400mm，在木龙骨间加 50mm × 70mm 的木龙骨，拴于 Ω 形铁件上（架空 20mm，用木垫块垫起），中距 400mm，在木龙骨间加 50mm × 50mm 的横撑，中距 800mm。上钉 22mm 厚的松木毛地板，45° 斜铺，上铺油毡纸一层。毛地板上钉接 50mm × 20mm 的硬木长条或席纹、“人”字纹拼花地板，表面烫硬蜡。

(二) 阳台和雨罩的构造设计

1. 阳台的构造设计

阳台是楼房中挑出于外墙面或部分挑出于外墙面的平台。前者叫挑阳台，后者叫凹阳台。按阳台与外墙的关系，可分为凸阳台、半凸半凹阳台和凹阳台。阳台周围设栏板或栏杆，便于人们在阳台上休息或存放杂物。阳台的挑出长度为1.5m左右。当挑出长度超过1.5m时，应做凹阳台或采取可靠的防倾覆措施。阳台的栏杆或栏板的高度常取1.05m。

阳台通常用钢筋混凝土制作，它分为现浇和预制两种。现浇阳台要注意钢筋的摆放，注意区分是悬挑构件还是一般梁板式构件，并注意锚固。预制阳台一般均做成槽形板。支撑在墙上的尺寸应为100～120mm。

预制阳台的锚固应通过现浇板缝或用板缝梁来进行连接。阳台板上面应预留排水孔，其直径应不小于32mm，应伸出阳台外80～100mm，排水坡度为1%～2%。板底面抹灰，喷白浆。

由于阳台外露，为防止雨水通过阳台泛入室内，设计中应将阳台地面标高低于室内地面30mm至50mm，地面用水泥砂浆做出排水坡道，将水导入排水管，孔内埋设镀锌钢管或者塑料管。

2. 雨罩的构造设计

在外门的上部常设置雨罩，它可以起遮风挡雨的作用，并保护外门免受雨水侵害。雨罩的挑出长度为1m左右。挑出尺寸较大者应采取防倾覆措施。钢筋混凝土雨罩也分现浇和预制两种。现浇雨罩可以浇筑成平板式或槽形板式，而预制雨罩则多为槽形板式。雨罩的排水做法与阳台相同。

第四节　门窗与变形缝构造的设计

一、门窗的构造设计

(一) 门窗的相关知识

窗是建筑物的重要组成部分，它的作用是采光和通风，对建筑立面装饰也起到很大作用，同时也是围护结构的一部分。门也是建筑物的重要组成部分，是人们进出房间和室内外的通行口，也兼有采光和通风的作用。门的立面形式在建筑装饰中也是一个重要方面。

1. 门窗的常用材料

当前门窗的材料有木材、钢材、彩色钢板、铝合金、塑料、玻璃钢等多种。钢门窗有实腹、空腹、钢木等。塑料门窗有塑钢、塑铝、纯塑料等。为节约木材一般不应采用木材做外窗。潮湿房间更不宜用木门窗，也不应采用胶合板或纤维板制作门窗。为节约木材，住宅内门可采用钢框木门（纤维板门芯）。大于 $5m^2$ 的木门应采用钢框加斜撑的钢木组合门。

空腹钢门窗具有省料、刚度好等优点，但由于运输、安装产生的变形很难调直，会使门关闭不严。空腹钢门窗内壁应做防锈处理，在潮湿房间不应采用。实腹钢门窗的性能优于空腹钢门窗，但应用于潮湿房间时也应采取防锈措施。空腹钢门窗在一些地区已被淘汰。

铝合金门窗具有关闭严密、质轻、耐水、美观、不锈蚀等优点，但造价较高。在涉外工程、重要建筑、美观要求高、精密仪器室等建筑中经常采用铝合金门窗。

塑料门窗具有质轻、刚度好、美观光洁、不需油漆、质感亲切等优点，但造价偏高，最适合严重潮湿房间和海洋气候地带使用以及室内玻璃隔断。为延长寿命，亦可在塑料型材中加入型钢或铝材，成为塑钢断面或塑铝断面。

2. 窗洞口大小确定

窗洞口大小的确定方法有两种：一种是窗地比（采光系数）；另一种是玻地比。

（1）窗地比。窗地比是窗洞口面积与房间净面积之比。一般居住建筑各朝向的窗墙面积比，北向不大于 0.25；东、西向不大于 0.30；南向不大于 0.35。窗墙面积比指窗洞口面积与房间立面单元面积（层高与开间定位线围成的面积）的比值。

（2）玻地比。窗玻璃面积与房间净面积之比叫玻地比。采用玻地比确定窗洞口大小时还需要除以窗子的透光率。透光率是窗玻璃面积与窗洞口面积之比。钢窗的透光率为 80% ~ 85%，木窗的透光率为 70% ~ 75%。

3. 窗的尺寸及代号

窗的基本代号为木窗 C、钢窗 GC、内开窗 NC、阳台钢连门窗 GY。

（1）外平开钢窗。外平开钢窗的宽度尺寸有 600mm、900mm、1200mm、1500mm、1800mm、2100mm 六种，高度尺寸有 600mm、900mm、1200mm、1400mm、1500mm、1800mm、2100mm 七种（均为洞口尺寸）。外平开钢窗的基本编号后还有一些附加小号或附加字体，其含义为：① 22GC 左、22GC 右：表明单扇钢窗左安装或右安装，其判断方式为外立面。② 50GCl：表明这种窗型有上亮子。③ 50GC2：表明这种窗型为大块玻璃。④ 50GC3：表明这种窗型有下亮子。

（2）阳台连门窗。阳台连门窗的宽度尺寸有 1200mm、1500mm、1800mm、2100mm 四种，高度尺寸有 2250mm（用于住宅层高为 2700mm 时）和 2400mm（用于住宅层高为2900mm时）两种，上述尺寸为洞口尺寸。

（3）密闭钢窗。密闭钢窗的洞口尺寸与外平开钢窗相同，其编号方法有：① MC左、MC右：表明密闭窗左安装或右安装，其判断方法为外立面。② M1：表明密闭窗有上亮子。③ M2：表明密闭窗为大块玻璃。④ M3：表明密闭窗有下亮子。

（4）通廊组合内开空腹钢窗。通廊组合内开空腹钢窗主要应用于高层建筑的外廊连通层，其高度为1400mm，宽度应符合模数要求。如3314JC1或3314C，其中33表示洞口宽度是3300mm，14表示洞口高度是1400mm，JC1为保温窗1型，C为单玻窗。

4. 窗的选用和布置

（1）窗的选用。窗的选用应注意以下方面：① 面向外廊的居室、厨厕窗应向内开，或在人的高度以上外开，并应考虑防护安全及密闭性要求。② 低层、多层、高层的所有民用建筑，除高级空调房间外（确保昼夜运转）均应设纱扇，并应注意防止走道、楼梯间、次要房间由于漏装纱扇而进蚊蝇的现象发生。③ 高温、高湿及防火要求高时不宜用木窗。④ 用于锅炉房、烧火间、车库等处的外窗可不装纱扇。

（2）窗的布置。窗的布置应注意以下方面：① 楼梯间外窗应考虑各层圈梁的走向，避免冲突。② 楼梯间外窗做内开扇时，开启后不得在人的高度内突出墙面。③ 窗台高度根据工作面需要确定，一般不宜低于工作面（900mm），如果窗台过高或在上部开启时，为开启方便可加设开闭设施。④ 需做暖气片时，窗台板下净高、净宽尺寸需满足暖气片及阀门操作的空间需要。⑤ 窗台高度低于800mm时，须有防护措施。窗前有阳台或大平台时可以除外。⑥ 错层住宅屋顶不上人处尽量不设窗，如果因为采光或检修需要而设窗时，应有可锁的铁栅栏，以免儿童上屋顶发生事故，并可以减少屋面损坏及相互串通。

5. 门洞口大小确定

一个房间应该开几个门，每个建筑物门的总宽度应该是多少，一般是由交通疏散的要求和防火规范来确定的，设计时应按照规范来选取。一般规定：公共建筑安全出入口的数目应不少于两个，但房间面积在60m²以下，人数不超过50人时，可只设一个出入口。

对于低层建筑，每层面积不大，人数也较少的，可以设一个通向户外的出口。门的宽度也要符合防火规范的要求。对于人员密集的剧院、电影院、礼堂、体育馆等公共场所的疏散门宽度，一般情况下每百人取0.65～1.0m；当人员较多时，出入口应分散布置。

6. 门的尺寸及代号

（1）常用尺寸。门的宽度有750mm、900mm、1000mm、1100mm、1200mm、1500mm、

1800mm、2400mm、2700mm、3000mm。其中750mm、900mm、1000mm为单扇门，1100mm为大小扇门，1200mm、1500mm、1800mm为双扇门，2400mm、2700mm、3000mm为四扇门。门的高度有2000mm、2100mm、2400mm、2700mm、3000mm、3300mm。其中2000mm、2100mm为无上亮子门，2400mm、2700mm、3000mm、3300mm为有上亮子门。

（2）门的代号。为标明门的构造做法，常用一些附加的小号来代表门的类型。例如，北京地区的木门，M1为纤维板面板门，M2为半截玻璃门，M3为玻璃带纱门，M4为弹簧门，M5为中小学专用门，M6为拼板门，M7为壁橱门，M8为平开木大门，M9为推拉大木门，M10为变电室门，M11为隔音门，M12为储藏门，M13为机房门，M14为浴厕隔断门，M15为围墙大门。又如，58M4表示1500mm×2400mm的双扇弹簧木门，19M1表示1000mm×2700mm的有上亮子的单扇纤维板门。"G"表示钢框木门，其后面的数字是单号为左安装、双号则为右安装，判断方式为进门时门的所在位置。再如，31G11表示900mm×2000mm的单扇门，左安装。

7. 门的选用和布置

（1）门的选用。门的选用应注意以下方面：① 一般公共建筑经常出入的向西或向北的门，应设置双道门或门斗。外面的一道用外开门，里面的一道宜用双面弹簧门或电动推拉门。② 湿度大的门不宜选用纤维板门或胶合板门。③ 大型营业性餐厅至备餐间的门宜做成双扇上下行的单面弹簧门，带小玻璃。④ 体育馆内运动员经常出入的门，门扇净高不得低于2200mm。⑤ 托幼建筑的儿童用门不得选用弹簧门，以免挤手碰伤。⑥ 所有的门若无隔音要求，一律不得设门槛。

（2）门的布置。门的布置应注意以下方面：① 两个相邻并经常开启的门应避免开启时相互碰撞。② 向外开启的平开外门应有防止风吹碰撞的措施。如将门推进墙洞，或设门挡风钩等固定措施，并应避免开足时与墙垛腰线等突出物碰撞。③ 门开向不宜朝西或朝北。④ 门框立口宜立墙里口（内开门）、墙外口（外开门），也可立中口（墙中），确定依据为使用方便、满足装修要求和连接牢固。⑤ 凡无间接采光通风要求的套间内门，不需设上亮子，也不需设纱扇。⑥ 经常出入的外门宜设雨罩，楼梯间外门雨罩下设吸顶灯时应防止被门扉碰碎。⑦ 变形缝外不得利用门框盖缝，门扇开启时不得跨缝。⑧ 住宅内门的位置和开向应结合家具布置情况予以考虑。

（二）窗的类型与构造

1. 窗的类型

窗的类型很多，根据开启形式和使用材料的不同，可以分为以下类型。

（1）按开启形式分。

第一，平开窗，这是使用最广泛的一种窗，既可以内开，也可以外开。① 内开窗：玻璃窗扇开向室内。这种做法的优点是便于安装、修理、擦洗，在风雨侵袭时不易损坏。缺点是纱窗在外，容易锈蚀，不易挂窗帘，并且占据室内部分空间。这种做法适用于墙体较厚或某些要求内开（如中小学）的建筑中。② 外开窗。玻璃窗扇开向室外。这种做法的优点是不占室内空间，但这种窗的安装、修理、擦洗都不方便，而且容易受风的袭击，易碰坏。高层建筑中应尽量少用。

第二，推拉窗，这种做法的优点是不占空间。一般分左右推拉窗和上下推拉窗。左右推拉窗比较常见，构造简单；上下推拉窗是用重锤通过钢丝绳平衡窗扇，构成较复杂。

第三，旋转窗，这种窗的特点是窗扇沿水平轴旋转开启。根据旋转轴的安装位置，分为上悬窗、中悬窗、下悬窗，也可以沿垂直轴旋转而成为垂直旋转窗。

第四，固定窗。固定窗只供采光、不能通风。

第五，百叶窗。百叶窗是一种由斜木片或金属片组成的通风窗，多用于有特殊要求的部位。

(2) 按材料分。

第一，木窗。木窗由含水率在 18% 左右的不易变形的木料制成，常用的有松木或与松木近似的木料。木窗加工方便，过去使用比较普遍。其缺点是不耐久，容易变形。

第二，钢窗。钢窗是用热轧特殊断面的型钢制成的窗。断面有实腹与空腹两种。钢窗耐久、坚固、防火，有利于采光，可以节省木材。其缺点是关闭不严、空隙大，现在已基本不用，特别是空腹钢窗将逐步取消。

第三，钢筋混凝土窗。这种窗的窗框部分用钢筋混凝土做成，窗扇部分则采用木材或钢材，制作比较麻烦。

第四，塑料窗。这种窗的窗框与窗扇部分均由硬质塑料构成，其断面为空腹形，一般采用挤压成型。由于抗老化、易变形等问题已基本解决，故应该大力推广。

第五，铝合金窗。这是一种新型窗，主要用于商店橱窗等。铝合金指铝镁硅合金，表面呈银白色或深青铜色，其断面亦为空腹形，但造价较高。

2. 窗的构造

(1) 窗的部位名称。不论材料如何，窗一般均由窗框与窗扇两部分组成。下面以木窗为例，说明各组成部分的名称及断面形状。窗框分为上槛、下槛（腰槛）、边框、中框等部分。窗框的断面形状和尺寸与窗扇的层数、窗扇厚度、开启方式、裁口大小和当地风力有关。单层窗框的断面约为 60mm × 80mm，双层窗框约为 100mm × 120mm，裁口宽度应稍大于窗扇厚度，深度应为 10 ~ 12mm。

窗扇的立面图，由上冒头、下冒头、窗棂子、边框等部分组成。窗扇的断面形状和尺寸与窗扇的大小、立面划分、玻璃厚度及安装方式有关。边梃和冒头的断面约为 40mm × 55mm。窗棂子的断面为 40mm × 30mm。窗扇的裁口宽度在 15mm 左右，裁口深度在 8mm 以上。纱扇的断面略小于玻璃扇。常用开启线来准确表达窗子的开启方式。开启线为人站在窗的外侧看窗，实线为玻璃扇外开，虚线为玻璃扇内开，线条的交点为合页的安装位置。

（2）窗的安装。窗的安装包括窗框与墙的安装和窗扇与窗框的安装两部分。窗框与墙的安装分立口与塞口两种。立口是先立窗口，后砌墙体。为使窗框与墙连接牢固，应在窗口的上下槛各伸出 120mm 左右的端头，俗称“羊角头”。这种连接的优点是结合紧密，缺点是影响砖墙砌筑速度。塞口是先砌墙，预留窗洞口，砌墙时预埋木砖。木砖的尺寸为 120mm × 120mm × 60mm，木砖表面应进行防腐处理。防腐处理的方法，一种是刷煤焦油，另一种是表面刷氟化钠溶液。氟化钠溶液是无色液体，施工时常增加少量氧化铁红（俗称“红土子”），以辨认木砖是否进行过防腐处理。木砖沿窗高每 600mm 预留一块，但不论窗高尺寸如何，每侧均应预留两块；超过 1200mm 时，再按 600mm 递增。为保证窗框与墙洞之间的严密，其缝隙应用沥青浸透的麻丝或毛毡塞严，窗扇与窗框的连接则是通过铰链（俗称“合页”）和木螺丝来实现。

（3）窗的五金零件。窗的五金零件有铰链、插销、窗钩、拉手、铁三角等。① 铰链。铰链又称合页，是窗扇和窗框的连接零件，窗扇可绕铰链轴转动。铰链分固定和抽心两种。抽心铰链装卸窗扇方便，便于维修和擦洗玻璃。常用的铰链规格有 50mm、75mm、100mm 等几种，按窗扇大小选用。中间固定、左右内开的三扇窗，为使两扇内开的窗扇相互叠合，可采用特制的长脚合页。② 插销。窗扇关闭后由窗扇上部和下部的插销固定在窗框上，常用的插销规格有 100mm、125mm、150mm 等。③ 挺钩。挺钩又叫窗钩或风钩，用来固定开启后窗扇的位置。小窗可用 50mm、75mm，大窗可用 125mm、150mm 等规格。④ 拉手。窗扇边框的中部可安装拉手，以便开关窗扇，其长度一般为 75mm。拉手有弓背和空心两种。⑤ 铁三角。铁三角用来加固窗扇的窗梃和连接上下冒头。常用的规格有 75mm、100mm 两种。⑥ 木螺丝。铁三角用来把五金零件安装于窗的有关部位。木螺丝有 20mm、25mm、30mm、40mm、50mm 等规格。⑦ 窗纱。窗纱为铁纱，规格为 16 目（每 $1cm^2$ 有 16 孔）。⑧ 玻璃。玻璃厚度为 2 ~ 5mm。

（4）钢窗的构造。钢窗框与墙的连接是通过墙上预留的凹槽，把钢窗连接件伸入凹槽内，用 1 : 3 的水泥砂浆卧牢。也可以在墙上预留埋件，通过焊接把钢窗框焊在埋件上。

（5）窗的附件。① 压缝条。压缝条是 10 ~ 15mm 见方的小木条，用于填补窗安装于墙中产生的缝隙，以保证室内的正常温度。② 贴脸板，用来遮挡靠墙里皮安装窗扇产生的缝隙。③ 披水条。披水条是内开玻璃窗为防止雨水流入室内而设置的挡水条。④ 筒子板。在门窗洞口的外侧墙面一般用木板包钉镶嵌，该木板称为筒子板。⑤ 窗台板。在窗下槛内侧设窗台板，板厚 30 ~ 40mm，挑出墙面 30 ~ 40mm。窗台板可以采用木板、水磨石板或大理石板。⑥ 窗帘盒。悬挂窗帘时，为掩蔽窗帘棍和窗帘上部的挂环而设。窗帘盒三面用 25mm ×（100 ~ 150mm）的木板镶成，窗帘棍有木、铜、铁等材料，一般用角钢或钢板伸入墙内。

(6) 窗的遮阳措施。

第一，遮阳的作用。遮阳是为了防止阳光直接射入室内，减少进入室内的太阳辐射热量，特别是避免局部过热和产生眩光，以利于保护物品而采取的一种建筑措施，北方地区以防止西晒为主。除建筑上采取相应的措施外，还可以通过绿化或简易遮阳措施来实现。在建筑构造中遮阳措施有挑檐、外廊、阳台、花格等做法。

第二，窗子遮阳板的基本形式。① 平遮阳，这种做法能够遮挡高度角较大的、从窗口上方射下来的阳光，它适用于南向窗口。② 垂直遮阳，它能够遮挡高度角较小的、从窗口侧边斜射进来的阳光，对高度角较大的、从窗口上方照射下来的阳光，或接近日出日落时对窗口正射的阳光，它不起遮挡作用。所以，主要适用于偏东、偏西的南向或北向及其附近的窗口。③ 综合遮阳，它是以上两种做法的综合，能够遮挡从窗台左右侧及前上方斜射下来的阳光，遮阳效果比较均匀。主要适用于南、东南及其附近的窗口。④ 挡板遮阳，它能够遮挡高度角较小的、正射窗口的阳光，主要适用于东向、西向及其附近的窗口。

(三) 门的类型与构造

1. 门的类型

门的类型很多，由于开启形式、所用材料、安装方式的不同，可以分为以下类型。

(1) 按开启形式分。

第一，平开门。平开门可以内开或外开，作为安全疏散门时一般应外开。在寒冷地区，为满足保温要求，可以做成内、外开的双层门。需要安装纱门的建筑，纱门与玻璃门为内、外开。

第二，弹簧门。弹簧门又称自由门，分为单面弹簧门和双面弹簧门两种。这种门主要用于人流出入频繁的地方，但托儿所、幼儿园等类型建筑中儿童经常出入的门不可采用弹簧门，以免碰伤小孩。弹簧门有较大的缝隙，冬季冷风吹入不利于保温。

第三，推拉门。推拉门悬挂在门洞口上部的支承铁件上，然后左右推拉。其特点不占室内空间，但封闭不严，在民用建筑中采用较少，电梯门多用推拉门。

第四，转门。转门呈“十”字形，安装于圆形的门框上，人进出时推门缓缓行进。这种门的隔绝能力强、保温、卫生条件好，常用于大型公共建筑的主要出入口。

第五，卷帘门。卷帘门常用作商店橱窗或商店出入口外侧的封闭门。

第六，折门。折门又称折叠门。门关闭时，几个门扇靠拢在一起，可以少占有效面积。

(2) 按材料分。

第一，木门。木门使用比较普遍，但重量较大，有时容易下沉。门扇的做法很多，如拼板门、镶板门、胶合板门、半截玻璃门等。

第二，钢门。采用钢框和钢扇的门，用量较少。有时仅用于大型公共建筑和纪念性建筑中。但钢框木门目前已广泛应用于住宅等建筑中。

第三，钢筋混凝土门。钢筋混凝土门较多用于人防地下室的密闭门，其缺点是自重大，必须妥善解决连接问题。

第四，铝合金门。铝合金门主要用于商业建筑和大型公共建筑的主要出入口。表面呈银白色或深青铜色，给人以轻松、舒适的感觉。

(3) 满足特殊要求的门。这种门的类型很多，如用于通风、遮阳的百叶门，用于保温、隔热的保温门，用于隔声的隔声门，以及防火门、防爆门等多种。

2. 门的构造

(1) 一般构造。

① 门的安装。门的安装包括门框与墙体的连接和门扇与门框的连接两部分，其做法与窗相似。② 门的五金零件。门的五金零件和窗相似，有铰链、拉手、插销、铁三角等，但规格较大。此外，还有门锁、门轧头、插销、弹簧合页等。③ 玻璃。木门玻璃的厚度一般为 3mm 和 5mm。

(2) 各种门的构造。

第一，夹板门。夹板门一般用于内门，但浴室、厨房等潮湿房间不宜采用。夹板门是由方木组成的木骨架两面贴以三夹板（或五夹板）形成的。为使夹板门内保持干燥，可在骨架内的横档上留 ϕ4 ~ ϕ6 的小孔。如需要提高门的保温隔音性能，可在夹板中间填入矿物毡。夹板门构造简单、表面平整、开关轻便，但不耐潮湿和日晒。夹板门上可以做小玻璃窗或百叶窗。当前一些城市为节约木材常采用纤维板代替三夹板制作纤维板门。

第二，镶板门。镶板门由上、中、下冒头和边框组成门框，在框内镶入门芯板做成。也可以镶入玻璃，形成玻璃门。门芯板采用木板、胶合板、纤维板制成。下冒头的断面较上冒头大，底部应留有 5mm 的空隙。镶板门可用于室内或室外。

第三，拼接门。拼接门较多地用于外门或储藏室、仓库，其做法与镶板门类似，制作时先做木框，然后将木拼板镶入。木拼板可以用 15mm 厚的木板，两侧留槽，用三夹板条穿入。木框四角要安装铁三角，门扇上部可以安装玻璃。

第四，弹簧门。在出入人流较多的出入口应设置弹簧门，采用弹簧合页，可以自动关闭。弹簧门的框料要相应增大，且不做裁口。为了适应人流多的特点，可以用玻璃或铝板做推板或圆管扶手代替拉手，并在下冒头处钉以铝或铜踢脚板。

第五，纱门。纱门是为了便于通风，防止蚊、蝇等昆虫飞入室内而设的，构造基本同镶板门，但框料稍小。铁纱、塑料纱是经常采用的面料，用木压条钉于框料上，纱门可装在外门的外侧或内侧。

第六，隔音门、冷藏门。隔音门、冷藏门是在三夹板或木板内填以矿棉等材料而形成的特制门。

第七，防火门。防火门也是一种特制门，是按防火规范要求设置的。常用做法是在木板门扇外侧包以 5mm 厚的石棉板及一层 26 号镀锌铁皮。门框也应包以石棉板及铁皮。为防止发生火灾时门扇的木料分解出的一氧化碳和碳氧化合物使门扇胀裂，门扇的铁皮和石棉板应开泄气孔，再用一块铁皮焊牢，而焊料的熔点不得超过 350℃。这样，发生火灾时焊料会因高温熔化，自动脱落排气，而不致使门爆裂。防火门分为甲、乙、丙三级，甲级耐火极限为 1.2h，主要用于防火墙；乙级耐火极限为 0.9h，主要用于防烟楼梯的前室和楼梯口；丙级耐火极限为 0.6h，主要用于管道检查口。

第八，钢门。钢门的框料与扇料有空腹与实腹两种，门框与门扇的组装方法有钢门框—钢门扇和钢门框—木门扇两种。钢门扇自重大，容易下沉，开关声响大，保温能力差，故应用较少。

木门扇自重轻，保温、隔声较好。特别是在高层建筑中采用钢筋混凝土板墙时，采用钢门框—木门扇连接较方便。

（四）其他门窗构造设计

1. 铝合金门窗设计

（1）铝合金门窗的特点。

第一，重量轻。材料消耗少，每平方米门窗耗用铝合金型材平均为 8 ~ 10kg，比钢、木门窗轻 50% ~ 60%（每平方米门窗钢材耗量为 17 ~ 20kg）。

第二，性能好。铝合金门窗的气密性、水密性均较好，隔声指数比钢、木门窗高出 5 ~ 6 倍。因此，对要求防尘、隔声的建筑和超高层建筑，以及多暴雨、多台风等地区的建筑极为适用。

第三，色调美观。铝合金型材除具有自身颜色（银白色）以外，还可以通过着色法呈现各种颜色和花纹。若表面再涂以聚丙烯酸漆保护膜，铝合金型材的表面会更加光亮美观。选用时应根据建筑功能和自然环境确定适当的色调，以增加建筑物的艺术感染力。

第四，耐腐蚀，维修方便。铝合金门窗由于型材自身有光泽和颜色，所以安装后不再上油漆，而且在自然条件下不褪色、不锈蚀，坚固耐用。此外，铝合金门窗开闭灵活，无噪声，不需经常维修，即使年久损坏仍可回收框料重炼再加工。

第五，加工拼装简便。铝合金门窗从型材加工，配件、密封件安装，到组装试验一系列的生产过程均可在加工厂进行，可以大批量生产，有利于门窗设计标准化、产品系列化、零配件通用化，从而达到门窗商品化。同时，也可以购买铝合金型材现场进行组装来制作异形门窗和有特殊要求的门窗。

第六，投资造价高。由于目前我国铝合金门窗的造价为普通钢门窗造价的 4 ~ 5 倍，与我国当前经济水平有差距，所以，一般性的建筑物不宜采用。今后必须提高铝合金型材的产量和加工技术，提高零配件的质量与品种，降低成本，这样才能大量推广使用。

（2）铝合金门窗的质量标准。

第一，强度。强度是在压力箱内对窗进行风压试验时以所加风压（Pa）的等级来表示的，一般强度可达 1961 ~ 2353Pa，高性能窗可达 2353 ~ 2746Pa。在上述风压下测定的窗扇中央最大位移量应小于窗框内沿高度的 1/70。

第二，气密性。在压力箱内，窗的两面形成 4.9 ~ 2.94Pa 的压力差时，用每平方米窗面积每小时的通气量（m^3）来表示窗的气密性。单位是 m^3/（h · m^2）。当窗的两面压差为 10Pa 时，一般气密性可达 8m^3/（h · m^2）以下，高性能窗可达 2m^3/（h · m^2）以下。

第三，水密性。在压力箱内，对窗的外侧加入周期为 2s 的正弦波脉冲压力，同时向窗外侧喷水，每分钟每平方米喷 4L 的人工降雨。连续 10 分钟的风雨交加试验，在窗的内侧不应有可见的渗漏水现象，这时的脉冲风压平均值即为窗的水密性。一般水密性为 343Pa，抗台风高性能窗为 490Pa，高层建筑上部的窗也取此值。

第四，开闭力。安装好玻璃的窗扇打开或关闭时所需的外力应在 49N 以下（平开、推拉均参考此值）。

第五，隔声性。隔声性指在音响试验室测试窗的音响透过损失量。一般性能窗的隔声性为 25dB，高性能窗为 30 ~ 45dB。

第六，隔热性。隔热性用窗的热对流阻抗值 R 来表示，其单位为 m^2 · h · ℃或 KJ。

一般分成三级，R_1=0.05m²·h·℃，R_2=0.06m²·h·℃，R_3=0.07m²·h·℃。6mm双层玻璃窗的R值为0.05m²·h·℃。

第七，尼龙导向轮的耐久性。推拉窗扇做电动连续往复推拉试验，尼龙轮直径为12～16mm时，试验往复1万次；尼龙轮直径为20～24mm时，试验往复5万次；尼龙轮直径为30～60mm时，试验往复10万次，窗及导向轮等配件均无异常损坏即为合格。

第八，开闭锁的耐久性。开闭锁在试验台上以每分钟10～30次的速度进行连续开闭动作，达到3万次/分钟无损伤时即为合格。

当七、八两项性能较差时，将影响使用上的灵便程度以及门窗的安全与稳定，因而必须严格执行上述标准。

(3)铝合金门窗的分类。

一般从以下五个方面对铝合金门窗进行分类：①按密闭性及隔声性能分为隔声和非隔声两种。②按保温性能分为保温与非保温两种。③按抗风压强度分为A、B、C三级。④按铝合金型材表面处理方法分为阳极氧化膜和阳极氧化复合膜两种。⑤按开启形式分为固定、平开、推拉、中悬以及其他组合门窗，如固定—平开组合窗、固定—推拉组合窗等。

(4)铝合金门窗的构造。

铝合金门窗的构造与一般钢、木门窗的构造差别很大，钢、木门窗框料的组装以焊接和榫接相连，扇与框以裁口相搭接。而铝合金门窗框料的组装是利用转角件、插接件、紧固件组装成扇和框，扇与框以其断面的特殊造型嵌以密封条搭接或对接。门窗的附件有导向轮、门轴、密封条、密封垫、橡胶密封条、开闭锁、五金配件、拉手、把手等。门扇均不采用合页开启。以下主要探讨铝合金门窗的构造特征。

第一，铝合金门窗的组装。门窗框、扇的四角组装采用直角插榫结合，横料插入竖料连接。将竖料两端铣出槽榫，上下横料两端插入竖料榫槽，用合成树脂临时固定，在槽内空腔先放L形铝合金角板，一端用螺钉与竖料紧固，插入上下横料后再用螺钉直接旋入角板和内腔钉孔固定(内部钉孔是挤压型材时制出的，螺钉均采用不锈钢制品)。采用45°斜角对接时，门窗扇四角用倒刺插接件将立料与横料固定紧，从上下横料外部用螺钉与内腔孔座拧紧，外观是见不到螺钉帽的。铝合金门窗框的组装多采用直插，很少采用45°斜接，直插较斜插牢固简便，加工简单。这种门窗转角组装连接件是与门窗框料的规格配套的。

第二，铝合金推拉窗的构造特点。推拉窗的性能比其他开启形式的窗优越，是建筑工程中常用的一种类型，而平开窗因需要合页做连接件往往在窗扇的牢固性上不如推拉窗。推拉窗是由9种不同断面的型材组合而成，上框为槽形断面，下框为带导轨的凸形断面，两侧竖框为另一种槽形断面，共4种型材组合成窗框并与洞口固定。窗扇由5种断面的型材组成，其中一扇的竖料带挡风条和开闭锁，窗扇下部有滚轮沿下框导轨滑动，窗扇上部有尼龙圆头钉在上框槽内起导向作用。两个窗扇关闭后中部重叠处以及上下左右均有密封尼龙条与窗框保持密封。

第三，铝合金平开窗的构造特点。平开窗的构造与一般窗相近，四角连接为直插或45° 斜接，其合页必须用铝合金或不锈钢，螺钉为不锈钢螺钉，也可以用上下转轴开启。

第四，铝合金门窗的安装。门窗框与洞口的连接采用柔性连接，门窗框的外侧用螺钉固定着不锈钢锚板，当外框与洞口安装时，经校正定位后锚板即与墙体埋件焊牢使窗固定，或者用射钉将锚板钉入墙体。框的外侧与墙体的缝隙内填沥青麻丝，外抹水泥砂浆填缝，表面用密封膏嵌缝。门窗的选用以产品样本为准，样本目前均由各生产厂家自己制定，尚无全国统一的标准门窗。铝合金门的开启均采用地弹簧装置，内门多用推拉。

第五，玻璃的安装。铝合金门窗玻璃的安装采用特制嵌缝条和橡胶密封条，嵌入门窗框料断面凹槽内，将玻璃挤紧，使之密封。

2. 塑料门窗的设计

(1) 塑料门窗的特点。

第一，具有保温隔热性能。UPVC 塑料门窗比木门窗的隔热保温性能好，导热系数低。这是由于塑料门窗的型材是中空异型材，消除了金属门窗的“热桥”现象。

第二，耐腐蚀。由于塑料是一种高分子聚合物，其中又加入了一些增强各种性能的添加剂，因而对酸、碱、盐的抵抗能力均优于其他金属材料，故可广泛应用于潮湿、多雨地区和有腐蚀介质的工业建筑中。

第三，隔声性、密封性好。根据气密性、水密性的要求，在门窗构造上采用密封条等办法，可达到国家规定的气密性和水密性的指标，隔声性能可达30dB。

第四，重量轻、比强度高。塑料的密度为0.9 ~ 2.3g/cm^3，是铝材的1/2、钢材的1/5、混凝土的1/3，而比强度却接近于钢材。每平方米的成品门窗塑料耗量仅10kg，这对减轻建筑物自重十分有利。

第五，色调丰富、尺寸精确。在UPVC塑料的生产中加入颜料可得到各种颜色的塑料，制成的门窗装饰性很强。塑料异型材是挤出型的加工方法，断面尺寸精确，组装门窗的精度很高。

第六，造价偏高。当前，塑料门窗的造价比钢门窗偏高，但低于铝合金窗。由于UPVC原料充足，门窗产量可大幅度提高，再加上塑料门窗组装加工费用低，省去涂刷油漆和日常维修的费用，其综合经济效益较好。

第七，耐老化、抗风压差。UPVC 塑料的耐候性和抗紫外线能力差，虽然加入了一些抗老化添加剂，但还不能彻底解决，这是塑料的致命弱点，但是保持 20 ~ 30 年的耐久性是可以实现的。塑料异型材为中空断面，刚度好、脆性大，抗风能力较差，对一些大洞口的门窗，只有在型材空腔内加入金属附加筋（称为钢衬），才能达到抵抗风力的要求。

第八，UPVC 窗的品种不多，窗扇不宜过大。

通过上述分析，可以看出任何一种新材料均具有双重性，既有优点也存在问题，只要基本满足使用要求就是可以发展的材料。何况 UPVC 塑料在国外已有多年使用历史，说明它是完全可以信赖的材料。特别是在木材越来越匮乏、钢材容易锈蚀、铝合金成本又太高的情况下，唯有建筑塑料才有很强的生命力。

(2) 塑料窗的设计。

第一，塑料窗 UPVC 的加工工艺。UPVC 塑料窗和改性 UPVC 塑料窗的加工工艺是将挤出的异型材，经下料、焊接（自身热合）、修饰整理、安装配件而成。生产过程较简单，技术不复杂。

一是异型材下料。用切割机下料，尺寸必须精确，特别是 45° 的斜面更应精确。这是保证组装质量的主要工序，同时要先计算下料长度，保证热熔化时的消耗量，以免影响组装尺寸。

二是插入钢衬。对于尺寸较大的门窗（一般宽度 > 1000mm，高度 > 1200mm）异型材，为了加强框料刚度，多在异型材空腔内插入和内腔尺寸相近的钢衬（有槽形和矩形断面）。钢衬用 1.5mm 厚的带钢压制而成，用自攻螺丝在异型材外侧固定，自攻螺丝间距为 600 ~ 1000mm，钢衬应比异型材短（两端比异型材短 40 ~ 50mm），螺丝不要安装过紧，以适应金属热胀变形的要求。

三是开泄水孔。在窗框、窗扇下部的外侧需开一个泄水孔，以排除可能进入内侧的少量雨水。泄水孔可用专用开孔机或人工钻开孔。

四是焊接。窗框、窗扇的组装要在专用焊接机上焊接。焊接时异型材的 45° 斜面在一定压力下同时与电热板接触，电热板的温度为 230℃ ~ 240℃，使斜面塑料熔化，通过控制熔化时间达到熔化层厚度，再将电热板抽出，两斜面在一定压力下对接，即焊接完成。窗框有四角焊接和“丁”字焊接，在中框焊接时采用“丁”字节点，要用有直角焊板的焊接机。焊接机同时焊两个角，称二位焊接机，也可同时焊两个角和中间丁字节点，称三位焊接机。焊接机加热、加压、定位、加热板活动均是自动控制。

五是焊缝修整。焊接后焊缝处有凸起和毛刺，要由专用修整机剔除凸起和毛刺，并抛光。

六是安装五金及其他配件。窗扇窗框焊接后即安装嵌条、橡胶密封条、玻璃、五金配件等。要求紧固螺栓要穿透两层中空壁，或与钢衬拧紧，密封条要压实。玻璃是干法安装，不用油灰勾缝，而是在窗扇框内嵌入密封条，然后在凹槽内放底座和垫块，放好玻璃后再用压玻璃条和密封条固定。这些工序可在现场或加工厂中进行。

第二，塑料窗的安装。塑料窗的安装是在窗框外侧用锚铁与窗框固定。铁锚的两翼在安装时用射钉枪将钢钉打入墙体固定，或与墙体埋件焊接。窗框与洞口的缝隙内填沥青麻丝，外抹水泥砂浆，再用密封膏封严。一般情况下均应在内外装修完成后安装，以减少门窗的破损。

二、变形缝的构造设计

(一) 变形缝的设置原则

变形缝是建筑中的一种防变形措施，设置原则如下。

第一，伸缩缝。伸缩缝的设置需要考虑多种因素，包括材料的性质、环境条件、结构设计、使用要求等。正确设计和维护伸缩缝对于确保建筑物、结构或基础设施的长期稳定性和安全性至关重要。不同的伸缩缝类型和设置情况会根据具体项目的需求和设计规范而有所不同。因此，伸缩缝的设计和实施应遵循适用的建筑和结构标准。

第二，沉降缝。凡符合以下情况之一应设置沉降缝：① 建筑物建造在不同的地基土壤上。② 同一建筑物相邻部分高度差在两层以上或部分高度差超过 10m。③ 建筑物部分的基础底部压力值有很大差别。④ 原有建筑物和扩建建筑物之间。⑤ 相邻的基础宽度和埋置深度相差悬殊。⑥ 在平面形状较复杂的建筑中，为了避免不均匀下沉，应将建筑物平面划分成几个单元，在各个部分之间设置沉降缝。

第三，防震缝。当设计烈度为 8 度和 9 度时，遇以下情况之一应设置防震缝：① 房屋立面高差在 6m 以上。② 房屋有错层，且楼板高差较大。③ 各部分结构刚度截然不同。防震缝应将房屋分成若干个形体简单、结构刚度均匀的独立单元，防震缝应沿房屋的全高设置，其两侧应布置墙，基础可不设置防震缝。在地震设防的地区，沉降缝和伸缩缝应符合防震缝的要求。

(二) 变形缝的主要类型

变形缝包括伸缩缝、沉降缝和防震缝三种。① 伸缩缝，解决由于建筑物超长而产生的伸缩变形。② 沉降缝，解决由于建筑物高度不同、重量不同、平面转折部位等而产生的不均匀沉降变形。③ 防震缝，解决由于地震而产生的相互撞击变形。

(三) 变形缝的尺寸与构造

第一，伸缩缝。由于基础埋在土中，受温度变化的影响不大，故基础可不设伸缩缝。伸缩缝的宽度为 20 ~ 40mm。

第二，沉降缝。由于沉降缝的设缝目的是解决不均匀沉降变形，故应从基础开始断开。

第三，防震缝。防震缝的宽度与地震设防等级有关。① 房屋的高度在 15m 及 15m 以下时，取 70mm。房屋的高度超过 15m 时按下列标准选取：设计烈度为 7 度时，高度每增加 4m，缝宽增加 20mm; 设计烈度为 8 度时，高度每增加 3m，缝宽增加 20mm ；设计烈度为 9 度时，高度每增加 2m ，缝宽增加 20mm。

(四) 变形缝的盖缝处理分析

变形缝一般均通过墙、地面、楼板、屋顶等部分，这些部位应做好盖缝处理。

第一，屋顶。屋顶部分在缝隙两侧砌筑 120mm 厚的砖墙，上部用铁皮或钢筋混凝土板覆盖，缝中填沥青麻丝。屋顶板下部与楼板下部做法相同。

第二，楼板。楼板上部楼地面在缝隙两端用角钢做封边，并用橡胶垫或金属板过渡。楼板下部用木板或金属板过渡。

第三，地面。底层地面在缝隙两端用角钢封边进行过渡。

第四，墙体内外表面。墙体外表面一般采用金属板做盖缝处理，墙体内表面可以采用金属板或木板做盖缝处理。

(五) 建筑施工后浇带的做法

在高层建筑中常采用施工后浇带代替变形缝的做法。施工后浇带的具体做法是：每 30 ~ 40m 留一道宽 800 ~ 1000mm 的缝隙暂时不浇筑混凝土，缝中钢筋应采用搭接接头以保证其沉降的可能性，结构封顶两个月后 (下沉已基本完成)，再浇筑混凝土。

第四章　现代建筑特征表现与设计延展

现代建筑具有多种特征，这些特征表现在建筑的外观、功能、材料选择和设计理念上。同时，现代建筑的设计也在不断延展和演进，以适应不断变化的社会和技术需求。本章重点围绕建筑的环境性特征表现与设计、建筑的功能性特征表现与设计、建筑的文化性特征表现与设计、建筑的艺术性特征表现与设计展开论述。

第一节　建筑的环境性特征表现与设计

一、建筑的外部环境特征表现与设计

建筑与环境是一个相互延伸、相互渗透和相互补充的整体。[①] 建筑不但需要有一个雄伟的外观，还需要有一个美丽的环境来衬托，并与之协调。除内部环境要求外，建筑的设计与建造还受诸多外部环境条件（如水文、地质、气候等自然环境条件）的制约和外部人工环境的限制（城市规划和场地及周边条件的限制）等。建筑设计之初，就应从处理好建筑与外部环境的关系，特别是应从场地的关系着手，对建筑、环境及其相互关系进行设计，将其设计成果主要反映在总平面设计图中。建筑与外部环境设计的主要工作，是依据场地的自然环境条件和人工环境条件，在原有地形上，创造性地布置建筑、改造场地等，以满足各种设计要求。

（一）建筑外部环境的布局设计

建筑布局重在处理好建筑物或建筑群与场地环境及周边的关系。在建筑红线或用地红线内布置建筑物或建筑群，还应遵循以下要点。

第一，功能分区合理。尽量避免主要建筑受到废气、噪声、光线和视线等干扰，使建筑物之间的关系合理、联系方便。

第二，主要建筑的位置合理。主要建筑应布置在较好的地形和地基之上，以减少土方量，降低建造成本，并保障使用安全。建筑选址应避开不利的地段，如市政

① 杨龙龙 . 建筑设计原理 [M]. 重庆：重庆大学出版社，2019：20.

管线、人防工程或地铁、地质异常(溶洞、采空区、古墓)、污染源、高压线、洪水淹没区、地基承载力较弱处，以及建筑抗震要求避开的地段等。

第三，争取好朝向。好朝向能使建筑内部获得好的采光和通风、好的景观和节能效果，避开有污染等不利因素的上风向。我国的大多数建筑采用南北朝向，这样会有好的日照，南方地区在夏季一般有好的通风，但北方地区在冬季需考虑避风(在我国，淮河流域以及秦岭山脉以北地区，属于北方地区)。

第四，满足各种间距要求。

一是日照间距。建筑内部只有获得足够的采光和日照，才对人的健康有益并且节省能源。对此，国家标准有明确规定，主要为保证北侧建筑的南向底层房间，在大寒日或冬至日(一年中最冷或日照时间最短的一天)，获得足够的日照时间，而不会被南侧的建筑所遮挡。

二是防火间距。设置建筑之间防火间距的目的是避免建筑发生火灾时危及周边其他建筑。

三是与用地红线的关系。建筑红线，不能小于半间距的规定，否则会侵害其他单位的权益。

四是建筑与高压线的距离。架空电力线路保护区为导线边线向外侧水平延伸并垂直于地面所形成的两平行面内的区域。在一般地区各级电压导线的边线延伸距离包括：1 ~ 10kV，5m ；35 ~ 110kV，10m ；154 ~ 330kV，15m ；500kV，20m。在此范围内不得兴建建筑物、构筑物。

五是建筑退让。有大量人流、车流集散的建筑，以及位于道路交叉口处的建筑等，建筑位置还应由红线向后退，设计时应遵循各地主管部门的具体要求，大多城市中的建筑用地，都涉及“三线[①]”问题。

(二)建筑场地的内部交通设计

场地内部交通包括人行和车行两个系统，两个系统间一般应设高差，保证其互不干扰，使用安全。另外，车道往往还承担场地排水的功能(类似水沟)，在城市里，整个车行系统一般低于人行 100 ~ 150mm。人行系统包括人行道、广场和运动场地等；车行系统包括车行道、停车场和回车场等。

居住区内道路设计应符合以下要求：① 居住区道路。红线宽度不宜小于 20m。② 小区路。路面宽 6 ~ 9m，建筑控制线之间的宽度，需敷设供热管线的不宜小于 14m，无供热管线的不宜小于 10m。③ 组团路。路面宽 3 ~ 5m，建筑控制线之间的

① 三线，即道路红线、用地红线和建筑控制线。

宽度，需敷设供热管线的不宜小于 10m，无供热管线的不宜小于 8m。④ 宅间小路。路面宽不宜小于 2.5m。⑤ 在多雪地区，应考虑堆积、清扫道路积雪的面积，道路宽度可酌情放宽，但应符合当地城市规划行政主管部门的有关规定。⑥ 车道转弯必须设置缘石半径，即转弯处道路最小边缘的半径。居住区道路红线转弯半径不得小于 6m，工业区不小于 9m，有消防功能的道路，最小转弯半径为 12m。为控制车速和节约用地，居住区内的缘石半径不宜过大。

(三) 建筑场地的绿化和景观设计

建筑规划和设计一个不可或缺的组成部分就是对建筑基地进行绿化和景观设计，这一环节不仅能够提升建筑的整体美感和可持续性，还有助于改善周围环境。在建筑基地进行绿化的举措具有多重重要作用。首先，绿化有助于改善周边环境。通过引入各类植物，可以有效地遮挡住建筑物周围的视线，创造出更加私密和宁静的环境。植被还能够有效地隔绝噪声，为建筑内部提供一个更加宁静的室外空间，这对于提高住宅和办公建筑的居住和工作质量至关重要。其次，绿化建筑基地有助于美化环境。植物和景观元素的引入能够增添自然美感，为城市和建筑物增色添彩。出色的景观设计不仅提升了建筑物的外观，还能吸引人们的目光，为社区创造更加宜人的居住环境。再次，绿化建筑基地有助于保护生态系统。在城市化迅速发展的今天，保护和维护自然环境变得尤为重要。通过在建筑基地上保留并栽种各种植物，我们可以提供生物栖息地，促进生物多样性，维护土壤质量。最后，绿化建筑基地有助于改善小气候。植被可以降低气温，提供阴凉的空间，减轻城市热岛效应的影响，这对于城市居民而言，在炎热的夏季和寒冷的冬季都具有非常重要的意义，为他们提供了更加宜人的户外环境。

在进行场地绿化和景观设计时，需要在绿化和硬化之间取得平衡。应尽量减少室外地面硬化的部分，前提是要满足使用需求。这意味着，我们应尽量减少道路、停车场和人行道等硬化表面的面积，以最大限度地保留自然植被。而取而代之的是，可以考虑采用透水铺装、草坪、花坛和树木等绿化元素，以实现场地的绿化目标。不同地区对城市或场地绿化的比例都有明确的规定。这些规定通常根据城市规模、人口密度和环境保护的需求而有所不同。然而，不管具体要求如何，建筑师和规划师都应该致力于在项目中实施可持续的绿化策略，以减少对自然环境的不利影响。

(四) 建筑场地的竖向设计内容

建筑场地的竖向设计内容是一个多方面、复杂而重要的过程，涵盖多个方面的决策和计划。这些内容直接影响着建筑物的稳定性、排水系统的效率以及场地的整体可持续性。

第一，确定建筑和场地的设计高程。确定建筑物和场地的设计高程是竖向设计的基础，这一步骤涉及确定建筑物的地基高度以及场地的整体高程布局。考虑到地势、地下水位、排水要求等因素，合理选择建筑物的高程可以确保建筑物的稳定性和安全性。同时，确定场地的高程布局有助于实现合理的水流方向，从而提高场地的排水效率。

第二，确定道路走向、控制点的空间位置和坡度。道路走向的选择是竖向设计中的关键决策之一。合理的道路走向可以提高交通流畅性和场地的可达性。控制点的空间位置涉及场地内各种设施的布局，如停车区域、交通信号设备等。此外，坡度的确定也是竖向设计的关键因素之一。合理的坡度设计可以确保水流不积聚，减少水文问题的发生，同时还可以提高场地的可用性。

第三，确定场地排水方案。场地排水方案的制订是竖向设计中至关重要的步骤。它包括雨水排水和废水排水。为了防止水浸泡建筑物或场地，必须合理规划雨水排水系统，确保雨水迅速排离场地。此外，废水排水系统的设计也需要考虑，以确保废水得到适当的处理和排放。

第四，计算挖填方量，力求平衡。挖填方量的计算是竖向设计中的一项复杂任务，它涉及场地的土方工程，包括挖土和填土。合理的土方平衡可以减少成本，并减少对自然环境的影响。计算挖填方量时，需要考虑到场地的高程差异，土壤类型，以及挖填工程的可行性。目标是在最小的土方移动量下实现平衡。

第五，布置挡土墙、护坡和排水沟等。挡土墙、护坡和排水沟等设施在竖向设计中起到了关键作用。挡土墙用于防止土坡塌方，确保场地的稳定性。护坡设计有助于减少土壤侵蚀和土方的移动。排水沟用于引导雨水流向指定区域，防止水积聚。这些设施的合理布置和设计可以确保场地的安全和可持续性。

二、建筑的内部环境特征表现与设计

绝大多数建筑建造的终极目的是营造适宜人类活动和有益人类健康的内部空间环境。环境对人的作用过程是：环境质量→人的感官→生理反应→心理感受→意志的产生→行为的变化。因此，好的环境应使人们在生理上感到舒适，在心理上感到满足。建筑内部环境的营造应先从使人们能够获得良好的官能感受着手，包括营造好的视觉、听觉、嗅觉、触觉甚至味觉感受。

(一) 建筑内部环境的视觉效果设计

第一，环境的照度。照度是一个物理指标，用来衡量作业面上单位面积获得的光能的多少，单位是 1x，而计量光能多少的单位是 1m，照度就是 1m/m²。作业面是人们从事各种活动时，手和视线会集的地方，或场所里最需要照明的部位，如教室的课桌面、工厂的操作台面等。照度由人工照明或天然采光保证，人工照明设计由电气照明工程师负责，而天然采光可以通过建筑设计，控制采光屋面和窗洞口的面积等来实现。

第二，光源的色彩与室内环境氛围。人们用黑体的色温来描述光源的色彩。能把落在它上面的辐射全部吸收的物体称为黑体，黑体加热到不同温度时会发出不同光色，如果某一光源的颜色与黑体加热到绝对温度 5000K（华氏温度，开尔文）时发出的光色相同，该光源的色温就是 5000K。在 800 ~ 900K 时，光色为红色；3000K 时为黄白色；5000K 左右时呈白色；8000 ~ 10000K 时为淡蓝色。

第三，视线干扰。许多室内场所不希望有视线的干扰，以保护个人或单位的隐私或机密，最常见的场所如卧室、卫生间、更衣室、浴室、治疗室等。避免视线干扰的主要手段是设置视线遮挡。

（二）建筑内部环境的听觉效果设计

听觉效果设计的内容，主要是降低和控制环境噪声，以保证足够的音量和改善声音的质量。室内音质的大体设计步骤如下。

第一，降低环境噪声。降低环境噪声，是指通过隔离噪声源，减少噪声传播，使室内外环境的噪声值达到国家标准规定。

第二，做好室内的音质设计。室内音质设计必须依照一个固定程序，一步接一步地按照顺序完成，具体包括：确定建筑空间的用途、确定空间合适的形状、确定空间容积、合理布置声学材料、确定“理想的频率特性曲线”、利用伊林公式，按照一定程序计算厅堂的满场及空场的频率特性曲线，并与理想的曲线比较。根据结果对设计做调整，直至满足要求。

第三，原声厅堂与电声厅堂的声学设计差别。原声厅堂的室内声学设计，必须按照室内音质设计的步骤，确定空间形状，限定空间容积，布置各种材料，最终满足理想频率特性曲线的混响和其他音质要求。重要的电声厅堂也应照此程序先处理好室内音质，再配备合适的电声设备。室内听觉效果的营造，是以建筑声学理论为指导，以现代技术手段为支撑的。

（三）建筑内部环境的触觉效果设计

室内环境的触觉因素在建筑设计中扮演着至关重要的角色。触觉是我们感知和理解世界的重要方式之一，因此在室内设计中，包括材料的选择、温度、湿度以及空气流速等因素都必须仔细考虑，以创造一个舒适、愉悦的室内环境。

第一，材料选择与触觉效果设计。材料选择是影响室内环境触觉感受的关键因素之一。人们经常接触的地面和墙面材料应该经过精心挑选，以提供令人愉悦和舒适的触感。① 地毯铺设。地毯是一种常见的室内地面材料，具有柔软的质地，可以提供舒适的脚感。选择合适的地毯材料和质地可以让人在赤脚行走时感到舒适和温暖。② “软包”措施。在墙面装修中采用“软包”措施，也就是使用布艺、织物或填充材料包裹墙面，可以改善墙壁的触感。这不仅增加了室内的舒适感，还有助于对声音的吸收，提高了声学性能。③ 高蓄热系数材料。为了维持稳定的室内温度，特别是在季节性温度变化较大的地区，应选用具有高蓄热系数的材料，如木材。这些材料自身的温度变化较慢，不会受外界温度急剧波动的影响，始终让人感到舒适。④ 贴合人体曲线的家具设计。室内家具的设计也应考虑触觉体验。家具的表面和材质应与人体曲线相吻合，避免尖锐或不舒适的边缘，确保坐卧时的舒适感。

第二，温度、湿度和空气流速的管理。除了材料选择，温度、湿度和空气流速也是室内环境触觉效果设计中至关重要的因素。① 温度。温度直接影响着人们的触觉感受。建筑内部应根据季节和用途合理调节温度，以确保人们感到舒适。采用地暖或空调系统来维持适宜的室内温度是一种常见的做法。② 湿度。湿度对于人体的舒适感和健康至关重要。过低或过高的湿度都可能导致不适。因此，在室内设计中应考虑湿度控制系统，以保持室内湿度在舒适范围内。③ 空气流速。空气流速的管理也会影响触觉感受。过大的空气流速可能导致人们感到寒冷和不适，因此应设计合适的通风系统，以确保空气流动均匀且舒适。

（四）建筑的室内环境与人的心理考量

第一，空间尺度与人的心理感受。人类具备在身处各种环境时，进行自我保护和防止干扰的本能，对于不同的活动场所，有生理范围、心理范围和领域的需求，体现为必需的人际距离。设计中对空间尺度的把握，应关注这种距离的需求。

第二，私密性与尽端区域。私密性是人的本能，也反映在人与人或人与群体之间必须维持的空间距离，如银行的取款一米线等设计，都考虑了满足这种需求。为了保护自身的私密性，人在公众空间中总会趋向尽端区域，就是空间中人流较少且安全有一定依托的处所，如室内靠墙的座位、靠边的区域等。另外，人在参观、就餐或工作时，也会经常体现出尽端趋向，餐厅内设立厢座，就是为创造更多的尽端区域，以顺应这种趋向。

第三，安全感与依托。人在环境中的安全感往往来源于依托，依托是安全感存在的基础。在公共空间中，人们往往会寻找有依托、安全性高的区域。室内的依托主要表现为构架、柱、实体或稳定的壁面等。安全感是人在社会中的一种心理需求，如人在办公室中，常会选择靠近实体墙壁的面为主要的办公座位，这样会感觉到安全。

第四，从众与趋光心理。从众心理是人在心理上的一种归属需求的表现，当突发事件给人带来不安时，人们就会盲目选择跟随人流行动，这就是明显的例子。在黑暗中，人类具有选择光明的趋向，因为光给人带来了希望和安全感，因此，环境中光的指向作用尤为重要。如建筑内部的紧急出口处，都设置灯光来指示人流。

第五，色彩与人的心理感受。环境的色彩会对人的心理产生影响。例如，暖色调（红色、橙色、黄色、赭色等）色彩的搭配，会使人感到温馨、和煦、热情等，因此常使用于餐厅一类的公共场所；冷色调（青色、绿色、紫色等）色彩的搭配，使人感到宁静、清凉、冷静等，常用于办公或研究场所。

第六，不同触觉对心理的影响。研究发现，柔软舒适的触觉会让人感到愉悦；触摸到硬物时，人们普遍会产生稳定和严厉等感觉；粗糙的物体会使人联想到困难；光滑的物体表面会让人心情放松，而手持重物则使人感觉周围的环境似乎也变得沉重起来。

第二节　建筑的功能性特征表现与设计

建筑设计的目的，是创造满足人们需要的内外部环境、建筑造型与内部空间，并确定各个空间的大小、形状等，以满足人们的各种需求。所以，建筑的功能性永远是第一位的，这是建筑设计的工作重点。

一、建筑的主要空间表现与设计

（一）空间平面大小的确定

单一空间平面大小的确定，应满足使用要求和布置需要，并遵循或参照国家标准或行业标准。例如，星级宾馆（旅游饭店）的标准间，其房间大小尺寸应能满足人体尺度、人的活动所需空间以及家具和设备布置安装的空间要求，同时还应满足国家标准。又如，中小学普通教室大小的设计，既要考虑单个学生的身体尺寸以及所用家具占用空间大小，又要考虑一个班的总人数和通道宽度等，同时还要满足教学使用方面的要求，以及保护学生的视力等要求。再如，住宅建筑设计，各房间的大小应满足布置必要家具和方便使用的要求；厨房设计要满足各种厨具和设备的布置以及炊事操作的需要；卫生间的大小应能满足干湿分区和必要的洁具的布置和使用要求。

有的单一空间要求空间的尺度不宜过大。例如，视听空间的观众厅，最后一排观众的视距（观众眼睛到设计视点的实际距离）不宜大于33m，否则将看不清演员的面部表情，因此，空间的长度就受限。所谓设计视点，是国家标准规定的、每个观众都应看到的那一点。在剧场中，就是大厅中轴线、舞台大幕和舞台面相交的那一点；在电影院里，就是银幕下端的中点。从经济角度，建筑空间的大小足够使用就好，不宜过大。

（二）空间高度的设计分析

供人使用的房间，最低净高不低于2.4m，一些房间净高还需考虑使用的要求。例如，设置有双层床或高架床家具的学生宿舍，层高不应低于3.6m；一些公共建筑的层高，要考虑在集中空调、自动喷淋系统等安装到位及装修后的净高不能低于2.4m，个别局部空间高度不低于2.2m；一些对室内音质要求较高的空间，要考虑音质设计对空间容积的要求，并据此来确定空间高度。

二、建筑的次要空间表现与设计

（一）公共卫生间的设计

民用建筑内部都要设置公共卫生间，不同场所的公共卫生间在洁具数量上有差别。一般而言，集中使用的（如中小学教学楼的学生厕所），针对男生应至少为每40人设1个大便器或1.20m长的大便槽，每20人设1个小便斗或0.60m长的小便槽；针对女生应至少为每13人设1个大便器或1.20m长的大便槽。非集中使用的（如图书馆的卫生间），成人男厕按每60人设大便器一具，每30人设小便斗一具；成人女厕按每30人设大便器一具；儿童男厕按每50人设大便器一具、小便器两具；儿童女厕按每25人设大便器一具。营业性餐厅，每100座设置一个洁具。公共卫生间一般除设置大小便器外，还应设置洗手盆，并设置建筑内部清洁时所需的取水点和拖布池。

（二）门厅的设计

门厅的主要作用是组织和集散人流，展示建筑的特点，其面积大小一般根据建筑的使用特点和使用人数决定，设计可以参考和依据相关标准。例如，一个星级饭店的大堂设计，可依据《旅游饭店星级的划分与评定》（GB/T 14308—2010）等；电影院门厅和休息厅合计使用面积指标，按照行业标准《电影院建筑设计规范》(JGJ 58–2008）规定，特、甲级电影院不应小于 0.50m²/ 座，乙级电影院不应小于 0.30m²/ 座，丙级电影院不应小于 0.10m²/ 座；图书馆门厅的使用面积可按每阅览座位 0.05m² 计算等。门厅设计时，要避免各种人流发生交叉、迂回或不易找到方向。一些特殊情况会使人群在这里发生拥挤，因此需有足够的空间应对。

(三) 交通空间的设计

交通空间主要用于满足人流和物流进出及安全疏散的需要。交通空间包括各种组织交通的大厅 (门厅和过厅等)、走道 (内廊和外廊等)、楼梯间等，设计时既要考虑满足使用需要，不宜太小，也要考虑减少不必要的面积浪费，不应太多。走道宽度要能满足来往人流股数的使用，每股人流宽度按照 600mm 考虑，半股 (侧身) 人流宽按照 300mm 考虑。例如，中小学校建筑的疏散通道宽度最少应为 2 股人流，并应按 0.60m 的整数倍增加通道宽度。① 住宅的走道。通往卧室、起居室的走道净宽不宜小于 1000mm，通往辅助用房的不应小于 800mm。② 中小学校的走道。教学用房采用中间走道时，净宽不应小于 2400mm，采用单面走道或外廊时，净宽不应小于 1800mm。③ 办公建筑的内部走道净宽。走道长度≤ 40m，单面有房间时不小于 1300mm，双面有房间时不小于 1500mm，大于 40m 时，分别为不小于 1500mm 和 1800mm。④ 医院的走道。利用走道单侧候诊时，走道的净宽不应小于 2100mm，两侧候诊时，净宽不应小于 2700mm，通行推床的走道净宽不应小于 2100mm，走道宽度还应该考虑大型家具和设备的进出，以及安全疏散需要。

(四) 楼梯间的设计

楼梯是楼层间的垂直交通，是建筑的重要组成部分，其设计既要充分考虑造型美观、人流通行顺畅、行走舒适，又要考虑满足消防疏散和安全要求，还应满足施工和经济条件的要求。

第一，楼梯的分类。楼梯一般由梯段、平台、栏杆扶手组成。不同的建筑类型，对楼梯性能的要求不同，楼梯具体的形式也不一样。按照楼梯形式分类，常见的形式有平行单跑、平行多跑、平行双跑、平行双分双合、折行多跑、螺旋形楼梯、弧形楼梯等。根据建筑防火疏散的要求，楼梯与交通空间所需的开放封闭程度也有所不同，又可分为敞开楼梯间、封闭楼梯间和防烟楼梯间。

第二，楼梯的消防疏散。一栋建筑的楼梯数量和大小设置，应能提供足够的通行宽度，能够满足消防疏散的能力，楼梯间的位置应醒目易找，并应有直接的采光和自然通风。楼梯间的门应开向人流疏散方向，底层应有直接对外的出口，当底层楼梯需要经过大厅而到达出口时，楼梯间距出口处不得大于消防疏散距离。

第三，楼梯的尺度。楼梯的尺度设计应满足人们的日常使用，在保证功能的前提下，应尽量满足人们对舒适度的需求，涉及的数据主要包括踏步尺度、平台尺度、扶手栏杆尺度、净空高度。

一是踏步尺度。踏步的高宽比应根据人流行走的舒适、安全和楼梯间的尺度、面积等因素进行综合权衡。常用的坡度为 1：2，人流量大时，安全要求的楼梯坡度应该平缓一些，反之则可陡一些，以节约楼梯间面积。

二是平台尺度。梯段改变方向时，扶手转向端处的平台最小宽度不应小于梯段宽度，并不得小于 1.20m ，当有搬运大型物件需要时还应适量加宽。

三是扶手栏杆尺度。梯段栏杆扶手高度应从踏步中心点垂直量至扶手顶面。其高度根据人体重心高度和楼梯坡度大小等因素确定，一般不小于 1050mm（临空高度在 24m 及以上时，高度不应低于 1.10m）。供特定人群使用的楼梯在扶手设置上还有其他要求。例如，幼儿园、中小学等儿童专用活动场所的栏杆，其杆件净距不应大于 0.11m，还应在 500 ~ 600mm 高度增设扶手。

四是净空高度。楼梯各部位的净空高度，应保证人流通行和家具搬运，一般要求不小于 2000mm，梯段范围内净空高度宜大于 2200mm。当在平行双跑楼梯底层中间平台下设置通道时，为保证平台下净高满足通行要求，一般采用长短跑或降低楼梯间入口处地面标高等方式。

（五）电梯和自动扶梯的设计

电梯、自动扶梯与楼梯一样，也承担垂直交通的功能，是建筑的重要组成部分。但不同于楼梯，由于其机械设备的复杂性和安全性，不宜用作安全疏散设施。电梯和自动扶梯的设计既要充分考虑数量设置和位置布置的合理性，使人流顺畅高效通行，又要考虑在尺度和空间上满足不同人群（如残疾人、老年人、病人等）的使用需求，同时还应满足施工和经济条件的要求。

1. 电梯的设计

（1）设置条件和数量。一般而言，7 层及 7 层以上的住宅或住户入口层楼面，距室外设计地面的高度超过 16m 的住宅必须设置电梯。以电梯为主要垂直交通的高层公共建筑和 12 层及 12 层以上的高层住宅，每栋楼设置电梯的台数不应少于 2 台。建筑物每个服务区单侧排列的电梯不宜超过 4 台，双侧排列的电梯不宜超过 2 × 4 台。

（2）分类。按照使用性质来分，可以分成客梯、医梯、货梯、消防电梯。按照行驶速度来分，则可以分为高速电梯、中速电梯、低速电梯。

（3）组成。从空间结构看，完整的电梯间一般由电梯机房、井道、井道地坑和电梯的相关部件组成。

（4）尺度。电梯厅大小的设计应考虑到人群集散的需求，电梯候梯厅深度不得小于1.50m。

2. 自动扶梯的设计

（1）分类。按照平面形式来分，自动扶梯分为平行排列式、交叉排列式、连贯排列式和集中交叉式。

（2）设计要求。① 自动扶梯不得计作安全出口，其出入口畅通区的宽度不应小于2.50m，畅通区有密集人流穿行需求时，其宽度还应加大。② 自动扶梯的梯级上空，垂直净高不应小于2.30m。③ 自动扶梯倾斜角不应超过30°，当提升高度不超过6m、额定速度不超过0.5m/s时，倾斜角允许增至35°；倾斜式自动人行道的倾斜角不应超过12°。④ 自动扶梯和层间相通的自动人行道单向设置时，应就近布置相匹配的楼梯。

第三节　建筑的文化性特征表现与设计

建筑的文化性，体现在建筑一直受到古往今来的各种文化对它的影响，如民族性、地域性、时代性和传统性等方面的影响。中国的建筑也是如此，传统的官式建筑和各地典型的民居，以及各类型的文化建筑如会馆等，都具备深邃的文化内涵，都是各民族文化的产品和载体。

一、建筑的文化性特征表现

建筑是一个城市的基本面貌，是人类社会存在和发展的空间凝聚形式，是城市里不可或缺的符号，它的品位、质量和面貌在很大程度上决定着城市的形象。而城市作为建筑的载体，不单是建筑物简单地集合与扩大，它的发展、变化与更替，直接与社会的政治、经济、文化同步，综合反映着社会的面貌。所以说，建筑既是技术产物，又是艺术创作，还是文化产品，它借助自己特殊的语言，吸收文化的内涵，以此表现这个时代的科技观念，揭示思想和审美观。一座城市的建筑，不仅反映了这座城市对日新月异的新材料、新结构、新技术、新工艺的掌握与应用，还是这座城市的道德风尚、风土人情、风俗习惯等城市文化的具体体现。简言之，文化是人类（特别是指一个民族）的思维方式、生活方式及表达方式等的总和。建筑的文化性特征表现主要体现在以下方面。

(一) 建筑的民族性特征

不同民族的文化会在建筑中打下鲜明的印记，中国古建筑体系属于世界六大古老的建筑体系之一，其他还有古埃及、古西亚、古印度、古爱琴海及古美洲建筑，其差异性皆因不同民族文化的影响而产生。例如，游牧游猎民族的毡包和帐篷，与农耕民族的住房有显著差异。同样是毡包，在中国，蒙古族的与哈萨克族的就各异；同样是住房，埃及阿斯旺省的象岛与我国重庆的秀山，虽在纬度上差别不大，但民居的风格迥异。

(二) 建筑的地域性特征

地理的阻隔也使各地的建筑存在明显的差异，如希腊的民居，与美洲土著居民的传统建筑及非洲土著居民的传统建筑的差异；泰国的传统木构建筑与我国苗族的传统建筑及侗族建筑之间的差异，它们都沿着各自的轨道传承与延续，直至出现大的文化交集而转向。虽然同一个民族有相同的文化及传统，但不同的地域也使得同一民族的传统建筑产生差异，从而具备地方的特点。例如，我国汉族的传统民居在全国各地就呈现出风格迥异的特性。

除受环境、气候等地域因素影响外，建筑与所在地的人们的观念、传统、审美观点也分不开，东西方观念上认识的差异对建筑的影响就是很好的佐证。以园林为例，西方园林（以意大利文艺复兴园林和法国古典主义园林为代表）立足于用人工手段改变其自然状态，体现的是对形式美的刻意追求，不仅布局对称、规则、严谨，连花草树木也修剪得方方正正，从而呈现出一种几何图案美，进而表现出强烈的节奏韵律感。而中国园林则追求“虽由人作，宛自天开”的自然美、情趣美。设计者多以生态观的角度顺应自然地形地貌的要求，与地段环境融为一体，一切要素洒脱自如，没有任何规则可循，但求山环水抱、曲折蜿蜒，不仅花草树木随自然之原貌，而且人工建筑也尽量顺应自然而参差错落，力求与自然相融合，使人赏心悦目。

(三) 建筑的时代性特征

随着文明的发展，同一民族的建筑也会因为生活方式的演进以及科学技术的进步而呈现出差异。例如，中国古建筑的主要特点是以木构架为主，经历了漫长的发展和演变过程。社会的发展和科技的进步，使得建筑无论是功能还是形式都有了很大的改变。作为建筑的使用者、建设者和欣赏者，人的思维也发生了巨大的变化，从世界观到人生观、从价值观到审美观，这一系列改变对建筑创作理念的变化也有着很大的影响。

现代派建筑曾在全球风靡一时，在世界建筑史上写下了厚重的一笔。这一类建筑由于注重功能性却忽视了文化性，而被称为国际式。由于没有明显的文化特征，与各地的建筑传统没有矛盾，使它得以在世界各地落脚，但也正因如此，它在今天已逐渐成为过往，也是早已注定的了。20世纪50年代以后，各国建筑师力求将本国传统建筑文化与现代建造技术完美结合，创造出“新建筑”。例如，日本丹下健三的作品代代木体育馆，就是一个既富于传统性又具备现代感的优秀作品，整个建筑特异的外部形状加之装饰性的表现，似乎可以追溯到作为日本古代原型的神社形式。设计师丹下健三在此案中最大限度地发挥出将材料、功能、结构、文化高度统一的杰出创造才能。

（四）建筑的传统性特征

传统建筑具备以下的特点：① 集体创作，没有具体的设计人，没有设计图纸。② 以耳濡目染的方式传承，而非借助于学校和课堂。③ 既是文化产品也是文化载体，是一个民族的思维方式（例如，信仰、宇宙观和价值观等）、生活方式和表达方式在建筑上的反映。④ 具备一定的保守性，会坚守前人的智慧及其成果，拒绝被遗弃、突然改变或被取代。当前的城市规划和建筑设计，都十分重视“文脉”，这一理论是在20世纪60年代以后随着后现代建筑的出现而提出的。后现代建筑认为，现代主义建筑和城市规划过分强调对象本身，而不注意对象彼此之间的关联和脉络，缺乏对城市文脉的理解。建筑上表现为：国际式风格千篇一律的方盒子超然于历史性和地方性之上，只具有技术语义和少量的功能语义，没有思索回味的余地，导致环境的冷漠和乏味。后现代建筑试图恢复原有城市的秩序和精神，重建失去的城市结构和文化，主张从传统化、地方化、民间化的内容和形式（文脉）中找到立足点，并从中激活创作灵感，将历史的片段、传统的语汇运用于建筑创作中，但又不是简单复古，而是带有明显的“现代意识”，经过撷取、改造、移植等创作手段来实现新的创作过程，使建筑的传统和文化与当代社会有机结合，并为当代人所接受。这使得今天在世界范围内建筑的文化性和传统性开始受到重视。

二、我国建筑的文化性设计

我国建筑和世界各地的建筑一样，也受文化性的影响，我国建筑的文化性设计主要体现在以下方面。

（一）价值观与传统建筑设计

我国主流文化深受儒释道思想的影响。我国的文化反映在传统建筑上，使其明显地区别于其他国家的建筑。例如，我国典型的四合院就是传统宇宙观和价值观的物化产品，四合院的特点是围绕院子四面建房，从四面将庭院合围在中间。建筑和格局体现了以前传统的尊卑等级和伦理道德思想等。此外，我国古建筑里的官式建筑主要包括宫廷建筑、官署建筑和寺庙建筑等，尊卑等级森严，等级差异体现在建筑规模、屋顶样式、建筑色彩还有彩绘类型等诸多方面。如重檐庑殿等级最高；太和殿有 11 间，规模不可僭越；明、清两代曾明文规定只有皇帝的宫室、陵墓建筑及奉旨兴建的寺庙才准使用黄色琉璃瓦；和玺彩画只能用于皇族专用的重要建筑或皇帝特批的其他建筑等，画面充斥着龙凤图案，而其他建筑只可采用璇子彩画或苏式彩画。

(二) 生活习俗与民族建筑设计

我国地域广阔，民族众多，各具特色的民族文化融汇成灿烂的中华文化。遍布全国各地的民居是物质文化的重要组成部分，带有不同的民族烙印和生活色彩，农耕民族的传统建筑以木结构建筑为主，游猎和游牧民族建筑中毡包占据主流。

第一，穿斗式民居。穿斗式民居在南方较多，墙上遍布的小木柱和木枋是其特色。木枋和木柱相互穿插，构成木框架，木构件断面尺度小，建筑的空间也不大。

第二，抬梁式结构。抬梁式结构是我国古代木结构的一种主要形式，多见于官式建筑中，木构件断面尺度较大，木梁直接搁置在柱顶上，建筑也具有较大的进深和宏阔的架构，成为权力和地位的代表。北方独特的气候也让抬梁式成为官式住宅乃至民居的选择。

第三，井干式民居。井干式民居常见于木材资源丰富地区，例如，山区和森林里，它的墙体全部是由木材甚至原木建成，冬暖夏凉。

第四，毡包、毡房和帐篷。游牧(猎)民族(如蒙古族、哈萨克族等)的传统住房，以穹隆形或圆锥形居多，用条木结成网壁与伞形顶，上盖毛毡或兽皮，顶上有天窗通风透气，易于拆卸和安装，方便迁移。毡包或毡房的民族风格各异，例如，蒙古族的毡包、哈萨克族的毡房，都各有特色。

第五，干栏式。干栏式民居多以竹木建造，一般是两层，下层架高用来养殖动物和堆放杂物，上层供人居住使用。

第六，碉楼。碉楼的特色是兼具居住和防卫功能，代表性的碉楼有藏区高碉和广东开平碉楼。藏区高碉融入了藏族人民的生活方式和历史变迁。开平碉楼融合了汉族传统的乡村建筑文化，也融合进了华侨文化。

第七，阿以旺。“阿以旺”是维吾尔族典型的民居，维语“阿以旺”的意思是“明亮的处所”，这种民居将若干房间连成一片，庭院在四周，依据地形灵活布置。带天窗的前厅称“阿以旺”，又称“夏室”，有起居、会客等多种用途。还有称“冬室”的房间，是卧室，通常不开窗。

第八，登家棚。登家是中国沿海临水而居的部分人群，登家棚是他们傍岸或在水上架设的棚户，竹瓦板壁，陈设简单，卫生清洁，是海边建筑的主要样式，也是当代渔家乐建筑的学习样板。

第九，土楼。土楼是利用泥沙混合加工后的材料，以夹墙板夯筑而成墙体，与木结构的楼面及屋面组成的，以两层以上的房屋居多，平面呈矩形或圆形。如福建永定土楼是世界独一无二的大型民居形式，被称为中国汉族传统民居的瑰宝。

（三）因地域差异的建筑多样性设计

建筑也是一个区域性的产物，受所在地区的基地环境、地理气候条件、地貌特征、自然条件，以及城市已有的建筑地段环境的制约。我国幅员辽阔，南北方气候不同，因此炎热的南方跟寒冷的北方的建筑就形式、功能相比显然不同。南方高温多雨、气候潮湿，建筑功能处理着重通风、遮阳、隔热、防潮，因而形成的建筑风格多轻巧通透、淡雅明快、朴实自然。北方多以平原为主，四季分明、功能要求墙体保温、防冻。建筑形式讲究院落布局的封闭严谨、雄伟威严。不同的地域差异，会使建筑在适应环境的基础上产生较大的差异。

第一，南北差异。同样的建筑类型，北方建筑与南方建筑也显得不同。北方建筑厚重和结实，因为建筑必须能够保温和承受雪的荷载，墙体建得厚，窗洞建得小，是为抵御冷风的侵袭。南方建筑为能利用丘陵和山地的地形建造，能在夏日获得大量的通风来散热，因此窗户就开得大，也不必考虑墙的保温性能，从而显得轻盈和灵巧。

第二，依山就势，结合地形。黄土高原的窑洞是结合地形的典型例子。窑洞是中国黄土高原上一种典型的民居，利用地形凿洞而建，类型有靠崖式窑洞、下沉式窑洞、独立式窑洞等，其中靠崖窑应用较多。

第三，就地取材。传统建筑囿于古代交通的落后，建筑材料以就地取材为主，因此呈现出差异性和不同的地方特色。例如，干打垒房，以在竹篾上抹泥筑墙的竹篾墙建筑，直接以树干围墙筑顶的干栏式建筑，以土坯砌筑而成的土坯房，以石块垒叠筑墙而成的建筑，以竹子为主要建材构成的竹楼，等等。

第四，使用安全方面的考虑。传统建筑出于防火、防盗、防野兽侵害等安全的考虑，建筑也显得多姿多彩。例如，防火的马头墙、防盗的藏硐、兼有居住和防御功能的土楼、能防毒蛇野兽的干栏式民居等。

以上仅是我国丰富的传统建筑类型中的一些典型，这些类型又会依据地形和气候等自然条件的不同及聚合方式的不同，演变出万千形式，成为我国建筑设计师取之不尽的建筑文化艺术的创作源泉和素材。

第四节　建筑的艺术性特征表现与设计

一、建筑的艺术性特征表现

(一) 建筑艺术的唯一性特征

建筑作品同其他任何一种艺术品一样，都具备唯一性，不可复制和抄袭。能大量复制的，仅仅是工艺品或日用品，而非艺术品。这就解释了建筑设计反对抄袭的原因，是因为抄袭既是窃取别人的成果，也会损害原作者的权益，贬损他的作品由艺术品成为工艺品。《中华人民共和国著作权法实施条例》规定：“建筑作品，是指以建筑物或者构筑物形式表现的有审美意义的作品。”建筑艺术是受到法律保护的。

(二) 建筑艺术的时尚性特征

时尚就是人们对社会某项事物一时的崇尚，这里的“尚”是指一种高度。时尚是一种永远不会过时而又充满活力的一类艺术展示，是一种可望而不可即的灵感，它能令人充满激情、充满幻想。时尚是一种健康的代表，无论是人的衣着风格、建筑的特色还是前卫的言语、新奇的造型等，都是时尚的象征。首先，时尚必须是健康的；其次，时尚是大众普遍认可的。如果仅是某个比较另类的人，想代表时尚是代表不了的，即使他特有影响力，大家都跟风，也不能算时尚。因为时尚是一种美、一种象征，能给当代和下一代留下深刻印象和指导意义的象征。

每个时代都有引领潮流的建筑师，都有新颖的建筑艺术风格，这些风格为众多设计师追随，为大众所接受和推崇并风靡一时，使建筑留下时间的刻痕，追求时髦也使得建筑的审美趋势易形成明显的潮流，而不合时宜又少有艺术性的作品，会显得另类而难以被接受。这些现象都反映建筑有着时尚性，但这种时尚的时效性更为长久。审美疲劳是人的共性，表现为对审美对象的兴奋减弱，不再产生较强的形式美感，即所谓“喜新厌旧”。但它同时也推动了时尚的此起彼伏，层出不穷。在建筑界，时尚往往体现为一种新的建筑风格，为设计师及用户所推崇，从而风靡一时，时尚性也要求建筑设计应向前看，使作品具备“时代的烙印”。

二、建筑的艺术创作与设计

（一）建筑的艺术创作手法

第一，仿生或模仿。仿生是模拟动植物或其他生命形态来塑造建筑，模仿是通过仿制的方法来塑造建筑。

第二，造型的加法和减法。可通过“加法”与“减法”来创造建筑形态，“加法”是设计时对建筑体量和空间采取逐步叠加和扩展的方法。而减法是对已大体确定的体量或空间，在设计时逐步进行删减和收缩的方法，两种方法同时使用，可使建筑形式产生无穷变化。

第三，母题重复。母题重复的特点是将某种元素或特征反复运用，不断变化，不停地强调，直至产生强烈的特征。这些元素可大可小，还可以是片段等，变化丰富而又效果统一。

第四，基于网格或模数的统一变化。基于网格或模数的统一变化，是借助单一的元素，通过多样组合产生丰富变化，同时又保持其特性。这个方法与母题重复不一样，其特点是重复时元素的大小不变。

第五，错位。在建筑造型、建筑表面或在人对建筑认知习惯上的错位，会给人新奇的印象。

第六，象征和寓意。象征就是用具体的事物表达抽象的内容，寓意是指寄托或隐含某些意义于建筑。

第七，缺损与随意。缺损与随意的手法打开了人们的想象空间，激发了人们欲将其回归完美的冲动，使作品有了更丰富的内涵。

第八，扭曲与变形。扭曲与变形的手法带有夸张的成分，是设计师对建筑造型另辟蹊径的尝试，它拓展了人们对建筑艺术新的认知。

第九，分解重组。例如，美国新奥尔良市意大利广场，将典型的古罗马建筑的元素提取出来，作为符号组装进现代建筑中，形成既传统又现代的风格。又如，法国拉维莱特公园的设计，先将公园的功能分解为点（公园附属的配套设施）、线（各种交通线）和面（如水面、硬化地面和绿化地面等）的独立系统，分别进行理想化的、追求完美的设计。随后将三个系统叠加组合起来，使之产生偶然或矛盾冲突的非理性效果。对于公园里的50个配套设施建筑——“点”，也是将简单几种造型分解后，再重新组合，使用不多的构件类型，就能组合变化出万千建筑造型。

第十，表面肌理设计。建筑的表面肌理类似建筑的外衣，是建筑形象的重要组成要素，肌理塑造的优劣与否、新颖与否，直接影响着建筑的艺术效果。

第十一，对光影的塑造。光照以及阴影，能使建筑内部空间和外立面产生特殊的氛围和效果，这些效果是设计师刻意去塑造、去追求的。

第十二，渐变。渐变是指建筑的某些基本形状或元素逐渐地变化，甚至从一个极端微妙地过渡到另一个极端。渐变的形式能给人很强的节奏感和审美情趣。

（二）建筑艺术语言的设计应用

建筑艺术是运用一定的物质材料和技术手段，根据物质材料的性能和规律，并按照一定的美学原则去造型，创造出既适宜于居住和活动，又具有一定观赏性的空间环境的艺术。换言之，建筑是人类建造的，供人进行生产活动、精神活动、生活休息等的空间场所或实体。建筑艺术是实用与审美、技术与艺术的统一，即一种协调了实用目的和审美目的的人造空间，是一种活的、富有生机的意义空间。

建筑是一种造型艺术，所以它有着“面”和“体”（体形和体量）的形式处理这样的艺术语言；同时它又与同属造型艺术的绘画、雕塑不同，具有中空的空间（或在室内，或在许多单体围合成的室外），所以又拥有空间构图的艺术语言；人们欣赏建筑是一个动态的历时性过程，因此建筑又有时间艺术的特性，拥有群体组合（多座建筑的组合或一座建筑内部各部分的组合）的艺术语言。建筑又可以结合其他艺术形式，如壁画、雕塑、陈设、山水、植物配置以至文学，共同组成环境艺术，所以又拥有环境艺术的语言。正是建筑艺术的诸多语言要素，共同构成了建筑艺术的造型美。

1. 建筑体形与体量设计

建筑是由基本块体构成体形的，而各种不同块体又具有不同性格。例如，圆柱体由于高度不同便具有了不同的性格特征：高瘦圆柱体向上，纤细高圆柱体挺拔、雄壮；矮圆柱体稳定、结实。卧式立方体的性格特征主要是由长度决定的：正方体刚劲、端庄；长方体稳定、平和。又如，立三角有安定感、倒三角有倾危感、三角形顶端转向侧面则有前进感、高而窄的形体有险峻感、宽而平的形体则有平稳感。高明的建筑师可以通过巧妙运用具有不同性格的体块，创造出建筑物美而适宜的体形。

中西方在建筑造型上有着明显的不同。以土木为材的中国传统建筑，体形组合多用曲线，群体组合在时间上展开，具有绘画美。西方建筑多用石材，体形组合多用直线，单体建筑在纵向上发展，建筑造型突出，具有雕塑美。中国建筑的出发点是“线”，完成的是铺开的“群”，组成群体的亭、馆、廊、榭等都是粗细不一的“线”，细部的翼檐飞角也是具有流动之美的曲线，这样围合的建筑空间就像一幅山水画，作为界面的墙就是这幅画的边框。西方建筑的出发点是“面”，完成的是团块的“体”，几何构图贯穿着它的发展始终。所以，欣赏西方建筑，就像欣赏雕刻，首先看到的是一个团块的体积，这体积由面构成，它本身就是独立自主的，围绕在它的周围，其外界面就是供人玩味的对象。虽然中国传统的群体建筑与西方传统的单体建筑在形体组合上各有特点，但在强调和注重形体组合上则是共通的。

体形组合的统一与协调是建筑体形构成的要点。一幢建筑的外部体形往往由几种或多种体形组合而成，这些被组合在一起的不同体形，必须经过形状、大小、高矮、曲直等的选择与加工，使其彼此相互协调，而某些小体形又自具特色，然后按照建筑功能的要求和形式美的规律将其组合起来，使它们主次分明、统一协调、衔接自然、风格显著。例如，意大利文艺复兴时期的经典建筑圣马可教堂与钟塔便显示了这种特性。拜占庭建筑风格的圣马可教堂，其平面为希腊“十”字形，有五个穹隆，中央和前面的穹隆较大，直径为12.8m，其余三个较小，均通过帆拱由柱墩支撑。内部空间以中央穹隆为中心，穹隆之间用筒形拱连接，大厅各部分空间相互穿插，连成一体，在它前面的是著名的圣马可广场。广场曲尺形相接处的钟塔，以其高耸的形象起着统一整个广场建筑群的作用，其既是广场的标志，也是威尼斯市的标志，教堂与钟塔形成对比统一，相得益彰。

体量是指建筑物在空间上的体积，包括建筑的长度、宽度、高度。建筑体量一般从建筑竖向尺度、建筑横向尺度和建筑形体三个方面提出控制引导要求，一般规定上限。体量巨大是建筑不同于其他艺术的重要特点之一，同时，体量大小也是建筑形成其艺术表现力的根源。许多建筑，如埃及的金字塔、法国的埃菲尔铁塔，乃至我国广州的琶洲国际会展中心，其庞大的体量都给人以强烈的视觉冲击力。如果这些建筑体型缩小，不仅减小了量，同时也影响了质，给人心灵的震撼和情绪上的感染必然也会减弱，建筑给人的崇高感正是由建筑特有的体量、形状所决定的。

建筑体量的控制应考虑地块周边环境。以北京天安门广场上的建筑为例，天安门城楼、人民大会堂、国家博物馆、人民英雄纪念碑等建筑的体量都很巨大，但在开阔的天安门广场上却没有大而不当的感觉，建筑体量与所处空间的大小有了很好的呼应。与天安门广场相连的东西长安街上的建筑体量也较巨大，这一方面是因为大体量建筑可以有效体现北京作为国家政治中心的庄严形象；另一方面也是由于建筑要与整个北京恢宏大气的城市格局相协调。

2. 建筑空间与环境设计

建筑与空间性有着密切的关系，空间的形状、大小、方向、开敞或封闭、明亮或黑暗等，都有不同的情绪感染作用。开阔的广场展现的宏大气势令人振奋，而高墙环绕的小广场给人以威慑；明亮宽阔的大厅令人感到开朗舒畅，而低矮昏暗的庙宇殿堂，就使人感觉压抑、神秘；小而紧凑的空间给人以温馨感，大而开阔的空间给人以平和感，深邃的长廊给人以期待感。高明的建筑师可以巧妙地运用空间变化的规律，如空间的主次开合、宽窄、隔连、渗透、呼应、对比等，使形式因素具有精神内涵和艺术感染力。

建筑艺术是创造各种不同空间的艺术，它既能创造建筑物外部形态的各式空间，又能创造出建筑物丰富多样的内部空间。建筑像一座巨大的空心雕刻品，人可以进入其中并在行进中感受它的效果，而雕塑虽然可以创造各种不同的立体形象，却不能创造出能够使用的内部空间。

建筑空间有多种类型，有的按照建筑空间的构成、功能、形态，区分为结构空间、实用空间、视觉空间；有的按照建筑空间的功能特性，区分为专用空间（私属空间）及共享空间（社会空间）；有的按照建筑空间的形态特性，区分为固定空间、虚拟空间及动态空间；而更普遍的区分方法则是按照建筑空间的结构特性，将其分为内部空间或室内空间、外部空间或室外空间。内部空间是由三面——墙面、地面、顶面（天花、顶棚等）限定的具有各种使用功能的房间。外部空间是没有顶部遮盖的场地，它既包括活动的空间（如道路、广场、停车场等），也包括绿化美化空间（如花园、草坪、树木丛带、假山、喷水池等）。当代建筑在空间处理上，使室内、室外空间互相延伸，如采用柱廊、落地窗、阳台等，既有分隔性，又有连续性，从而增加了空间的生机。

建筑空间的艺术处理，是建筑美学的重要部分。建筑的空间处理，应能充分表达设计主题、渲染主题，空间特性必须与建筑主题相一致。例如，纪念性建筑一般选择封闭的、具有超人尺度的纵深高耸空间，而不选择开敞的、具有宜人尺度的横长空间，因为这种特性的空间适合休闲建筑或文化娱乐场馆，能给人自由、活泼、舒适的感觉。因此，只有处理好主要空间与从属空间的关系，才能形成有机统一的空间序列。例如，广州的中山纪念堂，其内部空间构成就显示了突出的主从空间关系。八边形多功能大厅是主要空间，会议、演出、讲演均在这里进行。周围的从属空间，如休息廊、阳台、门厅、电器房、卫生间等，在使用性质上都是为多功能大厅服务的。多功能大厅空间最大、最高，处于中心位置，它的外部体量也最大、最高，也同样处于中心位置，统领其他从属建筑，而从属建筑又把主体建筑烘托得突出而完美。另外，建筑空间是以相互邻接的形式存在的，相邻空间的边界线可采用硬拼接，以形成鲜明轮廓；也可以采用交错、重叠、嵌套、断续、咬合等方法组织空间，形成不确定边界和不定性空间。

此外，空间以人为中心，人在空间中处于运动状态，是从连续的各个视点观看建筑物的，观看角度这种在时间上延续的移位就给传统的三度空间增添了新的一度空间。因此，时间就被命名为“第四度空间”。人在运动中感受和体验空间的存在，并赋予空间以完全的实在性。所以，空间序列设计应充分考虑到人的因素，处理好人与空间的动态关系。

建筑一经建成就长期固定在其所处的环境中，它既受环境的制约，又对环境产生很大的影响。因此，建筑师的创作不像一般艺术家那样自由，他不是在一个完全空白的画布上创作，而是根据已有的环境、背景进行整体设计和构图。所以，建筑的成功与否，不仅在于它自身的形式，还在于它与环境的关系。正确地对待环境，因地制宜，往往不仅给建筑艺术带来非凡的效果，还给环境增添活力。倘若建筑与环境相得益彰，就会拓展建筑的意境，增强它的审美特性。我国园林建筑作为建筑与环境融为一体的典范，就特别善于运用“框景”“对景”“借景”等艺术语言。例如，北京的颐和园，就巧妙地把它背后的玉泉山以及远处隐约可见的西山“借过来”，作为自己园林景观的一部分，融入其空间造型的整体结构中，使得其艺术境界更加广阔和深远。

自然环境的重要因素首推气候，在不同气候条件下的建筑有很大不同，应充分体现出趋利避害的特点。地形、地貌也是考虑环境时重要的因素，因地制宜才能使建筑与环境有机融合。如美国现代建筑家赖特1936年设计的流水别墅，地处美国宾夕法尼亚州匹兹堡附近的一个小瀑布上方，利用钢混结构的悬挑能力，使各层挑台向周围幽静的自然空间远远悬伸出去。平滑方正的大阳台与纵向的粗石砌成的厚墙穿插交错，在复杂微妙的变化中达到一种诗意的视觉平衡。室内也保持了天然野趣，一些被保留下来的岩石像从地面破土而出，成为壁炉前的天然装饰，而一览无余的带形窗，使室内与四周茂密的林木相互交融，整座别墅仿佛从溪流之上滋生出来。巧妙地利用地形、地貌，使之与环境融为一体的建筑艺术精品还有很多，如澳大利亚的悉尼歌剧院等。

建筑还要与人文环境有机融合。矗立在城市中的建筑应该更多地考虑历史与人文因素，要和周围的建筑群协调一致，甚至要把路灯、街区、车站、人流等社会人文景象都纳入建筑的整体空间构型中。例如，贝聿铭于1968年设计的波士顿海港大楼，它拥有斜方形平面，四个立面全部使用玻璃幕墙，能把整个城市街景全方位、广角度、动态地映现出来，效果美妙惊人。而这一设计，也促使玻璃幕墙被广为应用。

建筑与环境的关系非常密切，一般而言，建筑是环境艺术的主角，它不仅要完善自己，还要从系统工程的概念出发，充分调动自然环境（自然物的形、体、光、色、声、嗅）、人文环境（历史、乡土、民俗）和环境雕塑、环境绘画、建筑小品、工艺美术、书法以至文学的作用，统率并协调它们，构成整体。有了这样的综合考虑，处理好建筑与环境的关系，不仅可以突出建筑的造型美，而且具有协调人与自然、人与社会和谐关系的精神功能。因此，建筑应充分与环境和景观结合，为人们提供轻松舒适、赏心悦目的氛围。

3. 建筑色彩与质地设计

色彩是建筑艺术语言一个不容忽视的要素，建筑外部装修色彩的历史悠久。我国是最早使用木框架建造房屋的国家，为保护木构件不受风雨的侵蚀，早在春秋时期就产生了在建筑物上进行油漆彩绘的形式。工匠们用浓艳的油漆在建筑物的梁、枋、天花、柱头、斗拱等部位描绘各种花鸟人物、吉祥图案，用来美化建筑和保护木制构件，这种绘饰的方法，奠定了我国建筑色彩的基础。

人类对建筑色彩的选择，不仅有美化与实用的因素，而且与社会制度、风俗习惯及人的精神意志密切相连。尤其值得重视的是建筑色彩的民族性与象征性。由此可见，建筑色彩还具有一定的符号象征性，如天安门及中南海四周的红色围墙、故宫建筑群的黄色琉璃瓦顶，都象征着至高无上的皇权；天坛祈年殿的三层蓝色顶盖，则是天权的象征。建筑色彩的选择应考虑到以下方面的因素。

（1）要符合本地区建筑规划的色调要求。我国很多城市都有城市色彩专项规划，统一规划的建筑色调，会使建筑的色彩协调而不凌乱，从而呈现出和谐的整体美。

（2）建筑物的外部色彩要与周围的环境相协调。首先，要与自然环境相协调。在这方面，澳大利亚悉尼歌剧院就是成功的范例。歌剧院位于悉尼港三面临海、环境优美的便利朗角上。为了使它与海港整体气氛相一致，建筑师在设计这座剧院的屋顶时选择了四组巨大的薄壳结构，并全部饰以乳白色贴面砖。其次，要与人工环境相协调。建筑色彩的选择应考虑与周围其他人工建筑的色彩协调。如曲阜的阙里宾舍，紧靠知名度极高的孔庙，为了取得风格与色彩上的协调一致，建筑物的外形采用了传统风格，并以我国传统民居的灰色、白色为基调，选用青砖灰瓦。整体建筑朴实无华、素雅明朗，与整体环境相当协调。但是，反面的事例人们也常能见到。近些年，许多人在风景名胜区大建楼堂馆所，在古建筑群中建设现代高层建筑，这无疑是对周围环境的一种破坏。

（3）要根据建筑物的功能性质，选择与其相适应的色彩。建筑的内部装修色彩与人的关系更为密切，能对人的心理产生影响，甚至能影响人的生活质量和工作效率。室内装修色彩的合理使用，不仅能美化室内环境，还能使人心情舒畅，并有利于人的潜在能力的发挥。所以，建筑色彩要符合建筑的功能特性。如医院的门诊部应使用给人以清洁感的色彩，手术室内最好采用血液的补色蓝绿色为基本色调。俱乐部、小学、幼儿园等不宜选用冷色调，应该采用明快的暖色调。饭店的不同用色可以创造出不同的风格，一般而言，大型宴会厅可选用彩度较高的颜色，如适当地运用暖色调可达到富丽堂皇的效果。而供好友聚会小酌的小餐室，以选用较为柔和的中性色为宜，有利于营造温馨优雅的浪漫氛围。商店的室内色彩与商品有着极为密切的关系，在考虑色彩的配置时，要注意突出商品的性能及特点。有些商品貌不引人，就应在背景色彩及放置的方法、位置上多下功夫。有些商品本身包装十分华美醒目，背景色就要尽量单纯一些，以免喧宾夺主。此外，装修店铺的门面时，店铺若是老字号，室内及门面的色调就应以传统色彩为主，追求古朴典雅的风格。可选用深棕、枣红等作为商店的主色调，也可选用原木制品。而经营现代工业产品的商店，可以选用明快浅淡的色彩为主，如银灰、米黄、乳白色等，以突出现代风格。

与建筑色彩关系密切的还有材料所造成的建筑形式的质地。建筑材料不同，建筑形式给人的质感就不同。石材建筑的质感偏于生硬，给人以冷峻的审美感受；木材建筑的质感偏于熟软，给人以温和的审美感受；金属材料的建筑闪光发亮，颇富现代情趣；玻璃材料的建筑通体透明，给人以晶莹剔透之美。所以，不同的材料质地给人以软硬、虚实、滑涩、韧脆、透明与混浊等不同感觉，并影响着建筑形式美的审美品格。

根据建筑物的功能使用适宜的建筑材料，以形成特有的质感和审美效果，这类成功之作有很多。例如，北京奥运国家游泳中心水立方，其膜结构已成为世界之最。水立方是根据细胞排列形式和肥皂泡天然结构设计而成的，这种形态在建筑结构中从来没有出现过，创意非常奇特。整个建筑内外层包裹的 ETFE 膜（乙烯—四氟乙烯共聚物）是一种轻质新型材料，具有良好的热学性能和透光性，可以调节室内环境，冬季保温，夏季阻隔热辐射。这类特殊材料形成的建筑外表看上去像排列有序的水泡，让人们联想到建筑的使用性质——水上运动。水立方位于奥林匹克体育公园，与主体育场鸟巢相对而立，二者和谐共生、相得益彰。

除了材料的运用外，建筑质感的形成，还可以通过进行一定的技术与艺术的处理，改变原材料的外貌来获得。例如，公园里的水泥柱子过于生硬，若将它的外形及色彩做成像竹柱或木柱，便能获得较好的审美效果。此外还可以通过使用壁纸漆、质感艺术涂料等墙面装饰新材料，在墙面上做出风格各异的图案及具有凹凸感的质地，掩盖原建筑材料的外貌，使墙壁更加美观，或使其达到特定的质感审美效果。

第二篇　建筑工程质量安全管理

第五章　房屋建筑质量问题与控制

房屋建筑质量问题是一个在建筑行业中非常重要的课题，质量问题可能导致安全隐患、维修成本增加和用户不满意。因此，建筑质量控制至关重要，要确保房屋建筑的安全、耐久性和性能。本章重点论述地基与基础工程质量问题与控制、主体工程的常见质量问题与控制、屋面工程的常见质量问题与控制、地面工程的常见质量问题与控制。

第一节　地基与基础工程质量问题与控制

一、地基与基础工程质量问题

地基通常分为天然地基与人工地基，从节约、高效等观点出发，天然地基（包括在天然地基基础上，根据不同地基土和建筑要求，进行简单处理的地基）是首先需要考虑的可能方案。当天然地基不能满足工程建设需求时，就要采用人工地基进行加固处理。

（一）打入预制桩的问题

第一，桩身质量差。桩几何尺寸偏差大，外观粗糙，施打时桩身被破坏。

第二，桩身偏移过大。成桩后，经开挖检查验收，桩位偏移超过规范要求。

第三，桩接头被破坏。沉桩时桩接头拉脱开裂或倾斜错位。

第四，桩头被打碎。预制桩在受到锤击时，桩头处混凝土碎裂、脱落，桩顶钢筋外露。

第五，断桩。在沉桩过程中，桩身突然倾斜错位，灌入度突然增大。

第六，沉桩指标达不到设计要求。沉桩结束时，桩端入土深度、贯入度等指标不符合设计要求。

（二）静压桩的问题

第一，桩位偏移。沉桩位移超出规范要求。

第二，沉桩深度不足。沉桩达不到设计的标高。

(三) 泥浆护壁钻孔灌注桩的问题

第一，成孔质量不合格。① 坍孔：孔壁坍塌。② 斜孔：桩孔垂直度偏差大于1%。③ 弯孔：孔道弯曲，钻具升降困难，钻进时机架或钻杆晃动，成孔后安放钢筋笼或导管困难。④ 缩孔：成孔后钢筋笼安放不下去。⑤ 孔底沉渣厚度超过允许值。⑥ 成孔深度达不到设计要求。

第二，钢筋笼的制作、安装质量差。① 安装钢筋笼困难。② 灌注混凝土时钢筋笼上浮。③ 下放导管困难。

第三，成桩桩身质量不良。① 成桩桩顶标高偏差过大。② 桩身混凝土强度偏低或存在缩径、断桩等问题。

(四) 锤击沉管夯扩灌注桩的问题

第一，成孔质量差。① 锤击沉管达不到设计标高。② 锤击沉管后管内有水或内夯扩后管内有水。

第二，钢筋笼位置偏差大。成桩钢筋笼的标高超过设计要求和规范规定。

第三，桩身质量常见问题。① 外管被埋，即在灌注混凝土后，外管拔起困难。② 内管被埋，即在内夯扩作业后，内管拔起困难。③ 外管内混凝土坍落，即在灌注混凝土后，拔起外管时，内管同时向上，外管内混凝土坍落。④ 缩径、断桩。⑤ 桩顶标高不符合设计要求和规范规定。⑥ 成桩桩头直径偏小。

(五) 振动沉管灌注桩的问题

第一，桩身缩径。成桩直径局部小于设计要求。

第二，断桩。桩身成形不连续、不完整。

第三，桩身混凝土质量差。① 桩身混凝土强度没有达到设计要求。② 桩身混凝土局部问题。

第四，桩长不足。成桩深度达不到设计要求。

第五，钢筋笼上浮或下沉。桩身中的钢筋笼高于或低于设计标高。

(六) 基坑支护开挖工程

第一，止水失效。开挖后支护结构出现明显渗水现象。

第二，降水效果不好。土层含水量高，基坑开挖困难。

第三，支护结构失效。基坑开挖或地下室施工时，支护结构出现位移、裂缝，严重时支护结构发生倒塌现象。

（七）地下室防水工程的问题

第一，混凝土墙裂缝漏水。混凝土墙面出现垂直方向为主的裂缝。有的裂缝因贯穿而漏水。

第二，施工缝漏水。沿施工缝渗漏水。

第三，变形缝漏水。地下室沿变形缝处漏水。

第四，穿墙管漏水。穿墙管周边漏水。

第五，后浇缝漏水。地下室沿后浇缝处渗漏水。

二、地基与基础工程质量控制

（一）建筑地基基础质量控制的策略

1. 准确严密的测量放线

测量放线能够指引建筑地基基础施工工作的进行[①]，准确严密的测量工作可以为工程提供必要的技术保障，并保证工程依据图纸顺利施工。建筑工程施工测量在很大程度上影响工程施工质量。在实际施工过程中，必须充分认识到测量工作的重要性，科学管理，使测量工作更好地为施工质量管理服务，提高施工质量。随着科技进步，工程测量引进了很多高新技术，使得操作更便利、测量更准确、工作效率更高。但这同时需要工程测量人员不断学习高新技术，并熟练应用新技术、新设备。

2. 控制施工材料的质量

材料质量是工程施工质量的基础，如果工程使用原材料不符合规定，工程质量不可能符合要求。因此，在工程施工质量控制中必须在施工前对材料进行质量控制，以此保证材料质量。对于材料的控制，首先，要对材料供应厂家进行必要的审核，选择具有资质的供应厂家进行材料的供应；其次，要对进场原料进行必要的审核，选择具有资质的供应厂家进行原料的供应；最后，要对进场原料进行必要的检验，包括质量检验报告单检查、外观检查、理化检验等，通过这一系列的检验来保证进场原料的质量。

3. 基槽开挖与基槽检验

（1）基槽开挖。在平整的场地上根据图纸放好线后，就可以进行基槽开挖。目前，为了加快工程进度，一般都采用机械开挖、人工整边、局部挖土。开挖中可根

① 何荣勤，张继峰．房屋建筑质量问题与控制 [M]. 沈阳：东北大学出版社，2021：69.

据现场实际情况，运走杂土，在附近堆放可用土，以便回填使用。基槽开挖接近槽底时，要及时测量槽底标高，在达到设计基底标高后，应及早进行下一道工序的施工。避免基槽暴露时间过长和雨水浸泡，以免降低承载能力。

(2) 基槽检验。基槽挖好后，需要检查基槽的平面尺寸及标高是否符合图纸设计要求，地基验槽是保证基础施工质量的重要举措。同时，要从以下方面进行观察检验：验槽的重点应选择在墙角、承重墙下、柱基或其他受力的部位。检查槽底是否挖到土，是否需要下挖或处理；检查槽底土的坚硬程度是否一样，颜色是否均匀一致，或是否有局部过硬或过软的地方；检查槽底土层有没有局部含水量异常现象，是否出现“橡皮土”现象；根据槽壁土层分布情况和走向，判断槽底是否已挖到设计要求的土层。

(3) 基槽的钎探。基槽挖好后，根据图纸要求和布置进行钎探。判断下部是否与表面土质不同，是否均匀，有无软弱土层和人工活动遗迹，并详细记录墓坑、古井、管网、人工构筑物的具体位置，以便分析处理。

4. 基础层标高的控制措施

应加强对基础层标高的控制，尽早控制在允许偏差之内。砌筑基础前，应对基层标高普查一遍，局部低凹处可用细石混凝土垫平。基础皮数杆可采用小断面 2cm × 2cm 方木或钢筋制作。使用时，将皮数杆直接夹砌在基础中心位置。采用基础外侧在皮数杆检查标高时，应配水准尺校对水平。宽大基础大放脚的砌筑，应采用双面挂线，保持横向水平。砌筑填芯砖应采取小面积铺灰，随铺随砌，顶面不应高于外侧跟线砖的高度。

5. 加强施工过程质量控制

在地基基础工程施工中，操作不当会引起很多质量问题，某些违规操作从表面上看对工程施工质量影响不大，但实际上却隐藏着巨大的质量危害，所以在工程施工过程中，有必要不断地巡视检查，一旦发现违章操作，就要立即予以纠正。工程施工工序交接检查，对整个工程施工过程的质量起到有力的保障作用。工程施工工序交接检查须遵循若前道工序不合格就不能转入下道工序的施工原则，以保障工程施工质量。此外，还需加大对施工过程中机械设备操作使用的监控力度。在进行机械化施工方案的制订和评审时，必须考虑施工现场条件、施工工艺和方法、施工组织与管理、建筑结构型式、建筑技术与经济指标、机械设备性能等各种因素，使之合理装备、配套使用、有机联系，以充分发挥建筑机械的效能，力求取得最优的综合经济效益。对施工设备的使用和操作必须着重进行检控，通过合理使用机械设备，保证项目施工质量。同时要求施工人员必须严格依据标准操作规程对设备进行操作，避免出现机械使用事故造成人员伤亡。

（二）常见工程施工方法的质量控制

1. 强夯法的质量控制

强夯法的质量控制可以从以下方面着手：① 测量定位。测量定位是关系到强夯处理的整体效果的关键环节，在具体操作上，应由施工单位根据试夯确定的夯点布置图，逐一测定放夯点位置。② 强夯前要用推土机预压两遍，场地平整后，测量场地高程，夯点布置是否符合测量放线确定点。如果地下水位较高，应在表面铺 0.5 ~ 2.0m 的中（粗）砂或砂石垫层，或采取降低地下水位的方法（具体按照现场确定方案），以防设备下陷和消散强夯产生的孔隙水压。③ 分段进行施工，从边缘夯向中央，从一边向另一边进行。每夯完一遍，用推土机整平场地，放线定位，即可接着进行下一遍夯击。强夯法的加固顺序是：先深后浅，即先加固深层土，再加固中层土，最后加固表层土。最后一遍夯完后，再以低能量满夯一遍，有条件时以采用小夯锤击为佳。④ 夯击时应按照试验确定的强夯参数进行，落锤应保持平衡，夯位应准确，夯击坑内积水应及时排除。夯击地段遇含水量过大时，可铺砂石后进行夯击。在每一遍夯击之后，要用新土或周围的土将夯击坑填平，再进行下一遍夯击。

2. 注浆法的质量控制

注浆法的质量控制可以从以下方面着手：① 现场钻孔情况应安排专人如实地记录在钻孔记录表上。② 硅化加固的土层以上应保留 1m 厚的不加固土层，以防浆液上冒，必要时须夯填素土或打灰土层。③ 灌注浆液的压力一般在 0.2 ~ 0.4MPa（始）和 0.8 ~ 1.0MPa（终）。④ 土的加固程序，一般自上而下进行，若土的渗透系数随深度而增大时，则应自下而上进行。若相邻涂层的土质不同，应先进行加固渗透系数较大的土层。⑤ 应经常抽查浆液的配比及主要性能指标、注浆顺序、注浆孔位、孔径、孔深及注浆过程的压力值是否满足要求，并将自己的检查结果与专门记录人员的记录相核对（可通过量测注浆管长度的方法检查注浆孔的孔深）。⑥ 及时在编好号的孔位平面图上对已注浆孔进行标记并注明钻孔日期，避免出现漏孔情况。⑦ 如出现地面或附近建筑物变形的情况，应立即停止注浆，分析原因，调整注浆参数。

3. 灰土挤密桩施工的质量控制

灰土挤密桩施工的质量控制可以从以下方面着手：① 要了解施工场地的工程地质条件和环境情况，搜集相关资料、编制好施工技术方案及相应的技术措施，将试成孔资料准备齐全，并做到放线定位准确后再进行机械成孔施工。② 在成孔过程中严格按照成孔工艺进行，成孔顺序应从外向里间隔 1 ~ 2 孔进行。施工时，应保持桩位正确，桩身的垂直度符合设计和规范、规程的规定，宜打一孔、填一孔，或间隔几个桩位跳打。成孔深度、桩径应符合设计要求，若未达到设计要求，必须分析原因并采取相应措施，如复打等。③ 要控制好桩孔的回填夯实质量，孔内回填材料的质量尤为关键，灰土材料应优先采用按设计配合比要求的厂拌灰土，车辆运送时必须覆盖，填料随拌随填孔，不得隔日使用。分层填料厚度不得大于35cm。灰土回填应采用连续施工，每个桩孔一次性分层回填夯实，不得间隔停顿或隔日施工以免降低桩的承载力。若锤击数不够，可适当增加锤击数，若夯击能量比、夯击能量不够，应更换夯锤或夯实机或调整夯锤落距。每个桩孔回填料应与设计计算量相当，并适当考虑1.1～1.2的充盈系数。

第二节　主体工程的常见质量问题与控制

一、主体工程的常见质量问题

(一) 模板工程的质量问题

第一，基础模板缺陷。① 条形基础模板长度方向上口不直，宽度不一。② 杯形基础中心线位置不准，芯模在浇筑混凝土时上浮或侧向偏移，芯模难以拆除。③ 上阶侧模下口陷入混凝土内，拆模后产生“烂脖子”。④ 侧向胀模、松动、脱落。

第二，柱模板缺陷。① 模板位移。② 倾斜、扭曲。③ 胀模、鼓肚、漏浆。

第三，墙模板缺陷。① 模板倾斜、胀模。② 模板底部和阴角部位不易拆除，墙根外侧挂浆，内侧“烂根”。

第四，楼梯模板缺陷。① 楼梯底部不平整，楼梯梁板歪斜，轴线位移。② 侧向模板松动、胀模。

第五，梁模板缺陷。① 梁模板底板下挠，侧向胀模，圈梁上口宽度不足。② 底模端部嵌入梁柱间混凝土内，不易拆除。③ 梁柱模板接头处跑模漏浆。

(二) 钢筋工程的质量问题

第一，钢筋错位。柱、梁、板、墙主筋位置及保护层偏差超标。

第二，焊接接头质量不符合要求。接头处轴线弯折或轴线偏心过大，并有烧伤及裂纹。

第三，套筒挤压接头质量不符合要求。挤压后的套筒有肉眼可见裂纹，挤压后套筒长度达不到原套筒长度的1.10～1.15倍，压痕处套筒的外径波动范围达不到原套筒外径的0.80～0.90倍。

第四，锥螺纹接头质量不符合要求。套丝丝扣有损坏，接头拧紧后外露丝扣超过一个完整扣。

(三) 混凝土工程的质量问题

第一，混凝土坍落度差。混凝土坍落度太小，不能满足泵送、振捣成形等施工要求。

第二，混凝土离析。混凝土入模前后产生离析或运输时产生离析。

第三，混凝土凝结时间过长。混凝土初、终凝时间过长，使得表面压光及养护工作无法及时进行。

第四，混凝土表面缺陷。拆模后混凝土表面出现麻面、蜂窝、露筋及孔洞。

第五，混凝土表面裂缝。① 混凝土表面出现有一定规律的裂缝，有的板类构件甚至上下裂通。② 混凝土表面出现无规律的龟裂，且随时间的推移不断发展。③ 大体积混凝土纵深裂缝。

第六，混凝土强度不足。混凝土立方体抗压强度不能满足统计法或非统计法相应的判定式要求，即强度不足。

第七，混凝土强度评定方法选择不当。由于评定方法选择错误造成混凝土强度误判。

(四) 砖砌体工程的质量问题

第一，砌筑砂浆强度达不到要求。在常用的砂浆中，M5 以下水泥砂浆和 M2.5 混合砂浆（以下简称低强度砂浆）强度易低于设计要求，砂浆强度波动较大，匀质性差。

第二，砖砌体组砌错误。砖砌体组砌方法混乱，砖柱垛采用包心砌法，出现通缝。

第三，砖缝砂浆不饱满。砖层水平灰缝砂浆饱满度低于 80%（规范规定），竖缝内无砂浆（瞎缝或空缝）。

第四，墙体留置阴槎，接槎不严。砌筑时随意留槎，且留置阴槎，槎口部位用断砖砌筑，阴槎部位接槎砂浆不密实，灰缝不顺直。

第五，阳台扶手、栏板与主体连接不牢。阳台扶手、栏板与主体连接表面处出现裂缝、空鼓。

第六，木门窗洞口留置木砖不妥。木门窗框松动。

第七，填充墙砌筑不当。框架梁底、柱边出现裂缝，外墙裂缝处渗水。

二、主体工程的质量控制

(一) 模板工程的质量控制

第一，模板及支架应保证工程结构各部位形状尺寸和相互位置正确，具有足够的承载力、刚度和稳定性，能承受混凝土自重、侧压力及施工负荷，接缝不漏浆。

第二，对于跨度不小于4m的梁、板，模板起拱高度应为跨长的1/1000～3/1000。

第三，承重模板的拆模强度应符合现行标准《混凝土结构工程施工质量验收规范》中的规定。层间及多支架支模时还应考虑施工荷载的传递对拆模强度的影响，并且模板支架应传力明确，位置在同一竖向中心线上。

第四，固定在模板上的预埋件和预留孔洞不得遗漏，安装必须牢固、位置正确。

第五，模板架立后，承包人应先自查合格，再会同监理工程师检验合格后，才可浇筑混凝土。

第六，现浇结构的模板及支架拆除时的混凝土强度应符合设计要求，当无设计要求时，应符合以下规定：①侧模拆模时的混凝土强度应能保证其表面及棱角不因拆模而损坏。② 底模拆除时的混凝土强度要达到标准。③ 当采用快速脱模法施工时，梁、板底模拆除后，经核算应保留一定支柱，特别是主梁更要保留足够的支柱，以支撑结构及施工荷载。

(二) 钢筋工程的质量控制

第一，钢材进入工地，必须持有钢材出厂质量证明书和试验报告单，并会同监理工程师分批抽样进行钢材力学性能试验，经试验合格后才能使用。上述质保单、试验报告应提交监理工程师确认并将复印件提交监理方备案。

第二，柱、梁、墙、板配筋种类、直径及数量必须符合设计要求，若要代换时，必须按照变更设计程序并获得批准。

第三，钢筋加工的形状、尺寸必须符合设计要求，钢筋的表面应洁净、无损伤，油渍、漆污、铁锈等应在使用前清除干净，不得使用带有颗粒状或片状老锈的钢筋，钢筋应平直、无局部曲折。

第四，钢筋弯钩或弯折要符合设计或规范要求。

第五，柱、墙纵向 ϕ14mm 以上受力钢筋接长宜采用电渣压力焊，同一柱（墙）内焊接接头互相错开，同一截面（500mm 范围）内的接头应少于受力筋总数的 50%。接头应顺直，不得错位，焊头应呈周边均匀的蘑菇状。

第六，受力钢筋之间的绑扎接头应相互错开，从任一绑扎接头中心至搭接长度的1.3倍区段范围内有绑扎接头的受力钢筋截面占受力钢筋总截面比率应符合以下规定：①受拉区不得超过25%。②受压区不得超过50%。③绑扎接头中钢筋的横向净距不应小于钢筋直径，且不应小于25mm。

(三)混凝土工程的质量控制

第一，水泥进场必须有出厂合格证和进场试验报告，对水泥的品种、标号、出厂日期等验收合格后，才可使用，上述出厂合格证或质保单及试验报告的复印件应提交监理方。

第二，混凝土粗（细）骨料要符合国家现行有关标准规定，粗骨料的最大粒径不超过钢筋间距最小净距的3/4。

第三，混凝土应以最小的转载次数和最短的时间，从搅拌地点运至浇筑地点。当有离析现象时，必须在浇筑前进行二次搅拌。

第四，木工、钢筋工跟班检查，当发现有变形、移位时，应及时采取措施进行处理。

第五，施工缝的位置宜留置在结构受剪力较小且便于施工的部位，其具体位置应在施工前按照有关规定确定，在施工缝处继续浇筑混凝土时，应按照规定做相应处理。

第六，冬季施工应按照有关规定进行。

第七，在施工缝处继续浇筑混凝土时，要符合以下规定：①已浇筑混凝土强度不小于1.2N/mm²。②其表面要清除水泥薄膜和松动石子及软弱混凝土层。③应充分湿润、冲洗干净、不积水。④在浇筑前，再铺一层水泥浆或与混凝土内成分相同的水泥砂浆。⑤新混凝土要特别细致捣实，使新旧混凝土紧密结合。

第八，混凝土浇筑完毕后12小时内加以覆盖和浇水或用塑料薄膜覆盖养护（气温低于5℃时，不浇水），浇水次数以保持混凝土处于湿润状态为标准。

第九，混凝土缺陷修整方法如下：对于面积较大的蜂窝、露石、露筋，先凿除薄弱的混凝土层和个别空出的骨料颗粒，再用钢丝刷（或高压水）洗刷表面，最后用经原来混凝土强度提高一级的细骨料混凝土填塞并仔细捣实。对于特大的洞孔、蜂窝或影响结构性能的缺陷，需会同设计、监理、建设单位研究处理；对于面积较小（10cm×10cm）且数量不多的蜂窝或露石的混凝土表面，先用钢丝刷（或高压水）洗刷表面，再用1∶2～1∶1.25的水泥砂浆抹平。

上述混凝土缺陷的修整程序为：拆模后，对混凝土缺陷，施工单位不得擅自进行修补，应先由施工单位提出修补方案，再经监理方认可（必要时还需征求设计单位意见），并由监理方监督施工。

(四) 砌体工程的质量控制

第一，砌体结构工程所用的材料应有产品合格证书、产品性能型式检验报告，质量应符合国家现行有关标准的要求。块体、水泥、钢筋、外加剂还应有材料主要性能的进场复验报告，并应符合设计要求。严禁使用国家明令淘汰的材料。

第二，砌体结构的标高、轴线，应引自基准控制点。

第三，砌筑基础前，应校核放线尺寸，允许偏差但应符合相关规定。

第四，砌体的转角处和交接处应同时砌筑，当不能同时砌筑时，应按照规定留槎、接槎。

第五，砌筑墙体应设置皮数杆。

第六，不得在下列墙体或部位设置脚手眼：①120mm 厚墙、清水墙、料石墙、独立柱和附墙柱。② 过梁上与过梁成 60° 角的三角形范围及过梁净跨度 1/2 的高度范围内。③ 宽度小于 1m 的窗间墙。④ 门窗洞口两侧石砌体 300mm，其他砌体 200mm 范围内，转角处石砌体 600mm，其他砌体 450mm 范围内。⑤ 梁或梁垫下及左右 500mm 范围内。⑥ 设计不允许设置脚手眼的部位。⑦ 轻质墙体。⑧ 夹心复合墙外叶墙。

第七，设计要求的洞口、沟槽、管道应于砌筑时正确留出或预埋，未经设计同意，不得打凿和在墙体上开凿水平沟槽。宽度超过 300mm 的洞口上部，应设置钢筋混凝土过梁。不应在截面小于 500mm 的承重墙体、独立柱内埋设管线。

第八，砌筑完基础或每一楼层后，应校核砌体的轴线和标高。在允许偏差范围内，轴线偏差可在基础顶面或楼面上校正，标高偏差宜通过调整上部砌体灰缝厚度校正。

第九，雨天不宜在露天砌筑墙体，对下雨当日砌筑的墙体应进行遮盖。继续施工时，应复核墙体的垂直度，如果垂直度超过允许偏差，应拆除重新砌筑。

第十，正常施工条件下，砖砌体、小砌块砌体每日砌筑高度宜控制在 1.5m 或一步脚手架高度内，石砌体不宜超过 1.2m。

第十一，砌筑烧结普通砖、烧结多孔砖、蒸压灰砂砖、蒸压粉煤灰砖砌体时，应提前 1 ~ 2d 将砖适度润湿，严禁采用干砖或处于吸水饱和状态的砖砌筑，块体湿润程度宜符合下列规定：① 烧结类块体的相对含水率为 60% ~ 70%。② 混凝土多孔砖及混凝土实心砖不须浇水润湿，但在气候干燥炎热的情况下，宜在砌筑前对其喷水润湿。其他非烧结类块体的相对含水率为 40% ~ 50%。

第三节　屋面工程的常见质量问题与控制

一、屋面工程的常见质量问题

（一）屋面找平层的问题

第一，找坡不准、排水不畅的问题。找平层施工后，在屋面上容易发生局部积水现象，尤其在天沟、檐沟和水落口周围，下雨后积水不能及时排出。

第二，找平层起砂、起皮的问题。找平面层施工后，屋面表面出现不同颜色和分布不均的砂粒，用手一搓，砂子就会分层浮起。用手击拍，表面水泥胶浆会成片脱落或有起皮、起鼓现象。用木棰敲击，有时还会听到空鼓的哑声。找平层起砂、起皮是两种不同的现象；但有时会在一个工程中同时出现。

第三，找平层开裂的问题。找平层出现无规则的裂缝比较普遍，主要发生在有保温层的水泥砂浆找平层上。这些裂缝一般分为断续状和树枝状两种，裂缝宽度一般在 0.2 ~ 0.3mm 以下，个别可达 0.5mm 以上，出现时间主要发生在水泥砂浆施工初期至 20d 左右龄期内。找平层中较大的裂缝还易引发防水卷材开裂（包括延伸性较好的改性沥青或合成高分子防水卷材在内），且两者的位置、大小互为对应。此外还有在找平层上出现横向有规则裂缝，这种裂缝往往是通长和笔直的，裂缝间距在 4 ~ 6m。

（二）卷材防水屋面的问题

第一，卷材起鼓的问题。热熔法铺贴卷材时，因操作不当会造成卷材起鼓。

第二，转角、立面与卷材接缝处黏结不牢的问题。卷材铺贴后易在屋面转角、立面处出现脱空。而在卷材的搭接缝处，还常发生黏结不牢、张口、开缝等缺陷。

（三）涂膜防水屋面的问题

第一，屋面渗漏的问题。屋面遇雨水出现渗漏。

第二，涂膜裂缝、脱皮、流淌、鼓包的问题。涂膜出现裂缝、脱皮、流淌、鼓泡等缺陷。

（四）刚性防水屋面的问题

第一，屋面开裂的问题。混凝土刚性屋面开裂一般分为结构裂缝、温度裂缝和施工裂缝三种：① 结构裂缝通常产生在屋面板拼缝上，一般宽度较大，并穿过防水层而上下贯通。② 温度裂缝一般都是有规则、通长的，裂缝的分布比较均匀。

③ 施工裂缝常是一些不规则、长度不等的断续裂缝，也有一些是因为水泥收缩而产生的龟裂。

第二，屋面渗漏的问题。混凝土刚性屋面的渗漏有一定的规律性，容易发生的部位主要有山墙或女儿墙、檐口、屋面板板缝、烟囱或水落口穿过防水层处。

第三，防水层起壳、起砂的问题。防水层混凝土出现起壳、起砂及表面风化等现象。

(五) 屋面保温层的问题

第一，表面铺设不平的问题。屋面保温层表面铺设不平整。

第二，保温层起鼓、开裂的问题。保温层乃至找平层出现起鼓、开裂。

第三，架空板铺设不稳、排水不畅的问题。架空板铺设不平整、不稳固、排水不通畅。

二、屋面工程质量的控制体系

(一) 重视屋面工程现场质量管理

第一，防水层必须由专业施工队伍及作业人员进行施工，承接屋面工程防水层施工的专业队伍应有防水工程施工的专项资质，具有防水工程施工的专业技术、设备、人员等能力。

第二，作业人员应事先进行培训，持证上岗，未经培训取得上岗证的人员不得上岗操作，施工人员如遇新材料、新工艺、新技术必须事先进行培训学习，大面积操作前由有经验的技工进行操作示范，掌握施工方法和要领，绝不可任意施工。防水工程施工前，应根据施工方案要求确定并配齐施工操作人员。

第三，作业班组有兼职质检员，项目部配备专职质检员。严格实行工序检验制度，每道工序完成后，先由施工队伍自检，再由项目部专职质检人员检查，最后报请监理工程师验收，合格后方可进入下一道施工。

第四，项目部根据施工单位建立的质量管理体系有效运行，现场质量管理制度健全。

(二) 进行屋面工程的原材料控制

1. 材料是保障工程质量的基础

屋面工程所采用的防水和保温隔热材料应有产品合格证书和性能检测报告，所用材料的品种、规格、性能等应符合现行国家产品标准和设计要求。材料进场后，应检查材料的品种、规格是否正确，材料的包装和商标是否完整，产品质量保证书是否齐全，并按有关规范规定的项目和性能指标要求抽样复验，并提出试验报告，不合格的材料不得在屋面工程中使用。

2. 材料进场后专门房间存放

保证通风、干燥，防止日光直接照射，避免碰撞、受潮，远离火源，储存温度不应低于0℃。材料的包装上应有明显的标志，标明材料名称、规格、生产厂家、生产日期和产品有效期，不同品种、规格的防水材料应分别堆放且做好标识。当材料存放时间超过储存期时，应将材料重新进行检验，合格后方可用于屋面工程。

3. 引进与开发多种防水材料

我国的防水材料已形成了卷材、涂料、密封材料三大系列，包括沥青基、高聚物改性沥青和合成高分子等为基料的低、中、高性能档次配套的几百个品种的防水材料。近年来，我国引进和开发了具有特殊性能的防水材料，如可在潮湿基层上施工的基层处理剂和防水材料、自黏结防水卷材、高分子卷材搭接缝密封胶带等。

（1）卷材防水材料。卷材防水材料具有耐候性能优异、耐高低温优良、不透水性能好、拉伸强度高、断裂延伸率大、对基层伸缩或开裂适应性强等特点。例如，三元乙丙橡胶防水卷材、氯化聚乙烯—橡胶共混防水卷材、氯化聚乙烯防水卷材、聚氯乙烯防水卷材、SBS改性沥青防水卷材、APP改性沥青防水卷材等产品。

（2）防水涂料。为更好地适应建筑物造型复杂和变截面工程防水层施工的需要，我国先后研制成功了单独或与胎体增强材料复合，采用分层涂刷或喷涂在需要进行防水处理的基层表面上，即可在常温条件下干燥固化，并能形成连续、无接缝、整体且具有一定厚度的涂膜防水层的双组分或单组分的聚氨酯防水涂料、聚丙烯酸酯防水涂料、硅橡胶防水涂料、聚合物水泥防水涂料、高聚物改性沥青防水涂料以及无机渗透结晶型防水涂料等产品，形成了化学反应固化型和溶剂挥发干燥型等性能不同、形态不一的多类型和多品种的格局。

（3）刚性防水材料。配筋和不配筋的细石混凝土、聚合物砂浆等防水方法不但适用于南方地区，而且在我国寒冷的黑龙江地区进行了大量的实践。构造形式除了原有的以开间分格的40mm厚度的配筋细石混凝土防水层以外，还出现了1～1.5m分格的不配筋细石混凝土刚性防水层。为了使刚性细石混凝土防水更可靠，可在混凝土中掺加减水剂、防水剂、微膨胀剂和合成纤维等材料，以减少细石混凝土板块的开裂、提高其抗渗能力。对分格缝进行合理的构造设计，嵌填高性能的密封材料，使分格缝适应变形的能力更强。对于柔性防水层的刚性保护层，如细石混凝土或聚合物砂浆保护层等，应采取刚性防水技术的一些措施，处理成具有较好防水能力的构造层。

(4) 防水材料的配套材料和配件。硅酮密封膏、聚硫密封膏、聚氨酯密封膏、丙烯酸密封膏、丁基密封材料、改性沥青密封材料等接缝密封材料除了进行接缝密封防水外，还广泛用于细部构造处理中。橡塑或塑料的水落口和水落管、卷材收头的压条、女儿墙压顶和分格缝模条等已经问世。卷材的各种胶粘剂、卷材收头和接缝口的配套密封材料（如接缝胶粘带、盖缝条等）的研究也已经有了不同程度的发展，防水涂料的胎体增强材料的品种和性能也在不断改进。

4. 屋面工程保温材料的控制

屋面上过去一直采用水泥膨胀珍珠岩、水泥膨胀蛭石等保温材料。这些保温材料存在导热系数和表观密度大、吸水率高等缺点，为了达到屋盖系统最大传热阻的要求，需要较大的厚度。而且由于吸水率大，施工时需要有连续的晴好天气，施工完毕须及时覆盖防水层以免雨水侵入。否则一旦雨水进入，当防水层施工完成后，保温层中的大量水分被防水层包裹起来，水分永远不会减少。这样不但保温性能降低，而且大大增加了屋盖的重量，并会造成防水层起鼓破裂现象。采用高性能保温隔热材料，不仅起到了调节室内气温的作用，同时也是建筑节能的需要。例如，传统的膨胀珍珠岩通过在工厂添加憎水剂制作成吸水率较小的憎水珍珠岩板材，吸水率低、导热系数和表观密度小的新型保温材料，如聚苯乙烯泡沫板、泡沫玻璃、硬质聚氨酯泡沫塑料等应用越来越广泛。

（三）合理安排施工作业条件与顺序

1. 环境气候条件与基层条件

屋面工程施工基本上是露天进行，因此气候影响极大。① 在屋面工程的施工过程中，需要掌握天气情况和气象预报。当遇到雨、雪天气或预计在防水层施工期内有雨、雪时，不应该进行防水层施工，以免雨、雪破坏已施工的防水层，失去防水效果。如施工时遇雨、雪，则必须立即做好保护措施，将已完成的防水层周边用密封材料封固，防止雨水浸入。霜、雾天或大气湿度过大时，会使基层的含水率增大，必须待霜、雾退去，基层晒干后施工，否则会造成防水层与基层黏结不良或出现起鼓现象。当五级风及以上时，防水层均不得施工，因为大风易将尘土或砂粒刮到基层上面，不但影响黏结，还容易刺破防水层。大气温度对防水层施工质量影响也很大，气温过低，会影响卷材与基层的黏结力，挥发固化型涂料会延长固化时间，同时易遭冻结而失去防水作用。气温太高，施工操作不便，防水涂料的溶剂或水分蒸发过快，涂膜易产生收缩而出现裂缝，故气温太高时也不宜施工。

① 张素香 . 房屋建筑常见质量问题及控制对策 [M]. 天津：天津科学技术出版社，2017：129.

防水层是依附于基层的，基层质量好坏，将直接影响防水层的质量，基层质量是防水层质量的基础。基层的质量包括结构层和找平层的刚度、平整度、强度、表面完整程度及基层含水率等。结构刚度对屋面防水层的影响很大，因此屋面结构宜采用现浇板。如采用装配式混凝土板时，应采用细石混凝土灌缝；当屋面板板缝宽度大于40mm或上宽下窄时，板缝内应设置构造钢筋，以提高结构板的刚度，减少结构变形对防水层的不利影响。

2. 屋面工程施工顺序的安排

屋面防水施工应当是屋面工程的最后一道工序，伸出屋面的管道、设备或预埋件等，应在防水层施工前安装完毕。屋面防水层完工后，不得在其上凿孔打洞或用重物冲击。此外，高低跨屋面的高跨建筑或屋面上设备间的结构、装修施工，也要求在防水层施工前完成，否则在已完成的防水层上进行操作，势必损伤防水层的完整性，尤其是耐穿刺性差的柔性防水层，危害就更大。在实际工作中由于工序安排不妥、现场条件不具备时在已完工的防水层上继续施工造成的渗漏屡见不鲜。在施工中也常遇到屋面上一些设备安装必须在防水层完成后进行，还有防水层的刚性保护层施工、架空隔热板铺设等工作也必须在防水层完成后进行，在这种情况下，必须采取有效的措施，对已完成的防水层进行保护，如在防水层上铺垫脚手板或铺设保护层等措施。

(四) 屋面工程施工技术的控制管理

1. 屋面工程施工方案的合理编制

施工方案审批手续须完善，并且逐级交底以便贯彻实施。根据防水设计和规范要求，确定施工程序和施工方法。施工方案应包括以下内容。

(1) 工程概况。包括整个工程简况、屋面防水等级、防水层构造层次、设防要求、建筑类型和结构特点、防水层合理使用年限等。

(2) 质量目标。屋面防水工程施工的具体质量目标、质量保证体系、工序质量的预控标准、质量验收的方法与记录、施工记录和归档资料的内容和要求等。

(3) 施工组织与管理。确定屋面防水工程施工的组织者和负责人，负责施工操作的班组人员，屋面防水工程施工技术交底的内容、工序检验的步骤和要求，现场材料堆放、运输等的要求。

(4) 防水保温材料的使用。防水保温材料的类型、名称、品种、特点和性能指标，质量要求和抽样复验要求，施工注意事项，运输储存的有关规定等。

(5) 施工操作技术。包括屋面工程的施工顺序、施工准备工作内容、基层要求、节点增强处理方法、防水，材料施工工艺、操作方法和技术要求，防水层施工的环境和气候条件、成品保护的方法等。

(6) 安全注意事项。根据工程特点明确防水工程施工中的各种安全注意事项，如防水要求、高空作业要求、劳动保护和防护措施等。

2. 屋面防水层施工技术方法的运用

(1) 各种防水材料形成系列，屋面防水构造日趋复杂，同一屋面经常采用多种防水材料共同设防，防水施工人员必须掌握多种材料的施工方法和施工工艺，才能完成屋面防水工程的施工。屋面防水施工出现了新的施工方法和施工工艺，如卷材采用胶粘剂冷黏法施工、热熔法施工、自粘法施工或热风焊接法施工，涂料采用涂刷、刮涂或喷涂施工成膜。

(2) 施工机具方面。过去在沥青油毡的施工中，玛碲脂均在现场砌临时炉灶用大铁锅熬制，用油壶送到屋面上后采用人工摊铺，熬制和摊铺温度、摊铺厚度等都不易控制，现在的电热玛碲脂摊铺机械提高了施工机械化程度。由于塑性卷材的问世，焊接工艺和各种热风焊接机械也相应出现并逐渐成熟。防水涂料采用手工涂刷或刮涂时，施工速度慢、涂膜的厚薄均匀程度难以控制。随着热熔改性沥青涂料和高固含量水性沥青材料的引进和开发，涂料喷涂机械也已开始在实际工程中使用，并在涂料喷涂的同时，可以掺入短切纤维，对涂料起增强作用。

(3) 专业公司的技术人员要了解各种防水材料性能，熟悉各种材料的施工方法、施工工艺和施工要点。施工作业人员掌握多种材料的操作规程，能够适应复合用材防水工程的施工，并能在实践中进行总结，改进施工方法、完善施工工艺、开发新的施工机具，不断推进防水工程施工技术的发展。

3. 屋面工程施工技术资料的收集整理

屋面工程施工技术资料的收集整理主要包括：① 原材料出厂质量合格证明书、复试检测报告等。② 施工方案、技术交底、技术复核等施工管理资料。③ 屋面各重要工序隐蔽工程验收记录。④ 屋面蓄水、淋水试验等施工检测记录。⑤ 质量检查验收记录等。

第四节　地面工程的常见质量问题与控制

一、地面工程的常见质量问题

(一) 水泥地面

第一，地面起砂。地面表面粗糙、不坚固，使用后表面出现水泥灰粉，随走动次数增多，砂粒逐步松动，露出松散的砂子和水泥灰。

第二，地面、踢脚板空鼓。地面或踢脚板产生空鼓，用小锤敲击有空鼓声，严重时会开裂甚至剥落，影响使用。

第三，地面不规则裂缝。不规则裂缝在底层回填土的地面上以及预制板楼地面或整浇板楼地面上都会出现，裂缝的部位不固定，形状也不一样，有表面裂缝，也有贯穿裂缝。

第四，预制楼板地面顺板缝或顺楼板搁置方向裂缝。预制楼板地面出现有规律的顺板拼缝方向通长裂缝，一般是上下贯通，板下抹灰层也出现裂缝。在两间以上的大房间内，楼板端头搁置处正上方出现顺楼板搁置方向裂缝。

第五，楼梯踏步高度、宽度不一。楼梯踏步的高度或宽度不一致，最常发生在梯段的首级或末级。

第六，散水坡下沉、断裂。建筑物四周散水坡沿外墙开裂、下沉，在房屋转角处或较长散水坡的中间断裂。

（二）水磨石地面

第一，地面空鼓。空鼓多发生在水磨石面层与找平层之间，也会发生在找平层与基层之间，在分格块四角更易产生空鼓现象，用小锤敲击有空鼓声。

第二，分格条处石子显露不清或不均。分格条两边约 10mm 宽范围内基本无石子显露，形成一条明显的纯水泥斑带，分格条十字交叉处周围出现一圈纯水泥斑，影响外观。

第三，表面磨纹明显，光亮度差。表面粗糙，有明显的磨石痕迹或细小洞眼，光亮度差。

第四，踢脚板石子显露不清，表面粗糙。踢脚板表面石子显露稀少，不清晰，粗糙无光亮，影响外观。

（三）板块地面

第一，地面空鼓、脱壳。用小锤轻击地面有空鼓声，严重处板块与基层脱离。

第二，接缝不平，缝口宽度不均。相邻板块接缝高差大，板块缝口宽度不一。

第三，带地漏地面倒泛水。地漏处地面偏高，造成地面积水和外流。

（四）木质地面

第一，木板松动或起拱。木地板使用后易产生松动，踏上去有响声或木地板局部拱起。

第二，拼缝不严。木质板块拼缝不严密，缝隙偏大，影响使用和外观。

第三，拼花地板脱壳。黏结式拼花地板黏结不牢固、脱壳、松动，人踏上去有响声，影响正常使用。

（五）楼地面渗漏

第一，穿楼板管根部渗漏。楼面的积水通过厨房、卫生间楼板与管道的接缝处渗漏。

第二，地面渗漏。厨房、卫生间地面的楼板，在板下或板端承载墙面出现渗漏水；地面是钢筋混凝土现浇板时，也会出现渗漏水现象。

二、地面工程的质量控制体系

（一）混凝土面层的质量控制

第一，混凝土面层的强度等级应取设计等级与C20之间的最大值，并且在浇筑时必须采用振捣的方式保证其足够密实。

第二，浇筑混凝土面层应采用粒径小于或等于15mm的碎石或卵石。

第三，浇筑完成之后应进行为期不少于一周的专业养护，并且在混凝土初凝前和终凝前分别压实、抹平和压光。

（二）水泥砂浆面层的质量控制

第一，应采用配合比大于或等于1：2的水泥砂浆进行水泥砂浆面层的施工，并且要求所使用的水泥砂浆均匀度和色泽一致性均达到规定要求。

第二，在水泥砂浆铺设的同时应完成拍实作业，并且在其初凝前和终凝前分别抹平和压光。

（三）水磨石面层的质量控制

第一，应采用配合比不低于1：2.5的材料进行水磨石面层的铺设作业。

第二，在铺设添加各种矿物颜料的美术水磨石面层时，应遵循“先浅后深”的原则，同时要保证交界处不出现混色。

第三，应使用铁辊对完成水泥石子浆铺后的面层进行碾压抹平使其出浆，在气候合适的时候开磨，粗细磨作业均应严格按照操作规程的规定进行，从而保证面层的质量。

第六章　建筑工程质量验收与保修

建筑工程质量验收和保修是建筑项目管理的重要组成部分，也是确保建筑项目在建设完成后质量得到保障并维护其长期性能的重要步骤。本章重点对工程质量验收的条件及要求、工程质量验收的内容与程序、住宅工程质量分户验收、工程质量的验收处理与保修进行研究。

第一节　工程质量验收的条件及要求

工程质量验收是工程质量控制的重要环节，其验收结果体现了施工质量水平。工程质量验收包括施工质量的中间过程验收和竣工验收。工程建设有关各方应按照合同和相关规定，做好工程质量验收工作。①

一、工程质量验收的条件

交付竣工验收的建筑工程，必须符合规定的建筑工程质量标准，有完整的工程技术、经济资料和经签署的工程保修书，并具备国家规定的其他竣工条件。建筑工程竣工经验收合格后，方可交付使用；未经验收或者验收不合格的，不得交付使用。一般而言，建设工程竣工的具体条件有以下内容。

第一，完成工程设计和合同约定的各项内容。

第二，施工单位在工程完工后对工程质量进行了检查，确认工程质量符合有关法律、法规和工程建设强制性标准，符合设计文件及合同要求，并提出工程竣工报告。工程竣工报告应经项目经理和施工单位有关负责人审核签字。

第三，对于委托监理的工程项目，监理单位对工程进行了质量评估，具有完整的监理资料，并提出工程质量评估报告。工程质量评估报告应经总监理工程师和监理单位有关负责人审核签字。

第四，勘察、设计单位对勘察、设计文件及施工过程中由设计单位签署的设计

① 殷为民，高永辉 . 建筑工程质量与安全管理 [M]. 哈尔滨：哈尔滨工程大学出版社，2018：57.

变更通知书进行了检查，并提出质量检查报告。质量检查报告应经该项目勘察、设计负责人和勘察、设计单位有关负责人审核签字。

第五，有完整的技术档案和施工管理资料。

第六，有工程使用的主要建筑材料、建筑构配件和设备的进场试验报告，以及工程质量检测和功能性试验资料。

第七，建设单位已按合同约定支付工程款。

第八，有施工单位签署的工程质量保修书。

第九，对于住宅工程，进行分户验收并验收合格，建设单位按户出具《住宅工程质量分户验收表》。

第十，建设主管部门及工程质量监督机构责令整改的问题全部整改完毕。

第十一，法律、法规规定的其他条件。

二、工程质量验收的要求

验收是建筑工程质量在施工单位自行检查合格的基础上，由工程质量验收责任方组织，工程建设相关单位参加，对检验批、分项、分部、单位工程及其隐蔽工程的质量进行抽样检验，对技术文件进行审核，并根据设计文件和相关标准以书面形式对工程质量是否达到合格做出确认。正确地进行工程项目质量验收，是施工质量控制的重要手段。

（一）施工质量控制要求分析

工程项目的建设不能像工业产品一样实施拆卸、维修，也就是具有不可倒推性，所以，对建筑工程项目的质量进行控制就显得极其重要。[①]施工现场质量管理应具有健全的质量管理体系、相应的施工技术标准、施工质量检验制度和综合施工质量水平评定考核制度。建筑工程施工单位应建立必要的质量责任制度，应推行生产控制和合格控制的全过程质量控制，应有健全的生产控制和合格控制的质量管理体系，不仅包括原材料控制、工艺流程控制、施工操作控制、每道工序质量检查、相关工序间的交接检验以及专业工种等中间交接环节的质量管理和控制要求，还应包括满足施工图设计和功能要求的抽样检验制度等。施工单位还应通过内部的审核与管理者的评审，找出质量管理体系中存在的问题和薄弱环节，并制定改进的措施和跟踪检查落实等措施，使质量管理体系不断健全和完善，这是使施工单位不断提高建筑工程施工质量的基本保证。同时施工单位应重视综合质量控制水平，从施工技术、

① 冯炳荣．浅析建筑工程施工质量验收的要求 [J]. 门窗，2017(6)：33.

管理制度、工程质量控制等方面制定综合质量控制水平指标，以提高企业整体管理、技术水平和经济效益。

(二) 建筑工程的施工质量控制

第一，建筑工程采用的主要材料、半成品、成品、建筑构配件、器具和设备应进场检验。凡涉及安全、节能、环境保护和主要使用功能的重要材料、产品，应按各专业工程施工规范、验收规范和设计要求等规定进行复检，并应经监理工程师检查认可。

第二，各施工工序应按施工技术标准进行质量控制，每道施工工序完成后，须经施工单位自检符合规定后，才能进行下道工序。各专业工种之间的相关工序应进行交接检验，并应记录。

第三，对于监理单位提出检查要求的重要工序，只有经过经监理工程师检查认可，才能进行下道工序。

(三) 建筑工程施工质量验收的要求

建筑工程施工质量应按以下要求进行验收。

第一，工程质量的验收均应在施工单位自检合格的基础上进行。

第二，参加工程施工质量验收的各方人员应具备相应的资格。

第三，检验批的质量应按主控项目和一般项目验收。

第四，对涉及结构安全、节能、环境保护和主要使用功能的试块、试件及材料，应在进场时或施工中按规定进行见证检验。

第五，隐蔽工程在隐蔽前应由施工单位通知监理单位进行验收，并应形成验收文件，验收合格后方可继续施工。

第六，对涉及结构安全、节能、环境保护和使用功能的重要分部工程，应在验收前按规定进行抽样检验。

第七，工程的观感质量应由验收人员现场检查，并应共同确认。

(四) 建筑工程质量验收的不同划分

建筑工程质量验收应划分为单位工程、分部工程、分项工程和检验批，建筑工程质量验收根据单位工程、分部工程、分项工程和检验批逐步进行。

第一，单位工程的划分应按下列原则确定：一是具备独立施工条件并能形成独立使用功能的建筑物或构筑物为一个单位工程。二是建筑规模较大的单位工程，可将其能形成独立使用功能的部分划分为一个子单位工程。

第二，分部工程的划分应按下列原则确定：一是可按专业性质、工程部位确定。二是当分部工程较大或较复杂时，可按材料种类、施工特点、施工程序、专业系统及类别将分部工程划分为若干子分部工程。三是分项工程可按主要工种、材料、施工工艺、设备类别进行划分。四是室外工程可根据专业类别和工程规模划分子单位工程、分部工程和分项工程。

检验批和分项工程是质量验收的基本单元，分项工程是分部工程的组成部分，由一个或若干个检验批组成。多层及高层建筑的分项工程可按楼层或施工段来划分检验批，单层建筑的分项工程可按变形缝等划分检验批；地基基础的分项工程一般划分为一个检验批，有地下层的基础工程可按不同地下层划分检验批；屋面工程的分项工程可按不同楼层屋面划分为不同的检验批；其他分部工程中的分项工程，一般按楼层划分检验批；对于工程量较少的分项工程可划为一个检验批；安装工程一般按一个设计系统或设备组别划分为一个检验批；室外工程一般划分为一个检验批；散水、台阶、明沟等含在地面检验批中。

分部工程是在所含全部分项工程验收的基础上进行验收的，在施工过程中随完工随验收，并留下完整的质量验收记录和资料；将单位工程作为具有独立使用功能的完整的建筑产品，进行竣工质量验收。

第二节　工程质量验收的内容与程序

一、工程质量验收的内容

(一) 检验批质量验收合格

检验批是工程验收的最小单位，是分项工程、分部工程、单位工程质量验收的基础。检验批是施工过程中条件相同并有一定数量的材料、构配件或安装项目，由于其质量水平基本均匀一致，因此可以作为检验的基本单元，并按批验收。检验批质量验收合格应符合以下规定：① 主控项目的质量经抽样检验均应合格。② 一般项目的质量经抽样检验合格。当采用计数抽样时，合格点率应符合有关专业验收规范的规定，且不得存在严重缺陷。对于计数抽样的一般项目，正常检验一次、二次抽样可按相关标准判定。③ 具有完整的施工操作依据、质量验收记录。

检验批的合格与否主要取决于对主控项目和一般项目的检验结果。主控项目是建筑工程中对安全、节能、环境保护和主要使用功能起决定性作用的检验项目。一般项目是除主控项目之外的检验项目。由于主控项目是对检验批的基本质量起决定性影响的检验项目，须从严要求，因此，主控项目必须全部符合有关专业验收规范的规定，不允许有不符合要求的检验结果。对于一般项目，虽然允许存在一定数量的不合格点，但某些不合格点的指标与合格要求偏差较大或存在严重缺陷时，仍将影响使用功能或观感质量，因此要对这些部位进行维修处理。为了使检验批的质量满足安全和功能的基本要求，保证建筑工程质量，各专业验收规范应对各检验批的主控项目、一般项目的合格质量给予明确的规定。

(二) 分项工程质量验收合格

分项工程质量验收合格应符合以下规定：① 所含检验扎的质量均应验收合格；② 所含检验批的质量验收记录应完整。分项工程的验收是以检验批为基础进行的。一般情况下，检验批和分项工程两者具有相同或相近的性质，只是批量的大小不同而已。分项工程质量合格的条件是构成分项工程的各检验批验收资料齐全完整，且各检验批均已验收合格。

(三) 分部工程质量验收合格

分部工程质量验收合格应符合以下规定：① 所含分项工程的质量均应验收合格；② 质量控制资料应完整；③ 有关安全、节能、环境保护和主要使用功能的抽样检验结果应符合相应规定；④ 观感质量应符合要求。

分部工程的验收是以所含各分项工程验收为基础进行的。首先，组成分部工程的各分项工程已验收合格且相应的质量控制资料齐全、完整。其次，由于各分项工程的性质不尽相同，作为分部工程不能简单地组合而加以验收，需要进行以下两类检查项目：涉及安全、节能、环境保护和主要使用功能的地基与基础、主体结构和设备安装等分部工程应进行有关的见证检验或抽样检验。再次，以观察、触摸或简单量测的方式进行观感质量验收，并结合验收人的主观判断，检查结果并不给出“合格”或“不合格”的结论，而是综合给出“好”“一般”“差”的质量评价结果。最后，对于评价结果为“差”的检查点应进行返修处理。建筑工程可以划分为地基与基础、主体结构、建筑装饰装修、屋面、建筑给水排水及供暖、通风与空调、建筑电气、智能建筑、建筑节能、电梯十个分部工程。

(四) 单位工程质量验收合格

单位工程质量验收合格应符合以下规定：① 所含分部工程的质量均应验收合格；② 质量控制资料应完整；③ 所含分部工程有关安全、节能、环境保护和主要使用功能的检验资料应完整；④ 主要使用功能的抽查结果应符合相关专业验收规范的规定；

⑤ 观感质量应符合要求。单位工程质量验收也称质量竣工验收，是建筑工程投入使用前的最后一次验收，也是最重要的一次验收。随着房地产市场的发展，增加了住宅工程质量分户验收对住宅工程竣工验收进行补充。分户验收是指在施工单位提交竣工验收报告后，住宅工程竣工验收前，按照国家质量验收规范对住宅工程的每一户及公共部位涉及主要使用功能和观感质量进行的专门验收。

二、工程质量验收的程序

(一) 地基与基础工程验收的程序

地基与基础工程验收按施工单位自评、设计认可、监理核定、政府监督的程序进行。分项工程、分部工程质量的验收，均应在施工单位自检合格的基础上进行。施工单位确认自检合格后提出工程验收申请，工程验收时应提供以下技术文件和记录：① 原材料的质量合格证和质量鉴定文件；② 半成品如预制桩、钢桩、钢筋笼等产品合格证书；③ 施工记录及隐蔽工程验收文件；④ 检测试验及见证取样文件；⑤ 其他必须提供的文件或记录。

分部工程验收应由总监理工程师组织施工单位项目负责人、项目技术负责人进行验收，勘察、设计单位项目负责人和施工单位技术、质量部门负责人应参加，共同按设计要求和有关规定进行。验收工作应按以下规定进行：① 分项工程的质量验收应分别按主控项目和一般项目验收；② 隐蔽工程应在施工单位自检合格后，于隐蔽前通知有关人员检查验收，并形成中间验收文件；③ 分部工程的验收，应在分项工程通过验收的基础上，对必要的部位进行见证检验。

主控项目必须符合验收标准规定，发现问题应立即处理直至符合要求，一般项目应有 80% 合格。混凝土试件强度评定不合格或对试件的代表性有怀疑时，应采用钻芯取样，检测结果符合设计要求可按合格验收。

(二) 主体结构工程验收的程序

分部工程施工质量验收时，应提供以下文件和记录：① 设计变更文件；② 原材料质量证明文件和抽样检验报告；③ 相关材料性能检验报告、试验报告；④ 施工记录及隐蔽工程验收记录；⑤ 分项工程验收记录；⑥ 结构实体检验记录；⑦ 工程的重大质量问题的处理方案和验收记录；⑧ 其他必要的文件和记录。主体结构工程施工质量验收合格后，应按有关规定将验收文件存档备案。

（三）建筑节能工程验收的程序

建筑节能工程验收按施工单位自评、设计认可、监理核定、政府监督的程序进行。建筑节能分部工程的质量验收，应在检验批、分项工程全部验收合格的基础上进行，外墙节能构造实体检验，严寒、寒冷和夏热冬冷地区的外窗气密性现场检测，以及系统节能性能检测和系统联合试运转与调试，确认建筑节能工程质量达到验收条件后方可进行。

建筑节能分部工程质量验收合格，应符合以下规定：① 分项工程应全部合格；② 质量控制资料应完整；③ 外墙节能构造现场实体检验结果应符合设计要求；④ 严寒、寒冷和夏热冬冷地区的外窗气密性现场实体检测结果应合格；⑤ 建筑设备工程系统节能性能检测结果应合格。

建筑节能工程验收时应对以下资料核查，并纳入竣工技术档案：① 设计文件、图纸会审记录、设计变更和洽商；② 主要材料、设备和构件的质量证明文件、进场检验记录、进场核查记录、进场复验报告、见证试验报告；③ 隐蔽工程验收记录和相关图像资料；④ 分项工程质量验收记录，必要时应核查检验批验收记录；⑤ 建筑围护结构节能构造现场实体检验记录；⑥ 严寒、寒冷和夏热冬冷地区外窗气密性现场检测报告；⑦ 风管及系统严密性检验记录；⑧ 现场组装的组合式空调机组的漏风量测试记录；⑨ 设备单机试运转及调试记录；⑩ 系统联合试运转及调试记录；⑪ 系统节能性能检验报告；⑫ 其他对工程质量有影响的重要技术资料。单位工程竣工验收应在建筑节能分部工程验收合格后方可进行。

（四）住宅工程分户验收的程序

住宅工程分户验收由建设单位组织，验收小组人员应符合要求且不应少于 4 人，其中安装人员不少于 1 人。已选定物业公司的，物业公司宜派人参与住宅工程分户验收工作。住宅工程质量分户验收应按以下程序及要求进行。

第一，依照分户验收要求的验收内容、质量要求、检查数量合理分组，成立分户验收组，并依据规程要求做好分户验收前的准备工作。

第二，分户验收过程中，验收人员应及时填写、签认《住宅工程质量分户验收记录表》。每户验收符合要求后应在户内醒目位置张贴《住宅工程质量分户验收合格证》。

第三，分户验收检查过程中发现不符合要求的分户或公共部位检查单元，检查小组应对不符合要求部位及时当场标注并记录，并按规程相关条款进行处理。

第四，单位工程通过分户验收后，参加验收单位应填写《住宅工程质量分户验收汇总表》。

住宅工程竣工验收前，建设单位应将包含验收的时间、地点及验收组名单的《单位工程竣工验收通知书》连同《住宅工程质量分户验收汇总表》报送该工程的质量监督机构。

住宅工程竣工验收时，竣工验收组应通过现场抽查的方式复核分户验收记录，核查分户验收标记，工程质量监督机构对验收组复核工作予以监督，每单位工程抽查不少于2户。住宅工程竣工验收复核发现验收条件不符合相关规定、分户验收记录内容不真实或存在影响主要使用功能的严重质量问题时，应中止验收，责令改正，待符合要求后重新组织竣工验收。住宅工程交付使用时，建设单位应向住户提交《住宅工程质量分户验收合格证》，建设单位保存的《住宅工程质量分户验收记录表》供有关部门查阅。

(五) 项目竣工质量验收的程序

施工项目竣工质量验收是施工质量控制的最后一个环节，是对施工过程质量控制成果的全面检验。未经竣工验收或验收不合格的工程，不得交付使用。建设工程项目竣工验收，可分为验收准备、竣工预验收和竣工正式验收三个环节进行。整个验收过程涉及建设单位、设计单位、监理单位及施工总、分包各方的工作，必须按照工程项目质量控制系统的职能分工，以监理单位为核心进行竣工验收。

1. 项目竣工验收准备

施工单位按照合同规定的施工范围和质量标准完成施工任务后，应自行组织有关人员进行质量检查评定。自检合格后，向现场监理机构提交工程竣工预验收申请报告，要求组织工程竣工预验收。施工单位的竣工验收准备，包括工程实体的验收准备和相关工程档案资料的验收准备，使之达到竣工验收的要求，其中设备及管道安装工程等，应经过试压、试车和系统联动试运行检查记录。

2. 项目竣工的预验收

监理机构收到施工单位的工程竣工预验收申请报告后，应就验收准备情况和验收条件进行检查，对工程质量进行竣工预验收。对工程实体质量及档案资料存在的缺陷，及时提出整改意见，并与施工单位协商整改方案，确定整改要求和完成时间。

工程竣工预验收由总监理工程师组织，各专业监理工程师参加，施工单位由项目经理、项目技术负责人等参加，其他各单位人员可不参加。工程预验收除参加人员与竣工验收不同外，其方法、程序、要求等均应与工程竣工验收相同。竣工预验收的资料可参照工程竣工验收的资料要求。

竣工预验收存在施工质量问题时，应由施工单位整改。整改完毕后，由施工单位向建设单位提交工程竣工报告，申请工程竣工验收。

3. 项目竣工正式验收

建设单位收到工程竣工验收报告后，应由建设单位项目负责人组织监理、施工、设计、勘察等。在一个单位工程中，对满足生产要求或具备使用条件，施工单位已自行检验，监理单位已预验收的子单位工程，建设单位可组织进行验收。由几个施工单位负责施工的单位工程，当其中的子单位工程已按设计要求完成，并经自行检验，也可按规定的程序组织正式验收，办理交工手续。在整个单位工程验收时，已验收的子单位工程验收资料应作为单位工程验收的附件。工程竣工验收应当按以下程序进行：一是工程完工后，施工单位向建设单位提交工程竣工报告，申请工程竣工验收。实行监理的工程，工程竣工报告须经总监理工程师签署意见。二是建设单位收到工程竣工报告后，对符合竣工验收要求的工程，组织勘察、设计、施工、监理等单位组成验收组，制订验收方案。对于重大工程和技术复杂工程，根据需要可邀请有关专家参加验收。三是建设单位应当在工程竣工验收 7 个工作日前将验收的时间、地点及验收组名单书面通知负责监督该工程的工程质量监督机构。四是建设单位组织工程竣工验收：① 建设、勘察、设计、施工、监理单位分别汇报工程合同履约情况和在工程建设各个环节执行法律、法规和工程建设强制性标准的情况；② 审阅建设、勘察、设计、施工、监理单位的工程档案资料；③ 实地查验工程质量；④ 对工程勘察、设计、施工、设备安装质量和各管理环节等方面做出全面评价，形成经验收组人员签署的工程竣工验收意见。

参与工程竣工验收的建设、勘察、设计、施工、监理等各方不能形成一致意见时，应当协商提出解决的方法，待意见一致后，重新组织工程竣工验收。工程竣工验收合格后，建设单位应当及时提出工程竣工验收报告。工程竣工验收报告主要包括工程概况、建设单位执行基本建设程序情况，对工程勘察、设计、施工、监理等方面的评价，工程竣工验收时间、程序、内容和组织形式，工程竣工验收意见等内容。建设单位应当自工程竣工验收合格之日起 15 日内，依照《房屋建筑和市政基础设施工程竣工验收备案管理办法》的规定，向工程所在地的县级以上地方人民政府建设主管部门备案。

建设单位应在工程竣工验收前 7 个工作日，将验收时间、地点、验收组名单书面通知该工程的工程质量监督机构，并组织竣工验收会议。正式验收过程中的主要工作包括：一是建设、勘察、设计、施工、监理单位分别汇报工程合同履约情况及工程施工各环节施工是否满足设计要求，质量是否符合法律、法规和强制性标准的情况。二是检查审核设计、勘察、施工、监理单位的工程档案资料及质量验收资料。三是实地检查工程外观质量，对工程的使用功能进行抽查。四是对工程施工质量管理各环节工作、工程实体质量及质保资料情况进行全面评价。五是竣工验收合格，建设单位应及时提出工程竣工验收报告。验收报告应附有工程施工许可证、设计文件审查意见、质量检测功能性试验资料、工程质量保修书及法规所规定的其他文件。六是工程质量监督机构应对工程竣工验收工作进行监督。

第三节 住宅工程质量分户验收分析

住宅工程质量分户验收是指建设单位组织施工、监理等单位，在住宅工程各检验批、分项、分部工程验收合格的基础上，在住宅工程竣工验收前，依据国家有关工程质量验收标准，需要对每户住宅及相关公共部位的观感质量和使用功能等进行检查验收，并出具验收合格证明的活动。住宅工程质量分户验收主要包括以下内容：① 地面、墙面和顶棚质量；② 门窗质量；③ 栏杆、护栏质量；④ 防水工程质量；⑤ 室内主要空间尺寸；⑥ 给水排水系统安装质量；⑦ 室内电气工程安装质量；⑧ 建筑节能和采暖工程质量；⑨ 有关合同中规定的其他内容。

住宅工程质量分户验收应当按照以下程序进行：① 根据分户验收的内容和住宅工程的具体情况确定检查部位、数量；② 按照国家现行有关标准规定的方法以及分户验收的内容适时进行检查；③ 每户住宅和规定的公共部位验收完毕，应填写《住宅工程质量分户验收表》，再由建设单位和施工单位项目负责人、监理单位项目总监理工程师分别签字；④ 分户验收合格后，建设单位必须按户出具《住宅工程质量分户验收表》，并作为《住宅质量保证书》的附件，一同交给住户。

分户验收不合格，不能进行住宅工程整体竣工验收。同时，住宅工程整体竣工验收前，施工单位应制作工程标牌，将工程名称、竣工日期和建设、勘察、设计、施工、监理单位全称标明并镶嵌在该建筑工程外墙的显著部位。

住宅工程质量分户验收由施工单位提出申请，建设单位组织实施，施工单位项目负责人、监理单位项目总监理工程师及相关质量、技术人员参加，对所涉及的部位、数量按分户验收内容进行检查验收。已经预选物业公司的项目，物业公司应当派人参加分户验收。

建设、施工、监理等单位应严格履行分户验收职责，对分户验收的结论进行签认，不得简化分户验收程序。不符合要求的，施工单位应及时进行返修，由监理单位负责复查，返修完成后重新组织分户验收。

工程质量监督机构要加强对分户验收工作的监督检查，监督有关方面认真整改，确保分户验收工作质量。对在分户验收中弄虚作假、降低标准或将不合格工程按合格工程验收的，依法对有关单位和责任人进行处罚，并纳入不良行为记录。

第四节　工程质量的验收处理与保修

一、工程质量的验收处理

（一）工程质量验收处理规定

当建筑工程质量不符合要求时，应按以下规定进行处理。

第一，经返工或返修的检验批，应重新进行验收。

第二，经有资质的检测机构检测鉴定能够达到设计要求的检验批，应予以验收。

第三，经有资质的检测机构检测鉴定达不到设计要求，但经原设计单位核算认可能够满足安全和使用功能的检验批，可予以验收。

第四，经返修或加固处理的分项、分部工程，满足安全及使用功能要求时，可按技术处理方案和协商文件的要求予以验收。

工程质量控制资料应齐全完整。当部分资料缺失时，应委托有资质的检测机构按有关标准进行相应的实体检验或抽样试验。

经返修或加固处理仍不能满足安全或重要使用要求的分部工程及单位工程，严禁验收。

（二）工程质量验收处理方法

1. 工程质量问题的处理

（1）萌芽状态的质量问题。对于萌芽状态的工程质量问题，应及时处理。例如，可以要求施工单位立即更换不合格的材料、设备或不称职人员，或者要求施工单位立即改正不正确的施工方法和操作工艺。

（2）已经出现的质量问题。对于因施工原因已经出现的工程质量问题，监理工程师（或建设单位项目负责人）应立即向施工单位发出《监理通知单》，要求施工单位对已出现的工程质量问题采取补救措施，并且采取有效的保证后续施工质量的措施。施工单位应妥善处理施工质量问题，填写《监理通知回复单》报监理工程师（或建设单位项目负责人）。

（3）需暂停施工的质量问题。对需要加固补强的质量问题，或质量问题的存在影响下道工序和分项工程的质量时，应签发《工程暂停令》，指令施工单位停止有质量问题部位和关联部位及下道工序的施工。必要时，应要求施工单位采取防护措施，责成施工单位写出质量问题调查报告，由设计单位提出处理方案，并征得建设单位同意后，由施工单位处理，处理后应重新进行验收。

(4) 验收不合格的质量问题。当某道工序或分项工程完工以后，出现不合格项时，监理工程师应填写《不合格项处置记录》，要求施工单位及时采取措施予以整改。监理工程师应对其补救方案进行确认和跟踪处理，并对处理结果进行验收，否则不允许进行下道工序或分项工程的施工。

(5) 保修期出现的质量问题。对于在保修期内发现的施工质量问题，监理工程师应及时签发监理通知单，指令施工单位进行修补、加固或返工处理。

2. 工程质量事故的处理

(1) 施工质量事故的处理程序。

第一，事故调查。事故发生后，施工项目负责人应按法定的时间和程序及时向企业报告事故的状况，积极组织事故调查。事故调查应力求及时、客观、全面，以便为事故的分析与处理提供正确的依据。调查结果要整理成事故调查报告，主要内容应包括工程概况、事故情况、事故发生后所采取的临时防护措施、事故的有关数据与资料、事故原因分析与初步判断、事故处理的建议方案与措施、事故主要责任者与涉及人员的情况等。

第二，事故的原因分析。原因分析要建立在事故情况调查的基础上，避免情况不明就主观推断。特别是对涉及勘察、设计、施工、材料和管理等方面的质量事故，往往原因错综复杂，因此必须对调查所得到的数据、资料进行仔细分析，去伪存真，找出造成事故的主要原因。

第三，制订事故处理方案。事故处理方案要建立在原因分析的基础上，科学论证并广泛地听取专家及有关方面的意见。在制订事故处理方案时，应做到安全可靠、技术可行、不留隐患、经济合理、具有可操作性、满足建筑功能和使用要求。

第四，事故处理。根据制订的事故处理方案，对质量事故进行认真处理。处理的内容主要包括：事故的技术处理，解决施工质量不合格和缺陷问题；事故的责任处罚，根据事故的性质、损失大小、情节轻重对事故的责任单位和责任人做出相应的行政处分乃至追究刑事责任。

第五，事故处理的鉴定验收。质量事故处理是否达到预期的目的，是否依然存在隐患，应当通过检查鉴定和验收做出确认。事故处理的质量检查鉴定，应严格按施工验收规范和相关质量标准的规定进行，必要时还应通过实际量测、试验和仪器检测等方法获取必要的数据。事故处理后，必须尽快提交完整的事故处理报告，内容应包括事故调查的原始资料、测试的数据；事故原因的分析、论证；事故处理的依据、方案及技术措施；实施事故处理的有关数据、记录、资料；检查验收记录；事故处理的结论；等等。

（2）施工质量事故处理的基本要求。

第一，质量事故的处理应达到安全可靠、不留隐患、满足生产和使用要求、施工方便经济合理的目的。

第二，重视消除造成事故的原因，注重综合治理。

第三，确定处理的范围，正确选择处理的时间和方法。

第四，加强事故处理的检查验收工作，认真复查事故处理的实际情况。

第五，确保工程事故处理期间的安全。

（3）施工质量事故处理的基本方法。

第一，修补处理。当工程某些部分的质量虽未达到规定的规范、标准或设计的要求，存在一定的缺陷，但经过修补后可以达到要求的质量标准，又不影响使用功能或外观要求时，可采取修补处理的方法。例如，某些混凝土结构表面出现蜂窝、麻面，经调查分析，该部位经修补处理后，不会影响其使用及外观。对混凝土结构局部出现的损伤，如结构受撞击、局部未振实、冻害、火灾、酸类腐蚀、碱集料反应等，当这些损伤仅仅在结构的表面或局部，不影响其使用和外观时，可进行修补处理。对混凝土结构出现的裂缝，经分析研究后，如果不影响结构的安全和使用时，也可采取修补处理，如当裂缝宽度不大于0.2mm时，可采用表面密封法修补，当裂缝宽度大于0.3mm时，采用嵌缝密闭法修补，当裂缝较深时，则应采取灌浆修补的方法。

第二，加固处理。加固处理主要是针对危及承载力的质量缺陷处理。通过加固处理，使建筑结构提高或恢复承载力，重新满足结构安全性与可靠性的要求，使结构能继续使用或改作其他用途。例如，对混凝土结构常用加固的方法主要有增大截面加固法、外包角钢加固法、粘钢板加固法、增设支点加固法、增设剪力墙加固法、预应力加固法等。

第三，返工处理。当工程质量缺陷经过修补处理后，仍不能满足规定的质量标准要求或不具备补救可能性时，则必须采取返工处理。例如，某防洪堤坝填筑压实后，其压实土的干密度未达到规定值，经核算将影响土体的稳定且不满足抗渗能力的要求，须挖除不合格土重新填筑；某公路桥梁工程预应力规定张拉系数为1.3，而实际仅为0.8，属于严重的质量缺陷，也无法修补，只能返工处理；某工厂设备基础的混凝土浇筑时需掺入木质素磺酸钙减水剂，但因施工管理不善，掺量多于规定7倍，导致混凝土坍落度大于180mm，石子下沉，混凝土结构不均匀，浇筑后5d仍然不凝固硬化，28d时混凝土实际强度不到规定强度的32%，不得不返工重浇。

第四，限制使用。当工程质量缺陷按修补方法处理后，在无法保证达到规定的使用要求和安全要求而又无法返工处理的情况下，可做出如结构卸荷或减荷以及限制使用的决定。

第五，不做处理。某些工程质量问题虽然达不到规定的要求或标准，但情况不严重，对工程或结构的使用及安全影响很小，经过分析、论证、法定检测单位鉴定和设计单位等认可后可不做专门处理。一般可不做专门处理的情况有以下几种。

一是不影响结构安全、生产工艺和使用要求的。例如，有的工业建筑物出现放线定位的偏差，且严重超过规范标准，若要纠正会造成重大经济损失，但经过分析、论证其偏差不会影响生产工艺和正常使用，在外观上也无明显影响，可不处理。又如，某些部位的混凝土表面裂缝经检查分析属于表面养护不够的干缩微型，不影响使用和外观，也可不处理。

二是后道工序可以弥补的。例如，混凝土结构表面的轻微麻面，可通过后续的抹灰、刮涂、喷涂等弥补，也可不处理；混凝土现浇楼面的平整度虽然偏差达到10mm，但由于后续垫层和面层的施工可以弥补，所以也可不处理。

三是法定检测单位鉴定合格的。例如，某检验批混凝土试块强度值不满足规范要求，但经法定检测单位对混凝土实体强度进行实际检测后，其实际强度达到规范允许和设计要求值时，可不处理。对经检测未达到要求值，但相差不多，经分析论证，只要使用前经再次检测达到设计强度，也可不处理，但应严格控制施工荷载。

四是出现的质量缺陷，经检测鉴定达不到设计要求，但经原设计单位核算，仍能满足结构安全和使用功能的。例如，某一结构构件截面尺寸不足或材料强度不足，影响结构承载力，但按实际情况进行复核验算后仍能满足设计要求的承载力时，可不进行专门处理，这种做法实际上是挖掘设计潜力或降低设计的安全系数，应谨慎使用。

第六，报废处理。通过分析或实践，若出现质量事故的工程采取上述处理方法后仍不能满足规定的质量要求或标准，则必须予以报废处理。

(4) 工程质量事故处理的鉴定验收。

质量事故的技术处理是否达到了预期目的，是否解决了工程质量问题，是否仍留有隐患，监理工程师应通过组织检查和必要的鉴定，进行验收并予以最终确认。

第一，检查验收。工程质量事故处理完成后，监理工程师在施工单位自检合格、报验的基础上，应严格按施工验收标准及有关规范的规定进行验收，结合监理人员的旁站、巡视和平行检验结果，依据质量事故技术处理方案设计要求，通过实际量测检查各种资料数据，并应办理竣工验收文件，组织各有关单位会签。

第二，必要的鉴定。为确保工程质量事故的处理效果，凡涉及结构承载力等使用安全和其他重要性能的处理工作，或质量事故处理过程中建筑材料及构配件的保证资料严重缺乏，或各参与单位对检查验收结果有争议时，通常须做必要的试验和检验鉴定工作。常见的检验工作有：混凝土钻芯取样，用于检验密实性和裂缝修补效果或检测实际强度；结构荷载试验，确定其实际承载力；超声波检测，用于检验焊接或结构内部质量；池、罐、箱柜工程的渗漏检验等。检测鉴定必须委托政府批准的有资质的法定检测单位进行。

第三，验收结论。对所有质量事故无论经过技术处理，或者通过检查鉴定验收，还是不做专门处理，均应有明确的书面结论。若对后续工程施工有特定要求或对建筑物使用有一定的限制条件，应在结论中提出。验收结论通常有以下情况：① 事故已排除，可以继续施工；② 隐患已消除，结构安全有保证；③ 经修补处理后，完全能够满足使用要求；④ 基本上满足使用要求，但使用时应有附加限制条件，如限制荷载等；⑤ 对耐久性的结论；⑥ 对建筑物外观影响的结论；⑦ 对短期内难以做出结论的，可提出进一步的观测、检验意见。

二、工程质量的保修分析

建设工程承包单位在向建设单位提交工程竣工验收报告时，应当向建设单位出具质量保修书。质量保修书中应当明确建设工程的保修范围、保修期限和保修责任等。在正常使用下，房屋建筑工程的最低保修期限包括：① 地基基础和主体结构工程，最低保修期限为设计文件规定该工程的合理使用年限；② 屋面防水工程、有防水要求的卫生间、房间和外墙面的防渗漏保修，最低保修期限为 5 年；③ 供热与供冷系统最低保修期限为 2 个采暖期、供冷期；④ 电气系统、给排水管道、设备安装最低保修期限为 2 年；⑤ 装修工程最低保修期限为 2 年。其他项目的保修期限由建设单位和施工单位约定。

房屋建筑工程保修期从工程竣工验收合格之日起计算。房屋建筑工程在保修期限内出现质量缺陷，建设单位或者房屋建筑所有人应当向施工单位发出保修通知。施工单位接到保修通知后，应当到现场核查情况，在约定的时间内予以整修。发生涉及结构安全或者严重影响使用功能的紧急事故时，施工单位接到保修通知后应当立即到达现场抢修。

发生涉及结构安全的质量缺陷时，建设单位或者房屋建筑所有人还应当立即报当地建设行政主管部门备案，并由原设计单位或者具有相应资质等级的设计单位提出保修方案，施工单位实施保修，原工程质量监督机构负责监督。保修完成后，由建设单位或者房屋建筑所有人组织验收。施工单位不按工程质量保修书约定保修的，建设单位可以另行委托其他单位保修，由原施工单位承担相应责任和保修费用。

房地产企业开发的商品住宅出现质量缺陷时，则按照相关规定向建设单位报告，并按有关规定执行。

第七章　建筑工程的质量安全管理

建筑工程的质量安全管理是确保建筑项目质量和工程安全的关键方面，需要全面的计划、培训、监督和文化建设，通过建立明确的标准和流程，提高质量和安全意识，以及持续改进。本章重点围绕工程安全事故的分析与处理、建筑工程的安全技术管理、建筑工程施工现场安全管理、建筑工程质量安全管理对策进行探究。

第一节　工程安全事故的分析与处理

一、事故与生产安全事故认知

（一）事故与安全事故的特性

1. 事故的特性

事故是一种意外事件，具有本身特有的一些属性，掌握这些特性，对人们认识事故、了解事故及预防事故具有指导意义。事故主要有以下特性。

（1）因果性。事故的因果性是指事故是由相互联系的多种因素共同作用的结果。引起事故的原因是多方面的。在伤亡事故调查分析过程中，应查清事故发生的原因，找出引起事故发生的因素，这有利于今后预防类似事故的发生。

（2）随机性。事故的随机性是指事故发生的时间、地点、后果的程度是偶然的。这就给事故的预防带来一定的困难。但是，这种随机性在一定范围内也遵循一定的规律。从事故的统计资料中，人们可以找到事故发生的规律性。因此，伤亡事故统计分析对制定正确的预防措施具有重大意义。

（3）潜伏性。表面上，事故是一种突发事件，但是事故在发生之前有一段潜伏期。事故发生之前，系统（人、机、环境）所处的状态是不稳定的，即系统存在事故隐患，具有潜伏的危险性。如果此时有一触即发的因素出现，就会导致事故的发生。人们应认识事故的潜伏性，摒弃麻痹思想。在生产活动中，某些企业由于较长时间内未发生伤亡事故，因此容易麻痹大意而忽视事故的潜伏性，这是造成重大伤亡事故的隐患。

（4）可预防性。现代事故预防所遵循的这一原则即指事故是可以预防的。换言之，任何事故，只要采取正确的预防措施，都可以避免。认识到这一特性，对坚定信心、防止伤亡事故的发生具有积极作用。因此，人们必须通过事故调查，找到已发生事故的原因，采取预防事故的措施，从根本上降低伤亡事故的发生频率。

2. 安全事故的特性

（1）严重性。建筑工程发生安全事故，其影响往往较大，会直接导致人员伤亡或财产损失，重大安全事故往往会导致群死群伤或巨大财产损失。近年来，建设工程安全事故死亡的人数和事故起数仅次于交通、矿山，成为备受关注的热点问题之一。因此，对建设工程安全事故隐患绝不能掉以轻心，一旦发生安全事故，其造成的损失将无法挽回。

（2）复杂性。建筑工程施工生产的特点决定了影响建设工程安全生产的因素很多，建筑工程安全事故的原因错综复杂，即使是同一类安全事故，其发生的原因也可能多种多样。因此，在对安全事故进行分析时，判断出事故的性质、原因（直接原因、间接原因、主要原因）等就显得尤为重要。

（3）可变性。许多建筑工程施工中出现的安全事故隐患并非静止的，而是有可能随着时间的推移而不断地发展、恶化，若不及时整改和处理，往往可能发展成严重或重大的安全事故。因此，在分析与处理工程安全事故隐患时，要重视安全事故隐患的可变性，应及时采取有效措施，对其进行纠正、消除，杜绝其发展恶化为安全事故。

（4）多发性。建筑工程中的安全事故，往往在建筑工程某部位、工序或作业活动中经常发生，例如，物体打击事故、触电事故、高处坠落事故、坍塌事故、机械事故、中毒事故等。因此，对多发性安全事故，应注意吸取教训，总结经验，采取有效的预防措施，加强事前预控、事中控制。

（二）生产安全事故的不同分类

1. 根据伤害程度分类

根据伤害程度，生产安全事故可以分为以下类型。

（1）轻伤，指损失工作日为1个工作日以上（含1个工作日），105个工作日以下的失能伤害。

（2）重伤，指损失工作日为105个工作日以上（含105个工作日）的失能伤害，重伤的损失工作日最多不超过6000日。

（3）死亡，其损失工作日定为6000日，这是根据我国职工的平均退休年龄和平均死亡年龄计算出来的。

以上分类是按伤亡事故造成损失工作日的多少来衡量的，而损失工作日是指受伤害者丧失劳动能力（简称失能）的工作日。各种伤害情况的损失工作日数，可按《企业职工伤亡事故分类》中的有关规定计算或者选取。

2. 根据事故严重程度分类

根据事故严重程度，生产安全事故可以分为以下类型。

（1）特别重大事故，一般是造成30人以上死亡，或者100人以上重伤（包括急性工业中毒，下同），或者1亿元以上直接经济损失的事故。

（2）重大事故，一般是造成10人以上30人以下死亡，或者50人以上100人以下重伤，或者5000万元以上1亿元以下直接经济损失的事故。

（3）较大事故，一般是造成3人以上10人以下死亡，或者10人以上50人以下重伤，或者1000万元以上5000万元以下直接经济损失的事故。

（4）一般事故，一般是造成3人以下死亡，或者10人以下重伤，或者1000万元以下100万元以上直接经济损失的事故。

以上等级事故中的“以上”包括本数，“以下”不包括本数。以上分类中的直接经济损失是指因事故造成的人身伤亡及善后处理支出的费用和损坏财产的价值。事故的发生还会因工作中断等造成间接经济损失，即指因事故导致产量减少、资源破坏和受事故影响而造成的其他损坏的价值，包括停产减产损失价值、工作损失价值、资源损失价值、处理环境污染费用和其他损失价值。

3. 根据事故类别分类

根据事故类别分类，生产安全事故可以分为以下类型。

（1）高处坠落，是由于危险重力势能差引起的伤害事故，适用于脚手架、平台、陡壁施工等高于地面的坠落，也适用于山坡、地面踏空失足坠入洞、坑、沟、升降口、漏斗等情况，但排除以其他类别为诱发条件的坠落，如高处作业时，因触电失足坠落应定为触电事故，不能按高处坠落来划分。

（2）触电，是电流流经人体，造成生理伤害的事故，适用于触电、雷击伤害，如人体接触带电设备的金属外壳或者裸露的临时线、漏电的手持电动手工工具、起重设备误触高压线或者感应带电、雷击伤害、触电坠落等事故。

（3）物体打击，是失控物体的惯性力造成的人身伤害事故，如落物、滚石、锤击、碎裂、崩块、砸伤等造成的伤害，不包括爆炸引起的物体打击。

（4）机械伤害，是机械设备与工具引起的绞、碾、碰、割、戳、切等伤害，如工件或者刀具飞出伤人，切削伤人，手或者身体被卷入，手或者其他部位被刀具碰伤、被转动的机构缠（压）住等，但属于车辆、起重设备引起机械伤害的情况除外。

（5）起重伤害，是从事起重作业时引起的机械伤害事故，包括各种起重作业引起的机械伤害，但不包括触电、检修时制动失灵引起的伤害，上、下驾驶室时引起的坠落式跌倒。

（6）坍塌，是建筑物、构筑物、堆置物等倒塌以及土石塌方引起的事故，适用于因设计或者施工不合理而造成的倒塌以及土方、岩石发生的塌陷事故，如建筑物倒塌，脚手架倒塌，挖掘沟、坑、洞时土石的塌方等情况，不适用于矿山冒顶事故，或因爆炸、爆破引起的坍塌事故。

（7）车辆伤害，是本企业机动车辆引起的机械伤害事故，如机动车辆在行驶中的挤、压、撞车或倾覆等事故。

（8）火灾，是造成人身伤亡的企业火灾事故，不适用于非企业原因造成的火灾，如居民火灾蔓延到企业的事故。

（9）中毒和窒息，是人接触有毒物质，如误吃有毒食物或者呼吸有毒气体引起的人体急性中毒事故，或者在暗井、涵洞、地下管道等不通风的地方工作，因为氧气缺乏，有时会发生人突然晕倒，甚至死亡的窒息事故。两种现象合为一类，称为中毒和窒息事故。不适用于病理变化导致的中毒和窒息的事故，也不适用于慢性中毒的职业病导致的死亡。

（10）其他伤害，如扭伤、冻伤、钉子扎伤等。

高处坠落、坍塌、物体打击、机械伤害（包括起重伤害）、触电等为建筑业最常发生的事故，占事故总数的绝大部分，称为“五大伤害”。

（三）生产安全事故的隐患与急救

1. 生产安全事故隐患

一般而言，生产安全事故隐患是生产经营单位违反安全生产法律、法规、规章、标准、规程、安全生产管理制度的规定，或者因其他因素在生产经营活动中存在的可能导致伤亡事故发生的物的危险状态、人的不安全行为和管理上的缺陷。生产安全事故隐患分为一般事故隐患和重大事故隐患。一般事故隐患，是指危害和整改难度较小，发现后能够立即整改、排除的隐患。重大事故隐患，是指危害和整改难度较大，应当全部或者局部停产停业，并经过一定时间整改、治理方能排除的隐患，或者因外部因素影响致使生产经营单位自身难以排除的隐患。

生产安全事故隐患的特征主要表现在它的隐蔽性，它未被人们发现或者易被人们忽视，这也是它与生产安全事故的重大区别。根据墨菲定律，只要存在发生事故的原因，事故就一定会发生，而且不管其可能性多么小，总会发生，并造成最大可能的损失。因此，对任何事故隐患都不能有丝毫大意，或对事故苗头和隐患遮遮掩掩，而要想尽一切办法，采取一切措施消除隐患，把事故案件消灭在萌芽状态。实际上，根据生产安全事故的定义和划分，生产安全事故隐患本身就是生产安全事故的一种类型。“隐患就是事故”已成为安全生产管理的一个重要管理理念。建筑施工中应当经常对事故隐患进行排查，并予以消除。

2. 生产安全事故急救

（1）触电事故的现场急救。一般触电后 1 分钟开始救治者，90% 有良好效果；触电后 6 分钟内开始救治者，50% 可能复苏成功；触电后 12 分钟再开始抢救，很少有救活的可能。可见，就地进行及时、正确的抢救，是触电急救成败的关键。企业应当教育员工在发生触电事故后，切不可惊慌失措、束手无策，应立即切断电源，使伤员脱离触电状态，减少损伤的程度，同时向医疗部门呼救，这是抢救成功的首要因素。在切断电源前，应注意伤员已成带电体，任何人不能触碰伤员，以免遭受电击。

（2）烧伤的救护。烧伤包括热烧伤、电烧伤等。热烧伤现场救护的主要措施是尽快使伤员脱离致伤因素，以免继续损害深层组织，为下一步救治创造条件。电烧伤因电流的特殊作用造成的软组织损伤是不规则的立体烧伤，电烧伤往往伤口小，基底大而深，所以不能单纯看烧伤部位的面积来衡量烧伤的程度，而应同时注意致伤的深度和全身情况。

（3）出血的救护。建筑施工现场的伤亡事故多发生在高处坠落、物体打击、机械伤害、触电和物体坍塌等方面，而这些事故都会造成出血征象，且常伴随软组织割裂伤、挫伤、刺伤、骨折等原发创伤。发生创伤性出血时，应根据现场条件，及时、正确地采取压迫止血法、指压止血法、弹性止血带止血等暂时性的止血方法止血。伤员经现场止血、包扎、固定后，应尽快运送到医院抢救。

二、工程安全事故的原因分析

导致建筑工程安全事故的基本因素主要包括勘察设计原因、施工人员违章作业、施工单位安全管理不到位、安全物资质量不合格、安全生产投入不足等。建筑工程安全事故发生的原因可以分为直接原因和间接原因。直接原因是指直接导致伤亡事故发生的机械、物质、环境的不安全状态及人的不安全行为。间接原因是指技术和设计上的缺陷、教育培训不够或未经培训、劳动组织不合理、对现场工作缺乏检查或指导错误、没有安全操作规程或不健全、没有或不认真实施事故防护措施、对事故隐患整改不力等。和其他事故的原因一样，引起安全生产事故的原因具体可以归纳为人、物、环境和管理四大因素。

（一）事故产生之人的因素

人的因素是指人的不安全行为，人的因素是事故产生的最直接因素。各种生产事故，其原因不管是直接的还是间接的，都可以归结为人的不安全行为。人的不安全行为可以导致物的不安全状态，导致不安全的环境因素被忽略，也可能出现管理上的漏洞和缺陷，还可能造成事故隐患并触发事故的发生。

从心理学的角度看，人的行为来自人的动机，而动机产生于需要，动机促成了实现其目的行为的发生。尽管人具有自卫的本能，不希望受到伤害，希望发生自以为安全的行为，但是人又是主观的，由于受到物质状态以及自身素质等条件的影响，有时会出现主观认识与客观实际不一致的现象从而产生不安全行为。人在生产活动中，曾引起或可能引起事故的行为，必然是不安全的行为。

人的不安全行为具体有操作失误、以不安全的速度作业，使用不安全设备，用手替代工具操作，物体的摆放不安全，不按规定使用防护用品，不安全着装等。在事故致因中，人的个体行为和事故是存在因果关系的，任何人都会由于自身与环境因素的影响，对同一事件的反应、表现和行为产生差异。

发生不安全行为的因素又可以分为三个方面：一是教育原因，包括缺乏基本的文化知识和认识能力，缺乏安全生产的知识和经验，缺乏必要的安全生产技术和技能等；二是身体原因，包括生理状态或健康状态不佳，如听力、视力不良，反应迟钝，疾病、疲劳等生理机能障碍等；三是态度原因，缺乏对待工作积极和认真的态度，如怠慢、反抗、不满等情绪，消极或亢奋的工作态度等。

（二）事故产生之物的因素

在建筑生产活动中，物的因素是指物的不安全状态，物的因素也是事故产生的直接因素之一。物之所以成为事故，是由于物的固有属性及其具有的潜在破坏和伤害能力的存在。例如，在施工过程中，钢材与脚手架及其构件等原材料的堆放和储藏运输不当、对零散材料缺乏必要的收集管理、作业空间狭小、机械设备与工器具存在缺陷或缺乏保养、高空作业缺乏必要的保护措施等。物的不安全状态往往又是由于人的不安全行为所导致的，同时，也会随着生产过程中物质条件的存在而存在，是事故的基础原因，它可以由一种不安全状态转换为另一种不安全状态，由微小的不安全状态发展为致命的不安全状态，也可以由一种物质传递给另一种物质，而事故的严重程度也往往会随着物的不安全程度的增大而增大。

（三）事故产生之环境因素

环境因素是指环境的不良状态。不良的生产环境会影响人的行为，同时对机械设备也产生不良作用。由于建筑生产活动是一种露天作业比较多的活动，同时，随着建筑施工新技术、新工艺以及复杂程度的增加，受环境因素的影响也日趋明显。

环境因素包括气候、温度、自然地理条件等方面，如冬天的寒冷，往往造成施工人员动作迟缓或僵硬；夏天的炎热往往造成施工人员的体力透支，注意力不集中；高空和地下作业则造成技术的发挥不当；下雨、刮风、扬沙等天气，都会影响人的行为和机械设备的正常使用。需要注意的是，人文环境也是一个十分重要且不容忽视的因素。一个企业，如果从领导到职工，人人讲安全，人人重视安全，形成一个良好的安全氛围，从更深层次地讲，就是形成企业的安全文化，在这样的环境下，安全生产是有人文环境保障的。

（四）事故产生之管理因素

人的不安全行为和物的不安全状态，往往只是事故直接和表面的原因，深入分析可以发现，发生事故的根源往往是管理的缺陷。管理学认为，导致大多数事故的原因是人的不安全行为，而人的不安全行为又是由管理过程缺乏控制造成的。造成安全事故的原因是多方面的，而根本原因在于管理系统的规章制度、管理程序、监督的有效性以及施工人员训练等管理方面的缺陷失效等。管理因素主要包括安全管理制度不健全、安全操作规程缺乏或执行不力等，建筑生产的特点决定了加强安全管理对实现安全生产的目标尤为重要。

事故发生后，在查清原因的基础上，必须对事故进行责任分析，目的是使事故责任者、管理人员和广大职工吸取教训、接受教育，改进安全工作。事故责任分析可以通过事故调查所确认的事实、事故发生的直接原因和间接原因，有关人员的职责、分工，在具体事故中所起的作用，追究其所应负的责任。按照有关组织管理人员及生产技术因素，追究最初造成不安全状态的责任；按照有关技术规定的性质、明确程度、技术难度，追究属于明显违反技术规定的责任；对未知领域的责任不予追究。根据对事故应负责任的程度不同，事故责任分为直接责任者、主要责任者和领导责任者等。对事故责任者的处理，在以教育为主的同时，还必须根据有关规定，按情节轻重，分别给予经济处罚、行政处分甚至追究刑事责任。

三、生产安全事故的防范措施

安全生产的实质是防止事故，避免死亡、伤害及各种财产损失发生的因素。生产安全事故的发生体现了企业重生产轻安全、安全管理薄弱、主体责任不落实，一些地方和部门安全监管不到位等突出问题。防范事故发生主要是从安全生产管理的要求和事故发生的原因等方面采取措施。

(一)促进安全生产条件的落实

安全生产条件是指满足安全生产的各种因素及其组合或者影响生产安全的所有因素，绝大部分属于诸多人为因素的组合。安全生产条件可以归纳为人和物两个最基本的元素，人的元素是最活跃的一个元素，安全生产管理的重点在于对人的管理，安全生产管理的实质是不断完善和提高安全生产条件。落实安全生产条件是施工企业安全生产的基础条件，安全生产条件的特性如下。

第一，人为性。安全生产条件绝大多数属于“人的安全行为因素”，即使属于“物的安全状态因素”，也可归结于人的因素。

第二，前置性。安全生产条件不等同于安全生产业绩，它是生产活动前应具备的条件，没有它就难以保证生产安全活动的开展。安全生产业绩是生产活动开展后的一系列表象。安全生产条件在前，安全生产业绩在后，安全生产条件是安全生产业绩的前提，安全生产业绩是安全生产条件的反映。

第三，充分性。充分性也称作“欠必要性”。按照逻辑原理分析，安全生产条件是不发生生产安全事故的充分条件，但不完全是必要条件，即不具备安全生产条件不一定发生事故。欠必要性这一特点往往使人们产生了一些错觉或者错误的认识，似乎不抓安全生产或者安全生产未抓好，生产安全事故也不一定发生；有时抓了安全生产反而发生了事故。于是，有了抓不抓安全生产一个样、安全生产“听天由命”的不正确想法。但生产安全事故的发生总是存在这样或那样的安全生产条件不具备的问题，反之，真正搞好安全生产的企业，安全生产条件都是要达到要求的。只要安全生产条件完全符合管理要求，生产安全事故就完全可以避免。安全生产条件越完善，生产的安全概率就越大。所以，应正确认识安全生产条件充分性，正确看待安全生产条件的欠必要性，扎扎实实地完善企业的安全生产条件。

第四，约束性。安全生产条件的欠必要性容易使人们对安全生产条件的重要性产生错误的认识，仅通过宣传、教育难以加深人们对安全生产条件的关注和重视。因此，必须采取强制手段规范企业的安全生产条件。加强对安全生产条件的约束，应从内外两个方面着手：一是企业内部的约束。企业领导者要提高对规范安全生产条件的认识，制定切实有效的规章制度并落实各项安全生产条件。二是要通过社会关注、政府监管，督促企业落实安全生产条件。实行安全生产许可制度，就是要进一步落实企业的安全生产条件，加强安全生产条件的监督管理。安全生产许可制度从法律上确立了安全生产条件在安全管理上的重要地位，因此，安全生产条件具有法律的约束性。

第五，动态性。安全生产条件随着生产活动的不断变化而变化，随着人们对安全生产的认识不断提高而变化。有时随着管理的松懈，安全生产条件也会降低，使其不具备或者严重不具备安全生产条件，实行安全生产条件动态监管越来越成为安全生产管理中关注的问题。

第六，可控性。安全生产条件虽然具有动态特征和难以掌握的规律，但在某一阶段或者某一场合相对稳定，且人们对事物的认识不断加深、手段不断完善，因此，影响生产安全的所有因素是可以掌控的。安全生产条件的可控性还表现在可以通过现代计算机技术进行控制，无论安全生产条件状况如何，人们都可以将每一个评价单元定性地做出判断，并给予其定值，再通过各单元值的换算得出总值及其他参数值。最后做出综合分析，对某一单元或者某一局部系统甚至整个系统做出科学、客观的判定，并可根据综合值对某一单元或者某一局部系统，或者对整个系统做出定性的评价。

第七，均衡性。虽然安全生产条件的内容和要求各不相同，但按划分而言，任何一项条件均不能忽视，更不能认为这个条件比那个条件重要。忽视任何一个条件，都有可能造成重大的生产安全事故，给安全生产管理造成重大的影响。安全生产条件的衡量可以通过安全生产条件的评价，确定安全生产条件评价等级。

生产经营单位应当具备本法和有关法律、行政法规和国家标准或者行业标准规定的安全生产条件，不具备安全生产条件的，不得从事生产经营活动。建筑施工企业安全生产的落实条件包括：① 建立健全安全生产责任制，制定完备的安全生产规章制度和操作规程；② 保证本单位安全生产条件所需资金的投入；③ 设置安全生产管理机构，按照国家有关规定配备专职安全生产管理人员；④ 主要负责人、项目负责人、专职安全生产管理人员经建设主管部门或者其他有关部门考核合格；⑤ 特种作业人员经有关业务主管部门考核合格，取得特种作业操作资格证书；⑥ 管理人员和作业人员每年至少进行一次安全生产教育培训并考核合格；⑦ 依法参加工伤保险，依法为施工现场从事危险作业的人员办理意外伤害保险，为从业人员交纳保险费；⑧ 施工现场的办公、生活区及作业场所和安全防护用具、机械设备、施工机具及配件符合有关安全生产法律、法规、标准和规程的要求；⑨ 有职业危害防治措施，并为作业人员配备符合国家标准或者行业标准的安全防护用具和安全防护服装；⑩ 有对危险性较大的分部分项工程及施工现场易发生重大事故的部位、环节的预防、监控措施和应急预案；⑪ 有生产安全事故应急救援预案、应急救援组织或者应急救援人员，应配备必要的应急救援器材、设备；⑫ 法律、法规规定的其他条件。

(二) 做好安全生产教育的培训

安全教育培训是对施工人员掌握安全知识和达到管理要求的重要环节，也是安全生产管理的重要内容。施工单位的主要负责人、项目负责人、专职安全生产管理人员应当经建设行政主管部门或者其他有关部门考核合格后方可任职；施工单位应当对管理人员和作业人员每年至少进行一次安全生产教育培训，其教育培训情况记入个人工作档案。安全生产教育培训考核不合格的人员，不得上岗；作业人员进入新的岗位或者新的施工现场前，应当接受安全生产教育培训，未经教育培训或者教育培训考核不合格的人员，不得上岗作业；施工单位在采用新技术、新工艺、新设备、新材料时，应当对作业人员进行相应的安全生产教育培训；垂直运输机械作业人员、安装拆卸工、爆破作业人员、起重信号工、登高架设作业人员等特种作业人员，必须按照国家有关规定经过专业的安全作业培训，并取得特种作业操作资格证书后，方可上岗作业。

安全生产教育培训的对象为企业主要负责人、项目负责人、安全管理人员、特种作业人员、企业其他管理人员和作业人员（包括待岗、转岗、换岗人员、新进场工人），其中特种作业人员应取得特种作业证书。安全生产教育培训是指专门针对安全生产形势、安全生产管理知识、安全生产法律和法规、安全生产管理方法和安全生产操作技能等内容组织的教育培训活动。安全生产教育培训应以企业为主，包括岗前（含转岗）培训、持证后的继续教育以及日常生产活动中的技术交底等。安全教育培训应是经常性的，企业和施工现场必须对以上培训类型和对象做出具体的教育培训要求。

第一，全员安全生产教育培训管理要求。企业和施工现场应结合企业安全生产教育培训制度，落实有关安全生产教育培训内容，对教育培训管理提出具体要求：①有相应的安全生产教育培训管理部门或责任人负责，做到分工明确，责任到位；②能够根据安全生产管理形势提出符合安全生产教育培训管理要求的具体措施；③能够提出对企业本部及施工现场等所属单位的安全生产教育培训实施监督和考核的管理要求等。

第二，全员安全生产教育培训实施要求。教育培训重在实施，企业和施工现场应对教育培训的落实情况提出具体要求：①有针对各类人员制订的培训计划；②制订的培训计划全面，能够涵盖各类人员的教育培训内容，其中也包括企业和项目负责人等各类管理人员的培训，能够满足全员教育培训的管理要求；③有较完整的培训措施，其中包括培训师资、配备相应的培训教材和培训设施等，能够满足教学的需求；④各类人员的教育培训应有相应的实施记录或检查记录。

（三）构建安全生产管理的机构

建筑施工单位应当设立安全生产管理机构，配备专职安全生产管理人员。专职安全生产管理人员负责对安全生产进行现场监督检查。发现安全事故隐患，应当及时向项目负责人和安全生产管理机构报告；对违章指挥、违章操作的，应当立即制止。建筑施工企业应当依法设置安全生产管理机构，在企业主要负责人的领导下开展本企业的安全生产管理工作。企业安全生产管理机构应当职责明确，能够形成直至各个施工现场的企业安全生产管理网络，能有效地指导和监督企业所属的生产单位和施工现场的安全生产管理。

专门的安全生产管理机构是建筑施工企业及其在建设工程项目部中设置的负责安全生产管理工作的独立职能部门。该机构的职能为安全生产监督管理，其考核指标与安全生产监督管理绩效挂钩，不具体承担其他生产任务或完成生产经营活动中的经济考核指标。

建筑施工现场应当按项目部建立安全生产管理领导小组。建设工程实行施工总承包的，安全生产领导小组应当由总承包企业、专业承包企业和劳务分包企业项目经理、技术负责人和专职安全生产管理人员组成。建设规模较大、建设周期较长等有条件的项目部可设置专门的安全生产管理部门。

建筑施工企业和施工现场应当配备专职安全生产管理人员。专职安全生产管理人员是指经建设行政主管部门或者其他有关部门安全生产考核合格后取得安全生产考核合格证书，并在建筑施工企业及其项目从事安全生产管理工作的专职人员。专职安全生产管理人员的工作由企业委派，行使企业内部监督管理职能。施工现场的作业班组可设置兼职安全巡查员，对本作业班组的作业现场进行安全监督检查，从而形成从企业到项目部再到作业班组的安全管理网络。

第一，建筑施工企业安全生产管理机构及其专职安全生产管理人员职责。一般而言，建筑施工企业安全生产管理机构具有以下职责：① 宣传和贯彻国家有关安全生产法律、法规和标准；② 编制并适时更新安全生产管理制度并监督实施；③ 组织或参与企业生产安全事故应急救援预案的编制及演练；④ 组织开展安全教育培训与交流；⑤ 协调配备项目专职安全生产管理人员；⑥ 制订企业安全生产检查计划并组织实施；⑦ 监督在建项目安全生产费用的使用；⑧ 参与危险性较大的工程安全专项施工方案专家论证会；⑨ 通报在建项目违规违章查处情况；⑩ 组织开展安全生产评优评先表彰工作；⑪ 建立企业在建项目安全生产管理档案；⑫ 考核评价分包企业安全生产业绩及项目安全生产管理情况；⑬ 参加生产安全事故的调查和处理工作；⑭ 企业明确的其他安全生产管理职责。

建筑施工企业安全生产管理机构专职安全生产管理人员在施工现场检查过程中具有以下职责：① 查阅在建项目安全生产有关资料、核实有关情况；② 检查危险性较大的工程安全专项施工方案落实情况；③ 监督项目专职安全生产管理人员履行责任的情况；④ 监督作业人员安全防护用品的配备及使用情况；⑤ 对发现的安全生产违章违规行为或安全隐患，有权当场予以纠正或做出处理决定；⑥ 对不符合安全生产条件的设施、设备、器材，有权当场做出查封的处理决定；⑦ 对施工现场存在的重大安全隐患有权越级报告或直接向建设主管部门报告；⑧ 企业明确的其他安全生产管理职责。

第二，安全生产领导小组和项目专职安全生产管理人员职责。安全生产领导小组的主要职责包括：① 贯彻落实国家有关安全生产法律、法规和标准；② 组织制定项目安全生产管理制度并监督实施；③ 编制项目生产安全事故应急救援预案并组织演练；④ 保证项目安全生产费用的有效使用；⑤ 组织编制危险性较大工程安全专项施工方案；⑥ 开展项目安全教育培训；⑦ 组织实施项目安全检查和隐患排查；⑧ 建立项目安全生产管理档案；⑨ 及时、如实报告安全生产事故。

项目专职安全生产管理人员具有以下主要职责：① 负责施工现场安全生产日常检查并做好检查记录；② 现场监督危险性较大的工程安全专项施工方案实施情况；③ 对作业人员违规违章行为有权予以纠正或查处；④ 对施工现场存在的安全隐患有权责令立即整改；⑤ 对于发现的重大安全隐患，有权向企业安全生产管理机构报告；⑥ 依法报告生产安全事故情况。

第三，专职安全生产管理人员的配备。① 建筑工程、装修工程应按照建筑面积配备，具体要求为：1 万 m^2 以下的工程不少于 1 人，1 万 ~ 5 万 m^2 的工程不少于 2 人，5 万 m^2 及以上的工程不少于 3 人，并按专业配备专职安全生产管理人员。② 土木工程、线路管道、设备安装工程应按照工程合同价配备，具体要求是 5000 万元以下的工程不少于 1 人，0.5 亿 ~ 1 亿元的工程不少于 2 人，1 亿元及以上的工程不少于 3 人，并按专业配备专职安全生产管理人员。③ 分包单位配备项目专职安全生产管理人员要求是专业承包单位应当配置至少 1 人，并根据所承担的分部分项工程的工程量和施工危险程度增加。劳务分包单位施工人员在 50 人以下的，应当配备 1 名专职安全生产管理人员；50 ~ 200 人的，应当配备 2 名专职安全生产管理人员；200 人及以上的，应当配备 3 名及以上专职安全生产管理人员，并根据所承担的分部分项工程施工情况增加，不得少于工程施工人员总人数的 0.5%。④ 采用新技术、新工艺、新材料或致害因素多、施工作业难度大的工程项目，项目专职安全生产管理人员的数量应当根据施工实际情况，在以上规定的配备标准上增加。

（四）重视安全技术的管理工作

事故防范现场实施主要是把安全管理要求和安全技术落到实处，安全技术管理是安全生产的核心内容，施工企业应按规定和标准要求做好安全技术文件的编制，特别是危险性较大的分部分项工程专项施工方案，应做好安全技术交底工作，在生产过程中及时进行安全检查，明确工程安全防范的重点部位和危险岗位的检查方式和方法。发现问题立即整改，切实保证生产的顺利进行。

四、安全事故报告的程序与内容

安全事故发生后，事故报告应当及时、准确、完整，任何单位和个人对事故不得迟报、漏报、谎报或者瞒报。

(一) 安全事故报告的程序

安全事故发生后，事故现场有关人员应当立即向本单位负责人报告，单位负责人接到报告后，应当于1小时内向事故发生地县级以上人民政府安全生产监督管理部门和负有安全生产监督管理职责的有关部门报告。情况紧急时，事故现场有关人员可以直接向事故发生地县级以上人民政府安全生产监督管理部门和负有安全生产监督管理职责的有关部门报告。实行施工总承包的建设工程，由总承包单位负责上报事故。

安全生产监督管理部门和负有安全生产监督管理职责的有关部门接到事故报告后，应当依照以下规定上报事故情况，并通知公安机关、劳动保障行政部门、工会和人民检察院：① 特别重大事故、重大事故逐级上报至国务院安全生产监督管理部门和负有安全生产监督管理职责的有关部门；② 较大事故逐级上报至省、自治区、直辖市人民政府安全生产监督管理部门和负有安全生产监督管理职责的有关部门；③ 一般事故上报至设区的市级人民政府安全生产监督管理部门和负有安全生产监督管理职责的有关部门。

安全生产监督管理部门和负有安全生产监督管理职责的有关部门依照前面规定上报事故情况，应当同时报告本级人民政府。国务院安全生产监督管理部门和负有安全生产监督管理职责的有关部门以及省级人民政府接到发生特别重大事故、重大事故的报告后，应当立即报告国务院。必要时，安全生产监督管理部门和负有安全生产监督管理职责的有关部门可以越级上报事故情况。安全生产监督管理部门和负有安全生产监督管理职责的有关部门逐级上报事故情况，每级上报的时间不得超过2小时。

(二) 安全事故报告的内容

报告事故应当包括以下内容：① 事故发生单位概况；② 事故发生的时间、地点以及事故现场情况；③ 事故的简要经过；④ 事故已经造成或者可能造成的伤亡人数（包括下落不明的人数）和初步估计的直接经济损失；⑤ 已经采取的措施；⑥ 其他应当报告的情况。事故报告后出现新情况的，应当及时补报。自事故发生之日起30日内，事故造成的伤亡人数发生变化的，应当及时补报。道路交通事故、火灾事故自发生之日起7日内，事故造成的伤亡人数发生变化的，应当及时补报。

五、工程安全事故调查及其处理

事故调查处理应当坚持科学严谨、依法依规、实事求是、注重实效的原则，及时、准确地查清事故经过、事故原因和事故损失，查明事故性质，认定事故责任，总结事故教训，提出整改措施，并对事故责任者依法追究责任；同时还要总结经验教训，落实整改和防范措施，防止类似事故再次发生。因此，施工项目一旦发生安全事故，应查明事故原因。事故责任者和员工未受到教育的不放过；事故责任者未处理的不放过；整改措施未落实“四不放过”原则的要进行严肃处理。

（一）工程安全事故调查的目的

工程安全事故调查的目的包括：① 核实事故项目基本情况，包括项目履行法定建设程序情况、参与项目建设活动各方主体履行职责的情况；② 查明事故发生的经过、原因、人员伤亡情况及直接经济损失；③ 认定事故的性质和事故责任；④ 提出对事故责任者的处理建议；⑤ 总结事故教训，提出防范和整改措施；⑥ 提交事故调查报告。

（二）工程安全事故调查组构成

一般而言，特别重大事故由国务院或者国务院授权有关部门组织事故调查组进行调查。重大事故、较大事故、一般事故分别由事故发生地省级人民政府、设区的市级人民政府、县级人民政府负责调查。省级人民政府、设区的市级人民政府、县级人民政府可以直接组织事故调查组进行调查，也可以授权或者委托有关部门组织事故调查组进行调查。未造成人员伤亡的一般事故，县级人民政府也可以委托事故发生单位组织事故调查组进行调查，上级人民政府认为必要时，可以由下级人民政府负责调查。

自事故发生之日起30日内（道路交通事故、火灾事故自发生之日起7日内），因事故伤亡人数变化导致事故等级发生变化的，应当由上级人民政府负责调查，上级人民政府也可以另行组织事故调查组进行调查。特别重大事故以下等级事故，事故发生地与事故发生单位不在同一个县级以上行政区域的，由事故发生地人民政府负责调查，事故发生单位所在地人民政府应当派人参加。

工程安全事故调查组的组成应当遵循精简、效能的原则，可以从以下方面着手：

①根据事故的具体情况，事故调查组由有关人民政府、安全生产监督管理部门、负有安全生产监督管理职责的有关部门、监察机关、公安机关以及工会派人组成，并应当邀请人民检察院派人参加；②事故调查组可以聘请有关专家参与调查；③事故调查组成员应当具有事故调查所需要的知识和专长，并与所调查的事故没有直接利害关系；④事故调查组组长由负责事故调查的人民政府指定，事故调查组组长主持事故调查组的工作。

工程安全事故调查组有权向有关单位和个人了解与事故有关的情况，并要求其提供相关文件、资料，有关单位和个人不得拒绝。事故发生单位的负责人和有关人员在事故调查期间不得擅离职守，并应当随时接受事故调查组的询问，如实提供有关情况。

工程安全事故调查中发现涉嫌犯罪的，事故调查组应当及时将有关材料或者其复印件移交司法机关处理。事故调查中需要进行技术鉴定的，事故调查组应当委托具有国家规定资质的单位进行技术鉴定。必要时，事故调查组可以直接组织专家进行技术鉴定，技术鉴定所需时间不计入事故调查期限。

工程安全事故调查组成员在事故调查工作中应当诚信公正、恪尽职守，遵守事故调查组的纪律，保守事故调查的秘密。未经事故调查组组长允许，事故调查组成员不得擅自发布有关事故的信息。

（三）工程安全事故调查的报告

工程安全事故调查组应当自事故发生之日起60日内提交事故调查报告，特殊情况下，经负责事故调查的人民政府批准，提交事故调查报告的期限可以适当延长，但延长的期限最长不超过60日。工程安全事故调查报告应当包括以下内容。

第一，事故发生单位概况。事故发生单位概况应当包括单位的全称、所处地理位置、隶属关系、生产经营范围和规模、持有各类证照的情况、单位负责人的基本情况以及近期的生产经营状况等。

第二，事故发生经过和事故救援情况。事故的简要经过是对事故全过程的简要叙述。核心要求在于“全”和“简”，“全”是要全过程描述，“简”是要简单明了。需要强调的是，对事故经过的描述应当特别注意事故发生前作业场所有关人员和设备设施的一些细节。报告中事故发生的时间应当具体，并尽量精确到分钟。报告事故发生的地点要准确，除事故发生的中心地点外，还应当报告事故所波及的区域。报告事故现场的情况应当全面，不仅应当报告现场的总体情况，还应当报告现场人员的伤亡情况、设备设施的毁损情况；不仅应当报告事故发生后的现场情况，还应当尽量报告事故发生前的现场情况等。

第三，已经采取的措施。已经采取的措施主要是指事故现场有关人员、事故单位责任人、已经接到事故报告的安全生产管理部门，为减少损失、防止事故扩大和便于事故调查所采取的应急救援和现场保护等具体措施。

第四，事故造成的人员伤亡和直接经济损失。对于人员伤亡情况的报告，应当遵守实事求是的原则，不进行无根据的猜测，更不能隐瞒实际伤亡人数，对可能造成的伤亡人数，要根据事故单位当班记录，尽可能准确报告。对直接经济损失的初步估算，主要指事故所导致的建筑物的毁损、生产设备设施和仪器仪表的损坏等。

第五，事故发生的原因和事故性质。

第六，事故责任的认定以及对事故责任者的处理建议。

第七，事故防范和整改措施。

事故调查报告应当附具有关证据材料，事故调查组成员应当在事故调查报告上签名。事故调查报告报送负责事故调查的人民政府后，事故调查工作即告结束。事故调查的有关资料应当归档保存。

（四）工程安全事故的处理体系

1. 工程安全事故处理的主要依据

工程安全事故处理的主要依据有安全事故的实况材料；具有法律效力的建设工程合同，包括工程承包合同、设计委托合同、材料设备供应合同、分包合同以及监理合同等；有关的技术文件、档案；相关的建设工程法律、法规、标准及规范。

（1）安全事故的实况材料。要搞清安全事故的原因和确定处理对策，先要掌握安全事故的实际情况。有关安全事故实况的资料主要来自以下几个方面。

第一，施工单位的安全事故调查报告。安全事故发生后，施工单位有责任就所发生的安全事故进行周密的调查并研究掌握的情况，在此基础上写出调查报告，提交总监理工程师、建设单位和政府有关部门。在调查报告中首先就与安全事故有关的实际情况做详尽的说明，其内容应包括：① 安全事故发生的时间、地点；② 安全事故状况的描述；③ 安全事故发展变化的情况（其范围是否继续扩大，情况是否已经稳定等）；④ 有关安全事故的观测记录、事故现场状态的照片或录像。

第二，监理单位现场调查的资料。资料内容大致与施工单位调查报告中有关内容相似，以便与施工单位所提供的情况对照、核实。

（2）有关的技术文件和档案。

第一，与设计有关的技术文件。施工图纸和技术说明等设计文件是建设工程施工的重要依据。在处理安全事故中，其作用一方面是可以对照设计文件，核查施工安全生产是否完全符合设计的规定和要求；另一方面是可以根据所发生的安全事故情况，核查施工设计中是否存在问题或缺陷，是否为导致安全事故的一个原因。

第二，与施工有关的技术文件与资料档案。属于这类的技术文件、资料档案有：①施工组织设计或施工方案、施工计划。②施工记录、事故日志等。根据它们可以查出对发生安全事故的工程施工时的情况，例如，施工时的气温、降雨、风等有关的自然条件；施工人员的情况；施工工艺与操作过程的情况；使用的材料情况；施工场地、工作面、交通等情况；地质及水文地质情况等。借助这些资料可以追溯和探寻事故发生的原因。③有关建筑材料、施工机具及设备等的质量证明资料。例如，材料批次、出厂日期、出厂合格证或检验报告、施工单位抽检或实验报告等。④有关安全物资，如安全防护用具、材料、设备等的质量证明资料。⑤其他有关资料。

上述各类技术资料对于分析安全事故原因，判断事故发展变化趋势，推断事故影响及严重程度，考虑处理措施等都是必不可少的条件。

(3) 有关合同及合同文件。所涉及的合同文件包括工程承包合同、设计委托合同、设备与器材及材料供应合同、设备租赁合同、分包合同、监理合同等。有关合同及合同文件在处理安全事故中的作用是：确定在施工过程中有关各方面是否按照合同有关条款实施其活动，以此探寻产生事故的可能原因。

(4) 相关的建设工程法律、法规和标准规范。

第一，建筑市场管理。依据《中华人民共和国建筑法》《中华人民共和国合同法》《中华人民共和国招标投标法》《中华人民共和国安全生产法》《安全生产许可证条例》《建筑施工企业安全生产许可证管理规定》等法律、法规及规章，维护建筑市场的正常秩序和良好环境，充分发挥竞争机制，保证建设工程安全和质量。

第二，施工现场管理。《中华人民共和国建筑法》《中华人民共和国安全生产法》以及《生产安全事故报告和调查处理条例》等法律、法规，全面系统地对建设工程有关的安全责任和管理问题做了明确的规定，可操作性强。它们不但对建设工程安全生产管理具有指导作用，而且是全面保证工程施工安全和处理工程施工安全事故的重要依据。

第三，建筑企业资质、安全生产许可证和从业人员资格管理。主要是有关企业资质、安全许可证、人员职业资格和从业资格的相关规定等要求。

第四，标准和规范。《工程建设标准强制性条文》和《实施工程建设强制性标准监督规定》是参与建设活动各方执行工程建设强制性的标准和政府实施监督的依据，同时也是保证建设工程安全的必需条件，是分析处理工程安全事故，判定责任方的重要依据。一切工程建设的勘察、设计、施工、安装、验收都应按现行标准进行，不符合现行强制性标准的勘察报告不得报出，不符合强制性条文规定的设计不得审批，不符合强制性标准的材料、半成品、设备不得进场，不符合强制性标准的工程安全和质量，必须整改、处理。

2. 工程安全事故处理的程序和要求

重大事故、较大事故、一般事故，负责事故调查的人民政府应当自收到事故调查报告之日起15日内做出批复；特别重大事故，30日内做出批复，特殊情况下，批复时间可以适当延长，但延长的时间最长不超过30日。有关机关应当按照人民政府的批复，依照法律、行政法规规定的权限和程序，对事故发生单位和有关人员进行行政处罚，对负有事故责任的国家工作人员进行处分。事故发生单位应当按照负责事故调查的人民政府的批复，对本单位负有事故责任的人员进行处理。负有事故责任的人员涉嫌犯罪的，依法追究刑事责任。事故发生单位应当认真吸取事故教训，落实防范和整改措施，防止事故再次发生。防范和整改措施的落实情况应当接受工会和职工的监督。

工程安全事故处理的情况由负责事故调查的人民政府或者其授权的有关部门、机构向社会公布，依法应当保密的除外。工程安全事故发生后，一般按以下程序进行处理。

（1）伤员抢救与现场保护。事故发生后，先要做的工作是立即抢救伤员，疏散有关人员，并迅速采取措施防止事故蔓延扩大。同时，要认真保护好事故现场，不得破坏与事故有关的物体、状态及痕迹等。确因抢救伤员和防止事故的扩大需要移动现场某些物件时，须做出标志、拍照，详细记录和绘制现场图。死亡事故现场还须经过当地劳动、公安部门同意，才能清理。

（2）搜集有关资料及证明材料。

第一，物证搜索。事故调查获取的第一手资料是事故现场所留下的各种证物，如遭破坏的部件、碎片，各种残留及致害物所处的位置等。现场所收集到的各种证物均应贴上注有时间、地点、使用者及管理者等内容的标签。所有证物均应保持原样，不得冲洗擦拭印迹。需要对有害健康的危险物品采取安全防范措施时，也应在不损害原始证据的条件下进行，以确保现场各种物证的完整性和真实性。

第二，事故事实材料的搜集。在获取现场物证后，应对事故发生前的有关事实及有利于鉴别和分析事故的各种材料进行搜索。事故发生前的有关事实包括：事故发生前各种设备及设施的性能、质量及运行状况，使用材料（必要时进行理化性分析和实验），设计和工艺方面的技术文件，各种规章制度、操作规程等建立和执行情况，工作环境状况（必要时可取样分析），个人防护措施情况及出事前受害者或肇事者的健康情况等。有利于事故鉴别和分析的材料包括：发生事故的时间、地点、单位，受害者和肇事者的姓名、性别、年龄、文化程度、技术水平、工龄及从事本工种的时间等，受害者及肇事者接受安全教育的情况，受害者及肇事者过去的事故记录，事故当天受害者及肇事者的开始工作时间、工作内容、工作量、作业程序和动作以及进行作业时的情绪和精神状态等。

第三，证人材料的搜集。在获取物证及事实材料后，应尽快找到事故的目击者和有关人员搜集证明材料，还可以通过交谈、访问及询问等方式来获取证人材料，但在询问时应避免提一些具有诱导性的问题。此外，由于各方面因素的影响，还应通过多方调查、前后对比等对证人口述材料的真实程度进行认真考证。

第四，事故现场摄影。对于一些不能较长时间保留、有可能被消除或被践踏的证据，如各种残骸、受害者的原始存息地、各种痕迹、事故现场全貌等，应利用摄影或录像等手段记录下来，为随后的事故调查和分析提供原始和真实的信息。

第五，事故图绘制。为了直接反映事故的情况，还应将事故的有关情况绘制出来，如事故现场示意图、流程图、受害者位置图等。

(3) 事故原因分析。要认真整理和研究调查材料。如实反映客观情况，切忌主观臆断。在经过反复鉴别的基础上，按照《企业职工伤亡事故分类标准》规定的以下内容进行分析：受伤部位、受伤性质、起因物、致害物、伤害方式、不安全状态、不安全行为。在分析事故原因时，应从直接原因（直接导致事故发生的原因）入手，即从机械、物质或环境的不安全状态和人的不安全行为入手。确定导致事故的直接原因后，逐步深入间接原因方面（直接原因得以产生和存在的原因，一般可以理解为管理上的原因）进行分析，找出事故的主要原因，从而掌握事故的主要原因，分清主次，进行事故责任分析。

(4) 事故责任分析。对事故责任分析，必须以严肃认真的态度对待。要根据事故调查组所确认的事实，通过对直接原因和间接原因的分析，确定事故的直接责任人和领导责任者。然后在此基础上，根据直接责任者和领导责任者，在事故发生过程中的不同作用，确定事故的主要责任者。最后，根据事故后果和责任者应负的责任提出处理意见和防范措施建议。

(5) 写出事故调查报告。调查组在完成上述工作后，应就所调查的内容写出书面的事故调查报告。应着重把事故发生的经过、原因、责任分析和处理意见以及本次事故的教训和改进工作的建议等写进报告，事故调查组成员应当在事故调查报告上签名。

第二节　建筑工程的安全技术管理

安全技术管理是安全生产管理的主要内容，要保证建设工程的顺利实施，必须重视安全技术管理，确保安全技术措施的有效落实。安全技术措施是为防止工伤事故和职业病的危害而采取的技术措施，是建筑工程项目管理实施规划或施工组织设计的重要组成部分。在工程施工中，安全技术措施针对工程特点、环境条件、劳动组织、作业方法、施工机械、供电设施等制定。

一、建筑施工组织设计的安全技术措施

建筑施工组织设计的安全技术措施是在施工项目生产活动中，根据施工项目工程特点、规模、结构复杂程度、工期、施工现场环境、劳动组织、施工方法、施工机械设备、变配电设施、架设工具以及各项安全防护设施等，对施工存在的不安全因素进行预测和分析，找出危险源（点），从技术和管理上采取措施并加以防范，消除和控制危险隐患，防止事故发生，以确保施工项目能安全施工。

在编制建筑施工组织设计或施工方案时，对主要的分部分项工程，如土石方工程、基础工程、砌筑工程、钢筋混凝土工程、钢结构工程、结构吊装工程及脚手架工程等都必须编制单独的分部分项工程施工安全技术措施。对使用新技术、新工艺、新设备、新材料的施工项目，必须考虑相应的施工安全技术措施。对于有毒、有害、易燃、易爆等项目的施工作业，还必须考虑防止给施工人员造成伤害的安全技术措施。

（一）工程安全技术措施及编制

1. 工程安全技术措施的内容

建筑工程可以分为两类：结构共性较多的称为一般工程；结构比较复杂、技术含量较高的称为特殊工程。对于这两类工程，应根据工程施工特点、不同的危险因素，按照有关标准的规定，结合施工经验、事故教训编制安全技术措施。

（1）危险性较大的分部分项工程编制专项施工方案。对危险性较大的分部分项工程应编制专项施工方案，如大型、复杂技术设备，大跨结构安装等，技术复杂、施工对象多变、工程质量要求高，对爆破、大型吊装、沉井、模板、高层脚手架和拆除工程等也必须编制专项施工方案，以指导安全施工。

（2）一般工程安全技术措施。① 根据基坑、基槽、地下室挖土方的深度和土壤种类，选择土方开挖方法，确定设边坡坡度。采用土壁支撑时，要确定是采用连续支撑还是不连续支撑，防止土方塌方。② 模板、脚手架、吊篮、吊架的承载力设计及上下通道的主要安全技术措施。③ 安全平网、密封网的架设要求、架设层次、段落。④ 外用电梯的设置及井架、龙门架等垂直运输设备要求及防护技术措施。⑤“四口、五临边”的防护和交叉施工作业场地的隔离防护措施。⑥ 施工工程包括外架与高压输电线路时，必须搭设绝缘防护棚或防护网架。⑦ 凡高于周围避雷设施的施工

工程、暂设工程、井架、龙门架等金属构筑物，都必须采取防雷措施。⑧易燃、易爆、有毒作业场所，必须采取防火、防爆、防毒措施。⑨在建工程与周围人行通道及民房的防护、隔离设施等。

（3）季节性施工安全技术措施。不同季节的气候给施工生产带来的不安全因素可能造成各种突发性事故。季节性施工安全技术措施，就是从防护、技术、管理等方面采取的防护措施。季节性施工主要指夏季、雨期和冬季施工。一般建筑工程可在施工组织设计或施工方案中编制季节性安全技术措施；季节性施工工期长的建筑工程，应单独编制季节性施工安全措施。季节性施工安全措施的主要内容如下。

第一，夏季施工安全技术措施。夏季气候炎热，高温时间持续较长，因此要合理调整作息时间，避开高温时间工作，严格控制工人加班加点。高处作业时间要适当缩短，保证工人有充足的休息和睡眠时间，防止中暑。此外，针对相对封闭和高温条件下的作业场所要做好通风和降温措施。对露天作业集中和固定的场所，应搭设歇凉棚，防止热辐射，并要经常洒水降温。高温、高处作业的工人，须经常进行健康检查，发现有作业禁忌证者，应及时调离岗位。

第二，雨期施工安全技术措施。雨期作业要做好防触电、防雷击和台风的措施。电源线不得使用裸导线和塑料线，也不得沿地面敷设。配电箱必须防雨、防水，电器布置符合规定，电器元件不应破损，严禁带电明露。机电设备的金属外壳必须采取可靠的接地或接零保护。使用手持电动工具和机械设备时必须安装合格的漏电保护器，工地临时照明灯、标志灯电压应符合有关规定。电气作业人员应穿绝缘鞋、戴绝缘手套。高处建筑物的塔吊、井字架、龙门架、脚手架等应安装避雷装置，并做好脚手架、“井”字架、龙门架的排水工作，防止沉降、倾斜。基坑、基槽应做好边坡稳定和降、排水工作，一旦出现紧急情况，应马上停止土方施工。

第三，冬期施工安全技术措施。冬期施工，主要应做好防风、防火、防滑、防煤气中毒等工作。凡参加冬期施工作业的工人，都应接受冬期施工安全教育，并由上级对其进行安全交底。六级以上大风或大雪、大雨、大雾天气时，应停止高处作业和吊装作业。由于沿海地区经常有大风，必须采取有效的安全技术措施。制定好防滑措施，损坏的通道防滑条要及时补修。对斜道、通行道、爬梯等作业面上的霜冻、冰块、积雪要及时清除。施工用电要加强检查和维修，防止触电和火灾。严格执行用火申请和安全管理制度，遵守消防规定，防止火灾发生。现场脚手架安全网和暂设电气工程、土方、机械设备等安全防护，必须按有关规定执行。施工人员必须能正确使用个人防护用品。

2. 安全技术措施的编制要求

安全技术措施的编制应符合以下要求。

（1）“安全第一，预防为主，综合治理”的安全生产方针，应作为编制安全技术措施的指导思想。“安全第一”的思想把人身的安全放在了首位，安全为了生产，生产必须保证安全，充分体现出以人为本的理念。“预防为主”则是实现“安全第一”的重要手段，要采取正确的措施和方法进行安全管理，从而减少甚至消除隐患，把事故消灭在萌芽状态，这也是安全技术管理最重要的思想。工程活动从开工到竣工是一个极其复杂的过程，尤其对技术难度大、作业危险性多、进度要求快的工程，更需要制定周密的安全技术措施，保证贯彻“安全第一，预防为主，综合治理”的安全生产方针。

（2）安全技术措施要有超前性。安全技术措施必须在工程开工前编制好，并经过审批。在工程图纸会审时即编审安全技术措施，全面考虑施工安全，包括用于该工程的各种安全设施以及各种安全设施的落实等。当在施工过程中出现工程更改等情况变化时，安全技术措施必须及时进行调整、补充。

（3）安全技术措施要有针对性。编制安全技术措施的技术人员必须掌握工程概况、工程特点、施工方法、场地周边环境和施工条件等第一手资料，熟悉相关国家行业安全法规、标准等，有针对性地编制安全技术措施。

第一，针对不同工程的特点分析可能造成的危害，从技术上应采取措施，消除危险，保证施工安全。

第二，针对不同的施工方法，如立体交叉作业、滑模、网架整体提升吊装、大模板施工等可能给施工带来的不安全因素，从技术上应采取措施，保证施工安全。

第三，针对使用的各种机械设备、变配电设施给施工人员可能带来的危险因素，从安全保险装置等方面应采取相应的技术措施。

第四，针对施工中有毒、有害、易爆、易燃等作业可能给施工人员造成的危害，从技术上应采取防护措施，防止伤害事故。

第五，针对施工场地及周围环境可能给施工人员或周围居民带来的危害，以及材料、设备运输带来的困难和不安全因素，应采取技术措施，予以保护。

安全技术措施均应贯彻于全部施工工序中，力求细致、全面、具体。例如，施工平面布置不当、暂设工程多次迁移、建筑材料多次转运，不仅影响施工进度、造成浪费，有的还留下了隐患；又如，易爆、易燃临时仓库及明火作业区、工地宿舍、厨房等定位及间距不当，很可能酿成事故。只有把多种因素和各种不利条件考虑周全，才能真正做到预防事故。

对大型群体工程或一些面积大、结构复杂的重点工程，除必须在施工组织总设计中编制施工安全技术总体措施外，还应编制单位工程或分部分项工程安全技术措施，详细制定出有关安全方面的防护要求和措施，确保该单位工程或分部分项工程的安全施工。此外，还应编制季节性施工安全技术措施。

(二) 施工组织设计的编制体系

施工组织设计按编制对象可分为施工组织总设计、单位工程施工组织设计和施工方案。

1. 施工组织设计的编制依据

(1) 与工程建设有关的法律、法规和文件。

(2) 国家现行有关标准和技术经济指标。

(3) 工程所在地区行政主管部门的批准文件、建设单位对施工的要求。

(4) 工程施工合同或招标文件。

(5) 工程设计文件。

(6) 工程施工范围内的现场条件，工程地质及水文地质、气象等自然条件。

(7) 与工程有关的资源供应情况。

(8) 施工企业的生产能力、机具设备状况、技术水平等。

2. 施工组织设计的编制原则

(1) 符合施工合同或招标文件中有关工程进度、质量、安全、环境保护、造价等方面的要求。

(2) 积极开发、使用新技术和新工艺，推广、应用新材料和新设备。

(3) 坚持科学的施工程序，采用流水施工和网络计划等方法，科学配置资源，合理布置现场、采取季节性施工措施，实现均衡施工，达到合理的经济、技术目标。

(4) 采取技术和管理措施，推广建筑节能和绿色施工。

(5) 与质量、环境和职业健康安全三个管理体系有效结合。

3. 施工组织设计的编制和审批制度

(1) 施工组织设计应由项目负责人主持编制，可根据需要分阶段编制和审批。

(2) 施工组织总设计应由总承包单位技术负责人审批，单位工程施工组织设计应由施工单位技术负责人或其授权的技术人员审批，施工方案应由项目技术负责人审批。重点、难点分部分项工程和专项工程施工方案应由施工单位技术部门组织有关专家评审，施工单位技术负责人批准。

(3) 由专业承包单位施工的分部分项工程或专项工程的施工方案，应由专业承包单位技术负责人或其授权的技术人员审批。由总承包单位施工时，应由总承包单位项目技术负责人核准、备案。

(4) 规模较大的分部分项工程和专项工程的施工方案，应按单位工程施工组织设计进行编制和审批。施工组织设计应实行动态管理，并应在工程竣工验收后归档。

(三) 施工组织设计中安全技术措施的编制和实施

施工组织设计中编制安全技术措施应熟悉以下资料：① 建筑安装工程安全技术操作规程、技术规范、标准、规章制度；② 施工现场的安全规定；③ 工种工程施工安全规定；④ 防护用品和机具的安全规定；⑤ 作业人员的素质要求；⑥ 其他安全防护要求。

1. 施工组织设计中安全技术措施的编制

施工组织设计的安全技术措施必须深入工程各阶段、各分部分项工程。

(1) 施工组织设计要在消灭安全隐患、改善劳动条件、减轻劳动强度和提高文明施工水平方面提出治理措施。

(2) 采用新工艺、新技术、新设备、新材料及不同工种的工序转移都要制定相应的安全措施，并提出安全技术操作要求。

(3) 对于危险性较大的分部分项工程要编制专项施工方案。

(4) 易燃、易爆、有毒物品的存放位置要在设计中加以明确，并提出使用要求。

(5) 对工种工程施工，机械设备使用、安全防护和季节性施工，制定相应的安全技术措施。

施工组织设计审批后，任何涉及安全的设施和措施不得擅自更改。如需更改，必须报原审批单位重新审批。

2. 施工组织设计中安全技术措施的实施

经批准的安全技术措施必须认真贯彻执行。为保证安全技术措施的实施，应从建立安全生产责任制、加强安全生产教育培训、做好安全生产检查三个方面着手。

(1) 建立安全生产责任制。安全生产责任制是指企业和施工现场各部门、各类人员所规定的在其各自职责范围内对安全生产应负责任的制度。建立安全生产责任制是施工安全技术措施实施的重要保证，是安全生产管理最重要、最基础和最核心的管理制度。企业和施工现场应根据法律、法规要求和规范性文件以及安全生产管理目标，提出各岗位的安全生产职责。安全生产责任应合理、有效、目标明确，以文件形式确立并做好责任交底，保证落实。

(2) 加强安全生产教育培训。安全生产教育培训是安全生产三大措施之一，在安全生产管理中显得尤为重要。安全生产教育培训制度是企业和施工现场安全管理的一项重要的管理制度，应保证落实，并针对施工现场提出具体的管理要求。安全教育培训的要求包括：① 安全生产教育培训应体现全体性，要使全体员工都真正认识到安全生产的重要性和必要性，懂得安全生产和文明施工的科学知识，牢固树立“安全第一”的思想，自觉遵守各项安全生产法律、法规和规章制度；② 把安全知识、安全技能、设备性能、操作规程、安全法规等作为安全教育的主要内容；③ 建立经常性的安全教育考核制度，考核成绩要记入员工档案；④ 安全生产教育培训制度应以文件形式确立。

(3) 做好安全生产检查。安全生产检查制度是落实安全生产责任、全面提高安全生产管理水平和操作水平的重要管理制度。施工现场安全生产检查的要求是落实企业安全生产检查制度，建立日常安全生产检查制度。安全生产检查不仅仅是对“物”的安全因素进行检查，更是对“人”的安全因素进行检查，最终目的是消除隐患。

二、建筑工程的安全技术交底及其管理

(一) 安全技术交底的作用与要求

安全技术交底是落实安全技术措施及安全生产管理要求的重要环节，是交底方向被交底方对预防和控制生产安全事故发生及减少其危害的技术措施、施工方法进行说明的技术活动，用于指导建筑施工行为。安全技术交底是操作者的指令性文件，因此，要求具体、明确、针对性强。安全技术交底一般由工程技术人员进行，专职安全管理人员参加。

安全技术交底的作用主要有：一是让作业人员了解和掌握该作业项目的安全技术操作规程和注意事项，减少因违章操作而导致的事故。二是做好安全技术交底也是安全管理人员自我保护的手段。安全技术交底的依据包括国家有关法律法规和有关标准、工程设计文件、施工组织设计、专项施工方案和安全技术措施、安全技术管理文件等要求。

安全技术交底应针对施工过程中潜在的危险因素，明确安全技术措施内容和作业程序要求。对危险性较大的分部分项工程、机械设备及设施安装拆卸的施工作业，应单独进行安全技术交底。具体内容包括项目和分部分项工程的概况、施工过程的危险部位和环节及可能导致生产安全事故的因素、针对危险因素采取的具体预防措施、作业中应遵守的安全操作规程以及应注意的安全事项、作业人员发现事故隐患应采取的措施和发生事故后应及时采取的避险和救援措施等。施工单位应建立分级、分层的安全技术交底制度。安全技术交底应有书面记录，交底双方应履行签字手续，书面记录应在交底者、被交底者和安全管理者三方留存备查。

(二) 安全技术交底的内容与措施

安全技术交底是一项技术性工作，属于企业技术管理的范畴，应以企业的技术部门为主，生产安全部门参与进行。

安全技术交底主要包括三个方面：一是按工程部位，分部分项进行交底；二是对施工作业相对固定、与工程施工部位没有直接关系的工种，如起重机械、钢筋加工等，应单独进行交底；三是对工程项目的各级管理人员，应进行以安全施工方案为主要内容的交底。

第一，专项施工项目及企业内部规定的重点施工工程开工前，企业的技术负责人应向参加施工的施工管理人员进行安全技术交底。

第二，各分部分项工程、关键工序和专项方案实施前，项目技术负责人应当会同方案编制人员就方案的实施向施工管理人员进行技术交底，并提出方案涉及的设施安装和验收的方法和标准。项目技术负责人和方案编制人员必须参与方案实施的验收和检查。

第三，总承包单位向分包单位交底，分包单位工程项目的安全技术人员向作业班组进行安全技术措施交底。

第四，施工管理人员及各条线管理人员，应对新进场的工人实施作业人员工种交底。

第五，作业班组应对作业人员进行班前交底。

交底应细致全面、讲究实效，不能流于形式。企业安全人员受企业安全机构的委派参与安全技术交底，在工程实施中应按交底的内容和技术标准、规范、内部规章制度实施安全管理。

安全技术交底必须有书面交底记录，交底双方应履行签字手续，各保留一套交底文件，并应在技术、施工、安全三方备案存档。

（三）基坑支护工程的安全技术管理

基坑支护是为主体结构地下部分施工而采取的临时措施，基坑支护应满足的功能要求是保证基坑周边建（构）筑物、地下管线、道路的安全和正常使用，保证主体地下结构的施工空间。

1. 基坑开挖的安全技术管理

基坑开挖应符合以下规定。

（1）当支护结构构件强度达到开挖阶段的设计强度时，方可向下开挖；对采用预应力锚杆的支护结构，应在施加预加力后，方可下挖基坑；对土钉墙，应在土钉、喷射混凝土面层的养护时间大于2天后，方可下挖基坑。

（2）应按支护结构设计规定的施工顺序和开挖深度分层开挖。

（3）锚杆、土钉的施工作业面与锚杆、土钉的高差不宜大于500mm。

（4）开挖时，挖土机械不得碰撞或损害锚杆、腰梁、土钉墙面、内支撑及其连接件等构件，不得损害已施工的基础桩。

(5) 当基坑采用降水时，应在降水后开挖地下水位以下的土方。

(6) 当开挖揭露的实际土层性状或地下水情况与设计依据的勘察资料明显不符或出现异常现象、不明物体时，应停止挖土，在采取相应处理措施后方可继续开挖。

(7) 挖至坑底时，应避免扰动基底土层的原状结构。

软土基坑开挖除应满足上述规定外，还应符合以下规定：① 应按分层、分段、对称、均衡、适时的原则开挖；② 当主体结构采用桩基础且基础桩已施工完成时，应根据开挖面下软土的性状限制每层开挖厚度，不得造成基础桩偏位；③ 对采用内支撑的支护结构，宜采用局部开槽方法浇筑混凝土支撑或安装钢支撑，开挖到支撑作业面后，应及时进行支撑的施工；④ 对重力式水泥土墙，沿水泥土墙方向应分区段开挖，每一开挖区段的长度不宜大于40m。

当基坑开挖面上方的锚杆、土钉、支撑未达到设计要求时，严禁向下超挖土方。采用锚杆或支撑的支护结构，在未达到设计规定的拆除条件时，严禁拆除锚杆或支撑。基坑周边施工材料、设施或车辆荷载严禁超过设计要求的地面荷载限值。

2. 基坑维护的安全技术管理

基坑开挖和支护结构使用期内，应按以下要求对基坑进行维护。

(1) 雨期施工时，应在坑顶、坑底采取有效的截排水措施；对地势低洼的基坑，应考虑周边汇水区域的地面径流向基坑汇水的影响；排水沟、集水井应采取防渗措施。

(2) 基坑周边地面宜做硬化或防渗处理。

(3) 基坑周边的施工用水应有排放系统，不得渗入土体。

(4) 当坑体渗水、积水或有渗流时，应及时进行疏导、排泄、截断水源。

(5) 开挖至坑底后，应及时进行混凝土垫层和主体地下结构施工。

(6) 主体地下结构施工时，结构外墙与基坑侧壁之间应及时回填。

支护结构或基坑周边环境出现规定的报警情况或其他险情时，应立即停止开挖并根据危险产生的原因和可能的发展采取控制或加固措施。危险消除后，方可继续开挖。必要时，应对危险部位采取基坑回填、地面卸土、临时支撑等应急措施。当危险由地下水管道渗漏、坑体渗水造成时，应及时采取截断渗漏水水源、疏排渗水等措施。

(四) 模板工程的安全技术管理

1. 一般模板工程的安全技术管理

一般模板工程的安全技术管理需要注意以下方面。

(1) 从事模板作业的人员，应经过安全技术培训。从事高处作业人员，应定期体检，不符合要求的，不得从事高处作业。安装和拆除模板时，操作人员应佩戴安全帽、系安全带、穿防滑鞋。安全帽和安全带应定期检查，不合格者严禁使用。

（2）模板及配件进场应有出厂合格证或当年的检验报告，安装前应对所用部件（立柱、楞梁、吊环、扣件等）进行认真检查，不符合要求者不得使用。

（3）模板工程应严格按施工设计与安全技术措施规定施工。满堂模板、建筑层高 5m 及以上和梁跨大于或等于 10m 的模板在安装、拆除作业前，工程技术人员应以书面形式向作业班组进行施工操作的安全技术交底，作业班组应对照书面交底进行自检和上下班次的互检。模板工程施工过程中的检查项目应符合以下要求：① 立柱底部基土应回填夯实；② 垫木应满足设计要求；③ 底座位置应正确，顶托螺杆伸出长度应符合规定；④ 立杆的规格尺寸和垂直度应符合要求，不得出现偏心荷载；⑤ 扫地杆、水平拉杆、剪刀撑等的设置应符合规定，固定应可靠；⑥ 安全网和各种安全设施应符合要求。

（4）在高处安装和拆除模板时，周围应设安全网或搭脚手架并应加设防护栏杆。在临街面及交通要道地区应设警示牌，派专人看管。

（5）作业时，模板和配件不得随意堆放。模板应放平放稳，严防滑落。脚手架或操作平台上临时堆放的模板不宜超过 3 层。连接件应放在箱盒或工具袋中，不得散放在脚手板上。脚手架或操作平台上的施工总荷载不得超过其设计值。对负荷面积大和高 4m 以上的支架立柱采用扣件式钢管、门式钢管脚手架时，除应有合格证外，对所用扣件应用扭矩扳手也要进行抽检，合格后方可使用。

（6）多人共同操作或扛抬组合钢模板时，必须密切配合、协调一致、互相呼应。模板安装时，上下应有人接应，随装随运，严禁抛掷。不得将模板支架搭在门窗框上，也不得将脚手板支搭在模板上。严禁将模板与上料井架及有车辆运行的脚手架或操作平台支成一体。

（7）支模过程中如遇中途停歇，应将已就位模板或支架连接稳固，不得浮搁或悬空。拆模中途停歇时，应将已松扣或已拆松的模板、支架等拆下运走，防止构件坠落伤人或作业人员扶空坠落。作业人员严禁攀登模板、斜撑杆、拉条或绳索等，也不得在高处的墙顶、独立梁或模板上行走。

（8）模板施工中应设专人负责安全检查，发现问题应及时报告有关人员处理。当遇险情时，应立即停工和采取应急措施，待排除险情后方可继续施工。

（9）在大风地区或大风季节施工时，模板应有抗风的临时加固措施。当钢模板高度超过 15m 时，应安设避雷设施，避雷设施的接地电阻不得大于 4Ω。当遇大雨、大雾、沙尘、大雪或六级以上大风等恶劣天气时，应停止露天高处作业。五级及以上风力时，应停止高空吊运作业。雨、雪停止后，应及时清除模板和地面上的积水或冰雪。

2. 滑升模板工程的安全技术管理

滑升模板施工必须编制安全专项施工方案，且必须经专家论证。操作人员应严格按照专项施工方案组织施工，其安全技术管理需要注意以下几个方面。

(1) 滑模平台在提升前应对全部设备装置进行检查，调试合格后方可使用，重点放在检查平台的装配、节点、电气及液压系统上。

(2) 平台内、外脚手架使用前应一律安装好轻质、牢固的安全网，并将安全网靠紧筒壁，经验收合格后方可使用。滑模施工工程应设置可靠楼梯或在建筑物内及时安装楼梯。

(3) 滑模提升时，应统一指挥，并有专人监测千斤顶，出现不正常情况时，应立即停止滑升。待找出原因并制定措施后，方可继续滑升。

(4) 滑模施工中应严格按施工方案要求分散堆载，平台不得超载或出现不均匀堆载现象。施工人员服从统一指挥，不得擅自操作液压设备和机械设备，应遵守施工安全操作规程有关规定。

3. 大模板工程的安全技术管理

大模板工程必须编制安全专项施工方案，且必须经专家论证后实施，其安全技术管理需要注意以下几个方面。

(1) 平模存放时应满足自稳角的要求，两块大模板应采取板面对板面的方法存放，大模板所存放的施工楼层应有可靠的防倾倒措施，不得沿外墙周边放置或垂直于外墙存放。没有支撑或自稳角不足的大模板，要存放在专用的堆放架上或者平放，不得靠在其他模板或物件上，严防滑移、倾倒。

(2) 模板起吊前应检查吊装用绳索、卡具及每一块模板上的吊环是否完整、有效，并拆除临时支撑，经检查无误后方可起吊。模板起吊前应将吊车的位置调整适当，做到稳起稳落、就位准确，禁止用人力搬动模板，严防模板大幅度摆动或碰到其他模板。

(3) 在大模板拆装区域周围应设置围栏并悬挂明显的标示牌，禁止非作业人员入内。组装平模时，应及时用卡具或花篮螺栓将相邻模板连接好，防止倾倒。

(4) 全现浇结构安装模板时，应将悬挑担固定，位置调整准确后，方可摘钩。外模安装后，立即穿好销杆，紧固螺栓。安装外模板的操作人员应系好安全带。在模板组装或拆除时，指挥、拆除、挂钩人员应站在安全的地方进行操作，严禁人员随大模板起吊。

(5) 大模板拆除后，应及时清除模板上的残余混凝土，并涂刷脱板模剂，模板要临时固定好。板面停放之间应留出 50 ~ 60cm 宽的人行道，模板上方要用拉杆固定。

（6）墙板就位前应根据设计标高找平。墙板平面布置就位后，使用花篮卡具卡在墙板上。待预留钢筋与预埋铁件焊牢后，方可摘掉吊环卡具。

4. 爬升模板（爬模）工程的安全技术管理

爬模工程必须编制安全专项施工方案，且必须经专家论证，其安全技术管理需要注意以下几个方面。

（1）爬模装置的安装、操作、拆除均应在专业厂家指导下进行，专业操作人员应进行爬模施工安全、技术培训，合格后方可上岗操作。爬模工程应设专职安全员，负责爬模施工的安全监控并填写安全检查表。

（2）操作平台上应在显著位置标明允许荷载值，设备、材料及人员等荷载应均匀分布，人员、物料不得超过允许荷载限值。爬模装置爬升时不得堆放钢筋等施工材料，非操作人员应撤离操作平台。

（3）机械操作人员应按有关规定定期对机械、液压设备等进行检查、维修，确保使用安全。操作平台上应按消防要求设置灭火器，施工消防供水系统应随爬模施工同步设置。在操作平台上进行电、气焊作业时，应有防火措施和专人看护。

（4）对后退进行清理的外墙模板应及时恢复停放在原合模位置，并应临时拉结固定。架体爬升时，模板距结构表面不应大于300mm。

（5）遇有六级以上强风、浓雾、雷电等恶劣天气，应停止爬模施工作业并采取可靠的加固措施。

（6）操作平台与地面之间应有可靠的通信联络。爬升和拆除过程中应分工明确、各负其责，应实行统一指挥。爬升和拆除指令只能由爬模总指挥一人下达，操作人员发现有不安全问题，应及时处理、排除并立即向总指挥反馈信息。爬模操作平台上应有专人指挥起重机械和布料机，防止吊运的料斗、钢筋等碰撞爬模装置或操作人员。

（7）爬模装置拆除时，参加拆除的人员必须系好安全带并扣好保险钩。每次起吊模板或架体前，操作人员必须离开。爬模施工现场必须有明显的安全标志，爬模安装、拆除时地面必须设围栏和警戒标志并派专人看守，并严禁非操作人员入内。

（五）钢结构工程的安全技术管理

钢结构工程的安全技术管理需要注意以下几个方面。

（1）钢结构施工前，应编制施工安全、环境保护专项方案及安全应急预案。作业人员应进行安全生产教育和培训。施工时，应为作业人员提供符合国家标准规定的合格劳动保护用品，并培训和监督作业人员正确使用。

（2）多层及高层钢结构施工应采用人货两用电梯登高。对电梯尚未到达的楼层，应搭设合理的安全登高设施。钢柱吊装松钩时，施工人员宜通过钢挂梯登高，并应采用防坠器进行人身保护。钢挂梯应预先与钢柱可靠连接，并应随钢柱起吊。

（3）钢结构安装所需的平面安全通道应分层、连续搭设。平面安全通道宽度不宜小于600mm，且两侧应设置安全护栏或防护钢丝绳。在钢梁及桁架上行走的作业人员应佩戴双钩安全带。

（4）边长或直径为20～40cm的洞口应采用刚性盖板固定防护；边长或直径为40～150cm的洞口应架设钢管脚手架、满铺脚手板等；边长或直径在150cm以上的洞口应张设密目安全网防护并加护栏。建筑物楼层钢梁吊装完毕后，应及时分区铺设安全网。楼层周边钢梁吊装完成后，应在每层临边设置防护栏，且防护栏高度不应低于1.2m。搭拆临边脚手架、操作平台、安全挑网等应可靠固定在结构上。

（5）吊装区域应设置安全警戒线，非作业人员禁止入内。吊装物吊离地面200～300mm时，应进行全面检查，确认无误后方能正式起吊。当风速达到10m/s时，宜停止吊装作业，当风速达到15m/s时，不得进行吊装作业。高空作业使用的小型手持工具和小型零部件应采取防坠落措施。

（6）高空焊接和气割作业时，应清除作业区下方的危险易燃物，并采取防火措施。施工用电应符合现行国家标准的规定。施工现场应有专业人员负责安装、维护和管理用电设备和电线路。

（7）每天吊至楼层或屋面上的板材若未安装完，应采取牢靠的临时固定措施。压型钢板表面有水、冰、霜或雪时，应及时清除并应采取相应的防滑保护措施。

第三节　建筑工程施工现场安全管理

施工现场是开展建筑工程项目的重要区域，所有的施工活动都需要在此进行，机械、材料、设备、人员也都集中在此。施工现场管理水平的优与劣，直接决定了建筑工程的施工质量、施工进度以及人员的安全性。[①] 施工现场管理指的是通过合理的人员配备、安全控制、设备与材料管理、技术安排、环境管理、施工组织等一系列措施，充分保障建筑工程的施工安全，营造良好、有序的施工环境，以促进建筑工程施工的顺利开展。生产安全对于任何行业而言，都是首要因素，更是企业生产、经营、发展的基石。安全管理指的是企业以安全生产为目标所采取的管理措施，安全问题始终是建筑工程施工的首要问题，只有在安全的环境中作业，施工人员的生

① 何博林 . 简述建筑工程施工现场质量控制与安全管理 [J]. 中国住宅设施，2023(6)：166.

命和财产安全才能得到保障。因此，在建筑施工中，从企业到管理层再到基层员工，都应该牢记安全施工理念，将“安全”二字放在所有施工活动的首要位置，时刻做好安全防范措施。

一、建筑工程施工现场安全管理的重点

（一）加强施工人员专业技术培训

随着科技的飞速发展，各种先进的机械设备引入施工现场，施工过程越来越趋于自动化、信息化，对施工人员的技术水平提出了更高的要求。为了保证建筑施工的顺利开展，企业应组织施工团队接受系统性技术的培训和学习，并制定考核制度，改变以往对施工人员的文化水平无要求的思想，而是应该建立一支综合素养较高、有一定专业知识的施工团队。在技术培训过程中，重点强调施工安全、施工质量以及责任意识，必须通过考核后才能进入施工现场，让每位施工人员都掌握专业知识与技能。

（二）注重对建筑施工材料的管理

原材料质量与施工质量、施工安全密切相关，因此施工现场应高度重视对材料的管理。近年来，随着我国建筑行业的飞速发展，建筑材料的性能也有了很大改善，应用于建筑施工中的材料类型越来越丰富，相应地，施工现场的材料管理难度也在不断增加。材料的选择应遵循“精益求精”的原则，委派责任心强、经验丰富的人员负责材料采购，全面了解建筑市场以及材料供应商的资质，根据建筑工程的施工要求控制材料采购成本。确定采购的材料后，应详细核查厂家所提供的产品质量合格证书，杜绝“三无”产品进入施工现场。将合格的施工材料存储到专属仓库中，做好防潮、防火措施，并委派专人管理。

（三）优化建筑工程施工的方案

近年来，科学技术的进步极大地促进了施工技术的发展，与以往相比，施工方案有了很大改进。建筑工程施工技术的应用直接关系到施工质量、施工效率、施工安全以及企业的社会声望，其重要性不言而喻。为了夯实建筑工程施工质量，企业必须聚焦于施工理念的更新与完善，立足于实际情况优化施工方案，节约施工成本，在保证施工质量的同时，又能缩短工期，保障施工的安全性。

(四) 重视建筑安全装置的设置

施工现场环境复杂人员较多，经常存在交叉作业的现象，为了实现安全施工，不仅施工人员要做好防范措施，施工现场同样需要设置安全装置，其目的是将危险源与施工人员分割开来。企业应委派专人处理电气设备、机械设备，在非必要的情况下，员工应远离危险源，设备的操作人员必须持有相关证件，并接受过系统的岗前培训。机械、电气设备的安全防护措施同样重要，保险设备能够最大限度地消除安全隐患。除此之外，还可以使用安全阀与压力容器，在建筑物、物料提升机和施工升降机的进出口设置防护棚，棚顶厚度 50mm、长度 3m 左右，高层建筑的防护棚长度至少要达到 6m。

(五) 完善建筑施工技术的管理

施工技术管理同样是施工现场管理的重要内容，并且直接影响施工质量和安全性。施工技术的管理应建立在全面掌握施工现场情况的基础上，根据施工质量标准设计图纸，如果实际情况与施工图纸存在偏差，应第一时间纠偏。由设计单位与设计人员共同探讨问题的处理方法，保证施工现场的管理成效得到最大限度的发挥。为了更好地贯彻精细化的施工技术管理，可引入 6S[①] 管理法，让施工现场的管理工作在科学理论的指导下进行，避免管理的主观性、盲目性。6S 管理实施的重点在于对施工技术的全面控制，包括对施工工序与施工质量的动态监管。例如，现浇混凝土钢筋是应用非常广泛的一种外墙结构类型，建筑工程的外部造型线条表现得较为复杂，要想简化施工流程、降低难度，可以先进行详细的技术调研，然后采用预拼装模板技术。在此技术的支持下，能够实现外墙线条的准确定位，从而保证施工现场的各项工序能够顺利开展。在条件允许的情况下，施工现场的管理还可以引入无人机技术、BIM 技术、高效外墙自保温技术、自密实混凝土技术等现代化技术，并对上述技术的应用进行全面监控。

(六) 落实施工现场动态平面管理

施工现场应全面落实动态平面管理，根据建筑工程的施工进度与施工内容划分施工阶段，然后结合各阶段采用的施工技术、施工设备、施工材料来划分施工现场的功能区，合理规划各种设备、器械之间的关系。功能区的管理需要充分考虑不同施工阶段之间的关系、影响以及时间上的继承性。通过平面规划尽量避免临时设备

①6S 就是整理（SEIRI）、整顿（SEITON）、清扫（SEISO）、清洁（SEIKETSU）、素养（SHITSUKE）、安全（SECURITY）六个项目，因均以“S”开头，简称“6S”。

的拆卸，为材料的选择和设备入场提供方便。动态平面管理需要重点关注具有时效性的功能区，从而为施工现场的管理提供理论支持。

二、建筑工程施工现场安全管理的策略

为了提高建筑工程施工现场安全管理水平，在施工现场可以引入智慧化、数字化管理模式，充分发挥BIM技术、虚拟现实技术的优势，实现对施工现场的全周期动态管理。建筑工程施工现场安全管理的策略如下。

（一）运用“PDCA”循环管理

一般而言，建筑工程施工现场管理可以分为计划（P）、实施（D）、检查（C）、处理（A）四个阶段。为了进一步夯实施工质量与施工安全，可以将“PDCA”作为一个技术循环，将其细化成八个部分：① 分析施工现场的客观情况，查找问题；② 分析影响施工质量的因素；③ 明确主要原因；④ 围绕主要原因、结合施工情况制订解决方案；⑤ 执行方案；⑥ 检查并评估执行效果；⑦ 总结经验，完善施工现场管理制度；⑧ 将没有解决的问题纳入下一个“PDCA”循环。

（二）进场材料和机械设备管理

第一，进场材料的管理。原材料、半成品、成品、施工材料都属于建筑材料范畴。材料进入施工现场后，应根据其成分和物理性能、机械性能、化学性能的不同分门别类地检验和存储。例如，钢筋材料，不仅要检查外观是否存在锈蚀问题，而且要用游标卡尺抽样测量钢筋直径，搭接焊钢筋，应检查其长度是否满足焊接要求；还要检查材料的出厂合格证明与材料检测报告，前者包含材料规格与批量，后者主要反映材料性能。最后统一存放进场材料，分开生活区与施工区，做好材料的防腐、防盗、防火、防潮措施。

第二，机械设备的管理。机械设备的型号、性能、规格在很多情况下决定了施工质量、施工安全。设备类型不同，操作要求也有差异，管理措施也不同。为了保证设备操作安全，施工现场应该秉持“人机固定”原则，要求设备操作人员必须接受专业、系统的培训学习，考核通过后，持证上机。

第三，施工工序的验收。以钢筋混凝土工程为例，首先要检查工程的外观，如有无蜂窝麻面、裂缝漏筋等质量问题；其次要检查地基、基础、主体结构的性能和安全指标，确定是否满足施工图纸要求，混凝土养护是否满足质量要求，施工资料的填写是否完整等。上述流程检查完毕且无异常后，可通知监理单位、建设单位验收。

（三）施工现场细节管理的要点

第一，制定数字化记录标准。施工现场管理全面采用数字化记录模式，制定并明确数字化记录平台的使用规则，包括硬件与软件、组织架构、培训方案、管理流程、沟通制度、职责权限等各个方面。为了充分发挥数字化管理的价值与优势，应明确数字化记录交付标准，用来记录的平台同样要纳入管理范畴，具体涉及建筑工程的施工进度跟踪分析报告与线上巡检报告等。

第二，数字化记录模块。为了保证施工现场管理能够落到实处，建筑工程可以采用 BIM 对比模块、虚拟巡检模块、进度跟踪模块、巡检记录模块等。虚拟巡检模块具备分屏功能，现场各个角度的施工情况都可以呈现在屏幕上，管理人员能够将完整的施工现场尽收眼底，第一时间发现违规操作。巡检记录模块的主要功能是定位施工现场，其技术原理为将巡检手机拍摄到的画面直接在施工图纸上定位，通过数字化平台的各个模块，管理人员能够动态、实时地掌握施工现场各个方位的细节，以保证在第一时间发现问题、解决问题、追究责任。

综上所述，建筑工程施工现场质量与安全管理设计的内容较多，涉及的主体比较多元化。因此具有较高的管理难度和复杂性。建筑企业应该全面分析、梳理施工现场情况，确定施工现场管理的重点环节与主要问题，树立安全生产意识、完善制度和流程，加强对施工人员、材料、机械、环境、工序的控制，从宏观上掌控施工现场，从微观上规范施工行为，保证建筑工程的施工任务在预期成本与工期中顺利完成。

第四节　建筑工程质量安全管理对策

建筑工程质量关系到人们的生命和财产安全，关系到社会的稳定和发展。只有将工程质量和安全管理工作落实到位，才能保证建筑业的健康、快速、可持续发展。建筑工程质量安全主要是指工程项目施工阶段及完成后使用阶段的质量和安全性，也就是工程施工是否可以正常进行、施工各环节是否符合有关要求、施工质量是否满足有关标准等。建筑工程具有施工过程复杂、施工周期长等特点，而且在施工过程中，还会受到行业政策、业主等因素的影响。同时，随着经济的发展，人们对建筑工程质量的要求也越来越高，这就促使施工企业要做好建筑工程的管理工作。安全管理人员应严格按照有关标准，对工程施工各个阶段的质量进行全面控制，确保项目质量可以达到预期要求，从而实现建筑业的长远发展。建筑工程质量安全管理对策如下。

一、提高各层级人员安全意识

(一)提高管理层安全意识

建筑工程施工企业管理人员的安全意识水平对企业的安全生产起着决定性的作用。因此，要想加强建筑工程质量的安全管理，就必须对企业管理层进行安全教育培训，提高他们的安全意识，让他们真正认识到安全生产的重要性，从而将安全管理充分落实到实际工程中。为此，企业管理层必须掌握安全生产的有关法律法规，充分认识到安全工作的实际意义，将企业的安全生产作为首要任务，不断增加在安全方面的投入，制定完善、合理的安全管理制度，在工程建设中充分发挥安全管理作用，促进企业的长远发展。

(二)提高基层员工安全意识

对于整个建筑工程而言，安全管理是不可缺少的重要组成部分。在新员工进场时就必须做好安全工作。施工企业对员工的教育应侧重于与安全生产有关的法律法规及规范方面。项目部针对员工的教育应着重于工程的安全制度和项目特点、风险等方面。施工班组对员工的教育应集中在岗位安全操作规程、操作要点等方面。只有做好这些方面的安全教育，才能够真正提高员工的安全意识，保证整个施工作业的安全性和可靠性。此外还要通过充分的岗前培训，以确保员工能够深入了解到工作中的风险点及预防措施，掌握与安全生产有关的职业技能，从而使基层员工能够真正做到严格遵守操作规程，严格执行规范要求。在实际施工时，员工就能自觉地规范自己的行为，即使发生安全事故，也能以正确的操作应对，从而将事故扼杀于初期，避免给企业造成不必要的损失，也防止有人员因此而受到伤害。

二、组建专门的安全监督队伍

对施工现场进行安全巡查是安全监督队伍的主要工作。在工程项目中，有针对性地进行巡查可以及时发现现场存在的各种不安全因素，如施工机具的运行状况、人员安全意识的变化等，要第一时间了解并掌握现场的安全情况。如果在巡检过程中发现问题，那么监督管理人员必须对问题进行深入分析，针对问题的具体情况制定有效的应对措施，从而消除现场的所有安全隐患问题。针对项目部所进行的监管，也应该做到公平、公正，不管被检查对象是何职位，只要通过检查发现其对安全生产有不良影响的行为或意识，就要及时记录，并予以惩处。严格进行安全巡查，确保施工企业安全生产，防止安全事故发生。

三、增加建筑工程项目安全投入

第一，施工企业应根据实际情况，制订年度安全投入计划，以保证安全投入的资金全部落实到位。在项目施工过程中，应严格进行监管，以健全的制度来保证安全投入质量。

第二，应严格按照行业规范，结合工程项目的实际情况，以保证整个项目的安全防护措施、设备等方面都有足够的投入。对于存在较高危险性的施工环节，必须保证必要的安全保护措施，避免发生安全事故。要尽可能地提高现场施工人员的劳保用品质量，严禁不符合标准的劳保用品进入施工现场。此外，还要保证每一位员工都能掌握正确的佩戴方式，以提高现场作业的安全性。

四、加强建筑工程安全生产教育

(一) 完善安全教育培训管理机制

要加强建筑工程施工的安全生产教育，就必须不断完善安全教育培训管理体系。为此，各地区安全监督管理部门必须根据当地的实际情况，设立专门的安全培训机构，对本地区施工企业的安全教育培训进行全面的组织管理和正确指导。而施工企业则需要在企业内部建立相关的安全培训部门，以确保安全教育培训得到充分落实。安全培训管理部门要制订科学、合理的安全教育培训规划和年度计划。施工企业每年都要在年初将企业员工的安全培训规划和年度计划上报安全监督管理部门备案。要严格执行建筑行业的有关法律规范，根据具体情况，采取分级培训的模式加强管理。各个地区具备相应条件的施工企业，在经由安全监督管理机构审核后，就可以对企业员工进行安全培训，同时还要接受安全监督管理机构的指导和管理，以确保安全培训的合理性和实效性。

(二) 建立安全生产教育考核机制

施工企业要将安全培训与内部任职资格审核联系起来，如果员工没有通过安全教育培训，就算其取得了再好的业绩，也不能将其委派到任何岗位上，通过对制度的严格执行，确保每一位员工都能得到安全教育高度关注。所有员工都要建立相应的安全教育档案，以确保他们在入场前均已通过三级教育培训并考核合格。此外，企业需要按照有关规定，定期组织员工参加安全考试，如果考试成绩不符合要求，就要取消其上岗作业资格。在每个年度的年初，都要结合企业自身情况，制订培训教育的完善计划，明确课时，合理安排培训内容，并做好每一位员工的教育工作。

在课程培训结束后，根据培训内容组织考试，只有考试合格后，才能颁发安全上岗证书。对于劳务和分包单位，必须严格、全面地审核人员资质，如果没有经过系统的培训，就不能允许其参与作业。

结束语

本书旨在帮助读者理解和应用建筑设计与工程质量管理的关键概念和实践，书中不仅分析了建筑设计的基本原理和方法，使读者了解到如何从理论和实践角度出发，通过合理的设计决策，实现功能与美学的完美融合。同时，还重点关注工程质量管理的重要性以及如何确保建筑项目的高质量完成，使读者学习到如何制定详细的工程质量标准、如何进行供应商选择和管理、如何进行质量控制和质量评估等关键步骤。本书体例新颖，注重原理的应用，从基本设计原理入手，经过分析综合，最终给予必要的概括，从而形成系统的理论观点，使建筑设计保持其生命力、推动力和魅力。

参考文献

一、著作类

[1] 曹茂庆 . 建筑设计构思与表达 [M]. 北京：中国建材工业出版社，2017.

[2] 陈煊，肖相月，游佩玉 . 建筑设计原理 [M]. 成都：电子科技大学出版社，2019.

[3] 何荣勤，张继峰 . 房屋建筑质量问题与控制 [M]. 沈阳：东北大学出版社，2021.

[4] 贾宁，胡伟 . 建筑设计基础 [M].2 版 . 南京：东南大学出版社，2018.

[5] 杨龙龙 . 建筑设计原理 [M]. 重庆：重庆大学出版社，2019.

[6] 殷为民，高永辉 . 建筑工程质量与安全管理 [M]. 哈尔滨：哈尔滨工程大学出版社，2018.

[7] 张素香 . 房屋建筑常见质量问题及控制对策 [M]. 天津：天津科学技术出版社，2017.

二、期刊类

[1] 曹茂庆 . 谈建筑快速设计构思与表达能力的培养 [J]. 低温建筑技术，2013，35(1)：13.

[2] 陈立君 . 车站建筑设计中的地域性分析 [J]. 中国铁路，2017(9)：37–41.

[3] 董文斌，张伟 . 工程质量管理标准化建设的探讨 [J]. 建筑经济，2016，37(7)：22–25.

[4] 董新意 . 建筑设计中的功能理性和形式理性 [J]. 河南大学学报（自然科学版），2013，43(3)：343–346.

[5] 冯炳荣 . 浅析建筑工程施工质量验收的要求 [J]. 门窗，2017(6)：33.

[6] 何博林 . 简述建筑工程施工现场质量控制与安全管理 [J]. 中国住宅设施，2023(6)：166.

[7] 黄保斌，汪恭书，赵任，等 . 基于系统协调一致的高铁工程质量管理 [J]. 中国铁路，2020(7)：28–34.

[8] 黄旭升，朱渊，郭菂 . 从城市到建筑：分解与整合的建筑设计教学探讨 [J]. 建筑学报，2021(3)：95–99.

[9] 姜磊，程建军 . 混凝土仿古建筑设计与施工 [J]. 施工技术，2013，42（14）：106–108.

[10] 靳小云．新型储能材料在建筑工程设计中的应用[J]. 储能科学与技术，2023，12(6)：2036-2037.

[11] 黎素珍．建筑工程质量安全管理存在的问题及对策[J]. 散装水泥，2023(2)：23-24，27.

[12] 刘抚英，厉天数，赵军．绿色建筑设计的原则与目标[J]. 建筑技术，2013，44(3)：212-215.

[13] 刘起霞，邹昕，邓俊艳．谈绿色生态校园的建筑设计[J]. 四川建筑科学研究，2013，39(4)：323-326.

[14] 卢春房，穆文奇．高铁工程质量管理系统内涵与总体架构[J]. 中国铁路，2020(7)：15-20.

[15] 墙新．墙体构造设计浅述[J]. 考试周刊，2011(50)：238.

[16] 丘子宁，叶雨辰．夏热冬冷地区绿色建筑设计策略研究[J]. 建筑技术，2020，51(6)：714-716.

[17] 邱立岗，祝侃．零碳目标下的可持续建筑设计实例[J]. 建筑技术，2022，53(3)：290-293.

[18] 眭峰．加强水利工程质量管理工作的措施研究[J]. 水利水电技术，2014，45(12)：44-45.

[19] 田平．浅谈当代建筑设计的形态美感[J]. 美术大观，2012(6)：132.

[20] 汪洋，姜淏予，宋晋.BIM 技术在建筑设计校审中的应用[J]. 建筑经济，2023，44(Suppl1)：310-313.

[21] 吴文治．建筑设计的生物学之镜[J]. 美术大观，2014(5)：126-127.

[22] 夏妙．建筑设计美学审视与实践分析[J]. 建筑工程技术与设计，2018(30)：986.

[23] 熊超华，骆汉宾．基于 BIM 的机电安装工程质量管理[J]. 土木工程与管理学报，2018，35(6)：157-162.

[24] 徐卫国．从数字建筑设计到智能建造实践[J]. 建筑技术，2022，53(10)：1417-1420.

[25] 杨国林．浅析建筑设计与室内设计[J]. 美术大观，2014(7)：89.

[26] 杨姝扬，牛健．数字化建筑设计模式与应用[J]. 辽宁工程技术大学学报(自然科学版)，2011，30(6)：880-883.

[27] 游普元．建筑工程材料质量检测管理系统的设计与实现[J]. 煤炭技术，2011，30(4)：127-128.

[28] 于建勋，马帅，李锋，等．超低能耗建筑设计管理要点研究[J]. 建筑科学，2022，38(12)：234-240.

[29] 詹云 . 建筑设计装饰艺术 [J]. 文艺争鸣，2011(2)：138-139.
[30] 张磊，刘加平 . 绿色建筑设计教学研究 [J]. 四川建筑科学研究，2014，40(4)：323-326.
[31] 张艺壤，高嘉璐，张弘驰 . 建筑设计多目标优化的研究热点与趋势分析 [J]. 建筑经济，2023，44(Sippl1)：271-278.
[32] 郑飞 . 茶文化对建筑设计带来的影响 [J]. 福建茶叶，2021，43(8)：78-79.